建筑工程定额与实务

JIANZHU GONGCHENG DINGE YU SHIWU

主　编　饶玲丽　官　萍
副主编　蔡　浪

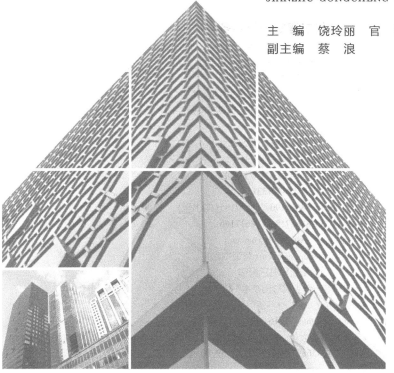

重庆大学出版社

内容提要

本书依据高等职业教育建筑工程技术、工程造价及工程管理专业"建筑工程定额与实务"课程的教学要求,结合工程造价领域最新颁布的法规和相关政策及工程造价专业人才培养方案编写。全书共7章,内容包括:建筑工程造价概论,建设工程定额原理,人工、材料、机械台班单价,建筑工程费用构成,建筑与装饰工程计量,工程量清单及编制,工程量清单计价。

本书可作为高等职业教育工程造价、建筑工程技术等专业教材,同时还可作为从事工程造价工作专业人员的参考用书。

图书在版编目(CIP)数据

建筑工程定额与实务/饶玲丽,官萍主编. -- 重庆:重庆大学出版社,2020.8(2024.8重印)

ISBN 978-7-5689-1984-5

Ⅰ.①建… Ⅱ.①饶… ②官… Ⅲ.①建筑经济定额—高等职业教育—教材 Ⅳ.①TU723.3

中国版本图书馆 CIP 数据核字(2020)第 086405 号

建筑工程定额与实务

主 编 饶玲丽 官 萍
副主编 蔡 浪
特约编辑 桂晓澜
责任编辑:范春青 版式设计:范春青
责任校对:万清菊 责任印制:赵 晟

*

重庆大学出版社出版发行
出版人:陈晓阳
社址:重庆市沙坪坝区大学城西路21号
邮编:401331
电话:(023) 88617190 88617185(中小学)
传真:(023) 88617186 88617166
网址:http://www.cqup.com.cn
邮箱:fxk@ cqup.com.cn(营销中心)
全国新华书店经销
POD:重庆新生代彩印技术有限公司

*

开本:787mm×1092mm 1/16 印张:22 字数:552 千
2020 年 8 月第 1 版 2024 年 8 月第 2 次印刷
ISBN 978-7-5689-1984-5 定价:59.00 元

前　言

　　"建筑工程定额与实务"是一门实践性、应用性很强的课程。本书以培养适应生产、建设、管理、服务第一线需要的高素质技能型人才为目标,根据高等职业教育土建类相关专业培养目标和本课程教学基本要求、国家最新颁布的工程造价领域法规和相关政策,包括《建设工程工程量清单计价规范》(GB 50500—2013)、《房屋建筑与装饰工程工程量清单计算规范》(GB 50854—2013)、《建筑工程建筑面积计算规范》(GB/T 50353—2013)等,以及贵州省新出台的《贵州省建筑与装饰工程计价定额》(2016版)进行编写。

　　本书以掌握工程造价定额与清单计价方法为主线,根据先定额后清单组价的学习逻辑关系构建教材知识体系。本书突出了定额工程分项、定额套价知识,解决了以往在校学生及初级造价从业人员常出现的因分项不清导致无法套价或套价不准的问题,这将有利于学生对定额的深刻理解,特别为后续清单计量与计价打下基础;同时,书中还增加了贵州省2016版新定额的介绍。书中附有大量的实际建筑图片、成套的建筑工程计量与计价案例,实用性和可读性强。

　　本书由企业造价人员、造价咨询工程师及学校"双师型"教师共同编写。饶玲丽(贵州交通职业技术学院建筑工程系副教授)、官萍(全国注册造价工程师)担任主编,蔡浪(中天城投集团贵阳国际金融中心有限责任公司预结算部)担任副主编。具体编写分工如下:饶玲丽编写第1,2,5章;官萍编写第6,7章;蔡浪编写第3,4章。全书由饶玲丽统稿。本书在编写过程中,编者得到了众多行业专家的大力支持与指导,在此深表谢意。

　　由于编者学识水平有限,书中难免存在疏漏之处,恳请读者批评指正。

编　者

2019 年 10 月

目　录

第1章
建筑工程造价概论

学习目标

了解基本建设的概念;熟悉基本建设内容及分类;掌握基本建设程序;掌握基本建设项目的划分;掌握工程造价及工程造价管理的概念;理解工程造价的特点、种类、计价的特征;了解工程造价管理的基本内容、组成。

本章导读

建筑工程造价贯穿于工程建设全过程,在不同的建设阶段,存在不同的工程造价,不同的工程的组成内容、计价方法将有所不同;建筑工程造价主要从投资者和市场交易主体两个角度来理解,其含义有所区别。

建筑工程造价管理即为建筑工程造价确定与控制,可从投资者和市场交易主体两个角度来理解,并分为宏观和微观两个层次。

1.1 基本建设概述

1.1.1 基本建设的概念

基本建设(capital construction)是指建设单位利用国家预算拨款、国内外贷款、自筹资金以及其他专项资金进行投资,以扩大生产能力、改善工作和生活条件为主要目标的新建、扩建、改建等建设经济活动,如工厂、矿山、铁路、公路、桥梁、港口、机场、农田、水利、商店、住宅、办公用房、学校、医院、市政基础设施、园林绿化、通信等建造性工程。

1.1.2 基本建设的内容

基本建设的内容主要有5个方面,如下所述。

①建筑工程。建筑工程包括永久性和临时性的建筑物、构筑物、设备基础的建造,照明、水卫、暖通等设备的安装,建筑场地的清理、平整、排水,竣工后的整理、绿化,以及水利、铁路、公路、桥梁、电力线路、防空设施等的建设。

②设备安装工程。设备安装工程包括各种土木建筑,矿井开凿、水利工程建筑,生产、动力、运输、实验等各种需要安装的机械设备的安装,与设备相连的工作台、梯子等的装设,附属于被安装设备的管线敷设和设备的绝缘、保温、刷油漆等,以及为测定安装质量对单个设备进行的各种试运行工作。

③设备、工具及生产用具的购置。设备、工具及生产用具的购置是指车间、实验室、医院、学校、宾馆、车站等生产、工作、学习场所应配备的各种设备、工具、器具、家具及实验室设备的购置。

④勘察与设计。勘察与设计包括地质勘探、地形测量及工程设计方面的工作。

⑤其他基本建设工作。其他基本建设工作指除上述各项工作以外的各项基本建设工作,包括筹建机构、征用土地、培训工人及其他生产准备工作。

1.1.3　基本建设的分类

基本建设根据建设项目管理需要的不同,有以下不同的分类方法。

1)按建设项目性质不同划分

①新建项目:指从无到有,新开始建设的项目。有的建设项目原有基础很小,经扩大建设规模后,其新增的固定资产价值超过原有固定资产价值3倍以上的,也算新建项目。

②扩建项目:指原有企业、事业单位为扩大原有产品生产能力(或效益)或增加新的产品生产能力而新建主要车间或工程的项目。

③改建项目:指原有企业为提高生产效率、改进产品质量,或改变产品方向,对原有设备或工程进行改造的项目。有的企业为了平衡生产能力,增建一些附属、辅助车间或非生产性工程,也算改建项目。

④迁建项目:指原有企业、事业单位,由于各种原因经上级批准搬迁到另地建设的项目。迁建项目中符合新建、扩建、改建条件的,应分别作为新建、扩建或改建项目。迁建项目不包括留在原址的部分。

⑤恢复项目:指企业、事业单位因自然灾害、战争等原因使原有固定资产全部或部分报废,以后又投资按原有规模重新恢复起来的项目。在恢复的同时进行扩建的,应作为扩建项目。

2)按建设过程的不同划分

①筹建项目:指尚未开工,正在进行选址、规划、设施等施工前各项准备工作的建设项目。

②施工项目:指报告期内实际施工的建设项目,包括报告期内新开工的项目、上期跨入报告期续建的项目、以前停建而在本期复工的项目、报告期施工并在报告期建成投产或停建的项目。

③投产项目:指报告期内建成设计规定的内容,形成设计规定的生产能力(或效益)并投入使用的建设项目,包括部分投产项目和全部投产项目。

④收尾项目:指已经建成投产和已经组织验收,设计能力已全部建成,但还遗留少量尾工需继续进行扫尾的建设项目。

3)按项目工作阶段划分

①前期工作项目:指已批项目建议书,正在做可行性研究或者进行初步设计(或扩初设计的)项目。

②预备项目:指已批准可行性研究报告和初步设计(或扩初设计)正在进行施工准备待转入正式计划的项目。

③新开工项目:指施工准备已经就绪,报告期内计划新开工建设的项目。

④续建项目(包括报告期建成投产项目):指在报告期之前已开始建设,跨入报告期继续施工的项目。

4)按隶属关系划分

①中央项目:指由中央及部队在永久单位建设的项目。

②地方项目:指由地方单位投资建设的项目。

③合建项目:指中央及部队在永久单位与地方单位或地方单位与外省、市、区单位共同投资建设的项目。外商投资项目一般按合营中方的隶属关系来划分。

5)按建设的经济用途不同划分

①生产性项目:指直接用于物质生产或直接为物质生产服务的项目,主要包括工业项目(含矿业)、建筑业和地区资源勘探事业项目、农林水利项目、运输邮电项目、商业和物资供应项目等。

②非生产性项目:指直接用于满足人民物质和文化生活需要的项目,包括住宅、学校、医院、托儿所、影剧院、国家行政机关和金融保险项目,公用生活服务事业项目,行政机关和社会团体办公用房等项目。

6)按建设规模大小不同划分

基本建设项目可分为大型项目、中型项目、小型项目,按项目建设总规模或总投资来确定。按总投资划分的项目,能源、交通、原材料工业项目 5 000 万元以上,其他项目 3 000 万元以上作为大中型项目,此标准以下为小型项目。

1.1.4　基本建设工程项目的划分

建设项目是配套完整的综合性产品,为适应工程管理和经济核算的要求,可将建设项目由大到小划分为建设项目、单项工程、单位工程、分部工程、分项工程。

1)建设项目

建设项目是一个建设单位在一个或几个建设区域内,根据上级下达的计划任务书和批准的总体设计及总概算书,经济上实行独立核算,行政上具有独立的组织形式,严格按基建程序实施的基本建设工程。如工业建筑中的一座工厂、一个矿山,民用建筑中的一个居民区、一幢住宅、一所学校等,均为一个建设项目。

2)单项工程

单项工程一般是指有独立设计文件,建成后能独立发挥效益或生产设计规定产品的车间(联合企业的分厂)、生产线或独立工程等,如一座工厂的各个车间、办公楼,或一所学校的教学楼、图书楼、宿舍、办公楼等。

3)单位工程

单位工程一般是指具有独立设计文件,可以独立组织施工,单独成为核算对象,但建成后不能单独进行生产或发挥使用效益的工程,是单项工程的组成部分。将一个单项工程划分为若干个单位工程,如工业建筑中一个车间是一个单项工程,车间的厂房建筑是一个单位工程,车间的设备安装又是一个单位工程。

4)分部工程

分部工程是单位工程的组成部分,是指在一个单位工程中,根据专业性质、工程部位、使用材料和施工方法不同划分的工程。如一般房屋建筑可分为土石方工程、桩基础工程、砌筑工程、混凝土工程、金属结构工程等。

5)分项工程

分项工程是对分部工程的再分解,是指在分部工程中能用较简单的施工过程生产出来并能适当计量和估价的基本构造。一般是按不同的施工工艺、不同的材料、不同的设备类别等因素划分,如砌筑工程就可以分解成砖基础、石基础、砖墙、石墙等分项工程。

分项工程是工程计算的基本元素,是工程项目划分的基本单位,工程造价文件的编制就是从分项工程开始的。

以某学校的新建项目为例进行的建设项目层次划分如图1.1所示。

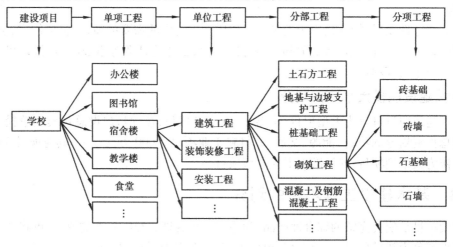

图1.1 基本建设项目分解层次划分示意图

1.1.5 基本建设程序

基本建设程序是指基本建设项目从规划、设想、选择、评估、决策、设计、施工到竣工投产交付使用的整个建设过程中各项工作必须遵循的先后顺序。它是基本建设全过程及其客观规律的反映。

根据新中国成立以来70余年来的建设经验,并结合国家经济体制改革和投资管理体制改革深入发展的需要,以及国家现行政策的规定,大中型建设项目的工程建设一般包括3个时期6项工作(图1.2)。3个时期是指投资决策前期、投资建设时期和生产时期。6项工作如下所述。

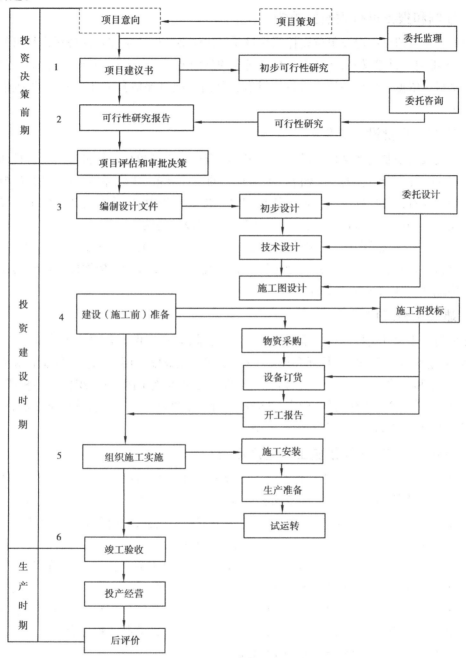

图1.2　工程项目建设程序示意图

1)编制和报批项目建议书

项目建议书是由企事业单位、部门等根据国民经济和社会发展长远规划,国家的产业政策和行业、地区发展规划,以及国家有关投资建设方针政策,委托经过资质审定的设计单位和咨询公司在进行初步可行性研究的基础上编报的。大中型新建项目和限额以上的大型扩建项目,在上报项目建议书时必须附上初步可行性研究报告。项目建议书获得批准后即可立项。

2)编制和报批可行性研究报告

项目立项后即可由建设单位委托原编报项目建议书的设计院或咨询公司进行可行性研究,根据批准的项目建议书,在详细可行性研究的基础上,编制可行性研究报告,为项目投资决策提供科学依据。可行性研究报告经过有关部门的项目评估和审批决策,获得批准后即为项目决策。

3)编制和报批设计文件

项目决策后编制设计文件。设计文件应由有资格的设计单位根据批准的可行性研究报告的内容,按照国家规定的技术经济政策和有关的设计规范、建设标准、定额进行编制。对于大型、复杂项目,可根据不同行业的特点和要求进行初步设计、技术设计和施工图设计的三阶段设计;一般工程项目可采用初步设计和施工图设计的两阶段设计,并编制相应的初步设计总概算,修正总概算和施工图预算。初步设计文件要满足施工图设计、施工准备、土地征用、项目材料和设备订货的要求;施工图设计应能满足建筑材料、构配件及设备的购置和非标准构配件、非标准设备的加工的要求。

4)建设准备工作

在项目初步设计文件获得批准后,开工建设之前,要切实做好各项施工前准备工作,主要包括:组建筹建机构,征地、拆迁和场地平整;落实和完成施工用水、电、路等工程和外协条件;组织设备和特殊材料订货,落实材料供应,准备必要的施工图纸;组织施工招标投标、择优选定施工单位、签订承包合同,确定合同价;报批开工报告。开工报告获得批准后,建设项目方能开工建设,进行施工安装和生产准备工作。

5)建设实施工作(组织施工和生产准备)

项目经批准开工建设,开工后按照施工图规定的内容和工程建设要求,进行土建工程施工、机械设备和仪器的安装、生产准备和试车运行等工作。施工承包单位应采取各项技术组织措施,确保工程按合同要求和合同价如期保质完成施工任务,编制和审核工程结算。

生产准备应包括招收和培训必要的生产人员,并组织生产人员参加设备的安装调试工作,掌握好生产技术和工艺流程。做好生产组织的准备:组建生产管理机构、配备生产人员、制订必要规章制度。做好生产技术准备:收集生产技术资料,各种开车方案,编制岗位操作方法,新技术的准备和生产样品等。做好生产物资的准备:落实原材料、协作产品、燃料、水、电、气等的来源和其他协作配备条件,组织工器具、备品、备件的制造和订货。

6)项目竣工验收、投产经营和后评价

建设项目按照批准的设计文件所规定的内容全部建成,并符合验收标准,即生产运行合格,形成生产能力,能正常生产出合格产品,项目符合设计要求能正常使用的;应按竣工验收报告规定的内容,及时组织竣工验收和投产使用,并办理固定资产移交手续和工程决算。

项目建成投产使用后,进入正常生产运营期或使用一段时间(一般为2到3年)后,可以进行项目总结评价工作,编制项目后评价报告,其基本内容应包括:生产能力或使用效益实

际发挥效用情况;产品的技术水平、质量和市场销售情况;投资回收、贷款偿还情况;经济效益、社会效益和环境效益情况及其他需要总结的经验。

1.1.6 基本建设计价文件的分类

在基本建设程序的每个阶段都有相应的计价文件,根据不同的建设阶段和编制对象,将基本建设计价文件进行分类,如图1.3所示。

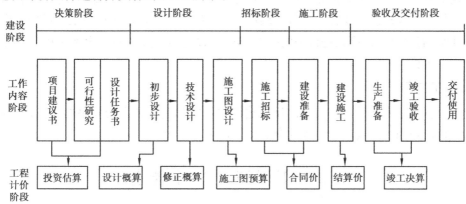

图1.3 我国基本建设程序与工程多次计价之间的关系

1)投资估算

投资估算是在对项目的建设规模、产品方案、工艺技术、设备方案、工程方案及项目实施进度等进行研究并基本确定的基础上,估算项目所需资金总额(包括建设投资和流动资金),并测算建设期分年资金使用计划。投资估算是拟建项目编制项目建议书、可行性研究报告的重要组成部分,是项目决策的重要依据之一。同时,投资估算也是编制初步设计概算的依据,对初步设计概算起控制作用,是项目投资控制目标之一。

2)设计概算

设计概算是在初步设计和扩大初步设计阶段,由设计单位根据初步投资估算、设计要求及初步设计图纸或扩大初步设计图纸,根据概算定额或概算指标,各项费用定额或取费标准,建设地区自然、技术经济条件和设备、材料预算价格等资料,或参照类似工程预(决)算文件,编制和确定的建设项目由筹建至竣工交付使用的全部建设费用的经济文件。

3)修正设计概算

修正设计概算是指在采用三阶段设计的技术设计阶段,根据对初步设计内容的深化,通过编制修正设计概算文件预先测算和确定的工程造价,它对初步设计概算进行修正调整,比概算造价准确,但受概算造价控制。

4)施工图预算

施工图预算是施工图设计完成后,工程开工前,以批准的施工图为依据,根据消耗量定额,计费规则及人、机、材的预算价格编制的确定工程造价的经济文件。

5)合同价

合同价是指在工程招投标阶段通过签订总承包合同、建筑安装工程承包合同、设备材料采购合同、技术和咨询服务合同确定的工程造价。合同价属于市场价格范畴,但它并不等同于实际工程造价,它是由承发包双方根据有关规定或协议条款约定的取费标准计算的用以支付给承包方按照合同要求完成工程内容的价款总额。按合同类型的计价方法来划分,可将合同价分为固定合同价、单价合同价和成本加酬金合同价。

6)工程结算

工程结算是指施工企业按照承包合同和已完工程量向建设单位(业主)办理工程价清算的经济文件。工程建设周期长,耗用资金数量大,为使建筑安装企业在施工中耗用的资金及时得到补偿,需要对工程价款进行中间结算(进度款结算)、年终结算,全部工程竣工验收后应进行竣工结算。

7)竣工决算

竣工决算是指由建设单位编制的反映建设项目实际造价和投资效果的文件,其内容应包括从项目策划到竣工投产全过程的全部实际费用。

1.2 工程造价管理概述

1.2.1 工程造价的含义

工程造价有两种含义:第一种是从项目建设角度提出的建设项目工程造价,它是一个广义的概念,是指建设一项工程预期开支或实际开支的全部固定资产投资费用,也就是一项工程通过建设形成相应的固定资产、无形资产所需用一次性费用的总和。这一含义是从投资者——业主的角度来定义的。第二种是从工程交易或工程承包、设计角度提出的建筑安装工程造价,它是一个狭义的概念,是指为建设某项工程,预计或实际在土地市场、设备市场、技术劳务市场、承包市场等交易活动中,形成的工程承发包(交易)价格。这一含义是从承包商、供应商、设计方等市场供给主体来定义的。

通常,工程造价的第二种含义被认定为工程承发包价格,它是在建筑市场通过招投标,由需求主体投资者和供给主体建筑商共同认可的价格。

1.2.2 工程造价全面管理

对于建设工程造价的全面管理,包括全寿命期造价管理、全过程造价管理、全要素造价管理和全方位造价管理。

1)全寿命期造价管理

建设工程全寿命造价是指建设工程初始建造成本和建成后的日常使用成本之和,包括建设前期、建设期、使用期及拆除期各阶段的成本。

2)全过程造价管理

建设工程全过程是指建设工程前期决策、设计、招投标、施工、竣工验收等各个阶段,全过程工程造价管理覆盖建设工程前期决策及实施的各个阶段,包括前期决策阶段的项目策划、投资估算、项目经济评价、项目融资方案分析,设计阶段的限额设计、方案比选、概预算编制,招投标阶段的标段划分、承发包模式及合同形式的选择、标底编制,施工阶段的工程计量与结算、工程变更控制、索赔管理,竣工验收阶段的竣工结算与决算等。

3)全要素造价管理

建设工程造价管理不能单就工程造价本身谈造价管理,因为除工程造价本身之外,工期、质量、安全及环境等因素均会对工程造价产生影响。为此,控制建设工程造价不仅是控制建设工程本身的成本,还应同时考虑工期成本、质量成本、安全与环境成本的控制,从而实现工程造价、工期、质量、安全、环境的集成管理。

4)全方位造价管理

建设工程造价管理不仅仅是业主或承包单位的任务,而应该是政府建设行政主管部门、行业协会、业主方、设计方、承包方以及有关咨询机构的共同任务。尽管各方的地位、利益、角度等有所不同,但必须建立完善的协同工作机制,才能实现建设工程造价的有效控制。

1.2.3　工程造价的特点

1)工程造价的大额性

任何一个建设工程,不仅形体庞大,而且资源消耗巨大,少则几百万元,多则数亿乃至数百亿元。工程造价的大额性事关多个方面的重大经济利益,同时也使工程承受了重大的经济风险,对宏观经济的运行产生重大的影响。

2)工程造价的差异性和个别性

任何一项建设工程都有特定的要求,其功能、规模、用途各不相同。因而,使得每一项工程的结构、造型、平面布置、设备配置和内外装饰都有不同的要求。工程内容和实物形态的差异性决定了工程造价的个别性。

3)工程造价的动态性

工程项目从决策到竣工验收再到交付使用,都有一个较长的建设周期,而且由于来自社会和自然的众多不可控因素的影响,必然会导致工程造价的变动。例如,工资标准、设备材料价格、物价变化、费率、利率、不利的自然条件、人为因素等,均会影响到工程造价。因此,工程造价在整个建设期内都处在不确定的状态之中,直到竣工决算后才能最终确定工程的实际造价。

4)工程造价的层次性

一个建设项目往往含有多个能够独立发挥设计生产效能的单项工程;一个单项工程又是由能够独立组织施工、各自发挥专业效能的单位工程组成。与此相适应,工程造价可以分为建设项目总造价、单项工程造价和单位工程造价。单位工程造价还可以细分为分部工程造价和分项工程造价。

5)工程造价的阶段性(多次性)

建设工程规模大、周期长、造价高,需要在建设程序的各个阶段进行计价。

1.2.4 工程造价的计价特征

工程造价的特点,决定了工程造价的计价特征。了解这些特征,对工程造价的确定与控制是非常必要的。

1)计价单件性

每个建设工程项目都有特定的目的和用途,由此就会有不同的结构、造型和装饰,具有不同的建筑面积和体积,建设施工时还可采用不同的工艺设备、建筑材料和施工工艺方案。因此,每个建设项目一般只能单独设计、单独建设。即使是相同用途和相同规模的同类建设项目,由于技术水平、建筑等级和建筑标准的差别,以及地区条件、自然环境及风俗习惯的不同也会有很大区别,最终导致工程造价的千差万别。因此,建设工程不能像工业产品那样按品种、规格和质量成批定价(只能是单件计价),也不能由国家、地方、企业规定统一的造价,只能按各个项目规定的建设程序计算工程造价。建筑产品的个体差别性决定了每项工程都必须单独计算造价。

2)计价多次性

建设工程的生产过程是一个周期长、规模大、造价高、物耗多的投资生产活动,必须按照规定的建设程序分阶段进行建设,才能按时、保质、有效地完成建设项目。为了适应项目管理的要求,适应工程造价控制和管理的要求,需要按照建设程序中各个规划设计和建设阶段多次性进行计价,如图1.4所示。

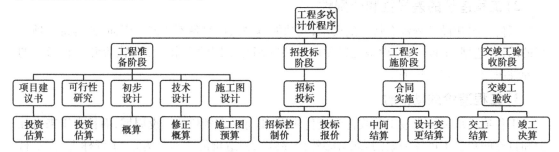

图1.4 工程造价多次性计价示意图

从投资估算、设计概算、施工图预算等预期造价到承包合同价、结算价和最后的竣工决算价等实际造价,是一个由粗到细、由浅入深,最后确定建设工程实际造价的整个计价过程。这是一个逐步深化、逐步细化和逐步接近实际造价的过程。

3)计价组合性

建设项目具有组合性,每一个建设项目可按其生产能力和工程效益的发挥以及设计施工范围大小逐级分解为单项工程、单位工程、分部工程和分项工程。建设项目的组合性决定了工程造价计价的过程是一个逐步组合的过程。其计算过程和计算顺序是:分部分项工程造价→单位工程造价→单项工程造价→建设项目总造价。

4)计价方法的多样性

工程项目的多次计价有其各不相同的计价依据,每次计价的精确度要求也各不相同,由此决定了计价方法的多样性。例如,投资估算方法有设备系数法、生产能力指数估算法等;

概预算方法有单价法和实物法等。不同方法有不同的适用条件,计价时应根据具体情况加以选择。

5)计价依据的复杂性

由于影响工程造价的因素较多,决定了计价依据的复杂性。计价依据主要可分为以下七类:

①设备和工程量计算依据,包括项目建议书、可行性研究报告、设计文件等。

②人工、材料、机械等实物消耗量计算依据,包括投资估算指标、概算定额、预算定额等。

③工程单价计算依据,包括人工单价、材料价格、材料运杂费、机械台班费等。

④设备单价计算依据,包括设备原价、设备运杂费、进口设备关税等。

⑤措施费、间接费和工程建设其他费用计算依据,主要是相关的费用定额和指标。

⑥政府规定的税费。

⑦物价指数和工程造价指数。

1.2.5 我国工程造价管理体制

1)我国工程造价管理体制的建立

我国工程造价管理体制建立于新中国成立初期。1949 年后,为合理确定工程造价,用好有限的基本建设资金,我国引进了苏联一套概预算定额管理制度。1957 年颁布《关于编制工业与民用建设预算的若干规定》,规定各不同设计阶段都应编制概算和预算,明确概预算的作用。在这之前,国务院和国家建设委员会还先后颁布了《基本建设工程设计和预算文件审核批准暂行办法》《工业与民用建设设计及预算编制暂行办法》《工业与民用建设预算编制暂行细则》等文件。这些文件的颁布,建立了概预算工作制度,确立了概预算在基本建设工作中的地位,同时对于概预算的编制原则、内容、方法和审批、修正办法、程序等作了规定,确定对于概预算编制依据实行集中管理为主的分级管理原则。

为了加强概预算的管理工作,国家综合管理部门先后成立了预算组、标准定额处、标准定额局,1956 年单独成立建筑经济局。1953—1958 年,工程造价管理制度的建立主要表现为适应计划经济需要的概预算制度的建立。概预算制度的建立有效地促进了建设资金的合理和节约使用,但这个时期的造价管理只局限于建设项目的概预算管理。

1958—1967 年,概预算定额管理逐渐被削弱,各级基建管理机构的概预算部门被精简,设计单位概预算人员减少,概预算控制投资作用被削弱,投资"大撒手"之风逐渐滋长。1966—1976 年,概预算定额管理工作遭到严重破坏,概预算和定额管理机构被撤销,预算人员改行,大量基础资料被销毁,定额被说成是"管、卡、压"的工具,造成设计无概算、施工无预算、竣工无决算,投资"大敞口",吃大锅饭。1967 年,建筑工业部直属企业实行经常费制度,工程完工后向建设单位实报实销,从而使施工企业变成了行政事业单位。这一制度实行了 6 年,于 1973 年 1 月 1 日被迫停止,恢复建设单位与施工单位施工图预算和结算制度。1973 年制订了《基本建设概算管理办法》,但未能施行。

1977 年,国家恢复重建造价管理机构。1983 年,国家计划委员会成立了基本建设标准定额研究所、基本建设标准定额局,加强对这项工作的组织领导,各有关部门、各地区也陆续成立了相应的管理机构,这项管理工作1988年划归建设部,建设部成立标准定额司。20多年来,国家主管部门、国务院各有关部门、各地区对建立健全工程造价管理制度、改进工程造价计价依据做了大量工作。

2)工程造价管理体制的改革

随着我国经济发展水平的提高和经济结构的日益复杂,计划经济的内在弊端逐步暴露出来。传统的与计划经济相适应的概预算定额管理,实际上是用来对工程造价实行行政指令的直接管理,遏制了竞争,抑制了生产者和经营者的积极性与创造性。市场经济虽然有其弱点和消极的方面,但能适应不断变化的社会经济条件而发挥优化资源配置的基础作用。因而,在总结十年改革开放经验的基础上,党的十四大明确提出我国经济体制改革的目标是建立社会主义市场经济体制。我国广大工程造价管理人员也逐渐认识到,传统的概预算定额管理必须改革,不改革没有出路。

党的十一届三中全会以来,随着经济体制改革的深入和对外开放政策的实施,我国基本建设概预算定额管理的模式已逐步转变为工程造价管理模式。

我国加入WTO以后,工程造价管理改革日渐加速。随着《中华人民共和国招标投标法》的颁布,建设工程承发包主要通过招投标方式来实现。为了适应我国建筑市场发展的要求和国际市场竞争的需要,我国于2003年推出工程量清单计价模式。工程量清单计价模式与我国传统的定额加费率造价管理模式不同,主要采用综合单价计价。工程项目综合单价包括工程直接费(人工费、材料费、机械费)、间接费(企业管理费)、利润和一定的风险系数,不再需要像以往定额计价那样进行套定额、调整材料差价、计算独立费等工作,使工程计价简单明了,更适合招投标工作。

练习与作业

1.什么是基本建设?基本建设内容包括哪些?

2.基本建设如何分类?请举例说明。

3.根据不同的建设阶段、编制对象,如何对基本建设计价文件进行分类?

4.建设工程造价全面管理包括哪些方面?

5.建设工程千差万别,在用途、结构、造型、坐落位置等方面都有很大的不同,工程内容和实物形态的个别差异性决定了工程计价的(　　)特点。

　A.动态性　　　　　B.单个性　　　　　C.层次性　　　　　D.阶段性

6.任何一项建设工程,从决策到竣工交付使用期间,其工程造价可能不断变动,至竣工决算后才能最终确定工程造价,这反映了工程造价的(　　)特点。

　A.动态性　　　　　B.单个性　　　　　C.层次性　　　　　D.阶段性

7.建设工程周期长、规模大,要在建设程序的各个阶段分别进行多次计价,这反映了工程计价的(　　)特点。

　A.动态性　　　　　B.单个性　　　　　C.多次性　　　　　D.阶段性

第 2 章
建设工程定额原理

学习目标

熟悉建设工程定额的概念;掌握建设工程定额的特点、分类;熟悉建设工程定额间的关系;了解建设工程定额的制订;掌握人工、材料、机械台班消耗量的确定;掌握预算定额人工、材料、机械台班消耗量指标的确定;掌握预算定额的数据构成;掌握预算定额的应用。

本章导读

建设工程定额是在一定的生产条件下,用科学的方法测定出生产质量合格的单位建筑工程产品所需消耗的人工、材料、机械台班的数量标准。而这里的建筑工程产品是指组成建筑工程的分项工程产品或建筑工程产品。通过本章学习,理解建设工程定额体系、特点、分类及关系。

建设工程定额是体现建筑工程产品与所需消耗的人工、材料、机械台班之间的数量关系。如何建立这样一个科学、合理的数量关系和如何有效地利用这一关系是本章的重点。

2.1 建设工程定额概述

2.1.1 定额及建设工程定额的概念

1)定额

定额是一种数量标准,即规定的额度或限额,亦即规定的标准或尺度,是为了完成某一合格产品投入的活化劳动与物化劳动的数量标准。

2) 建设工程定额

建设工程定额是指在正常的施工条件下(合理的劳动组织、合理使用材料及机械),完成单位合格产品所必须消耗的人工、材料、机械的数量标准,反映的是一种社会平均消耗水平。建设工程定额反映了工程建设投入与产出的关系,它一般除了规定的数量标准以外,还规定了具体的工作内容、质量标准和安全要求等。

3) 建设工程定额的理解

建设工程定额的理解如图 2.1 所示。

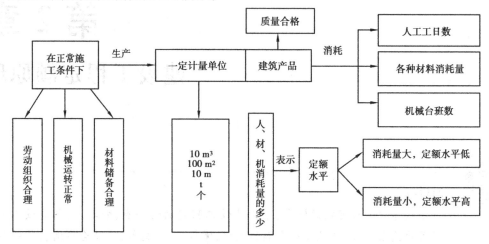

图 2.1　建设工程定额含义示意图

4) 定额示例

由贵州省 2016 版计价消耗量定额 A4-7 和砌筑砂浆配合比表 P-105 可知:砌筑 10 m³ 混水实砌墙现拌砂浆内外墙的人、材、机定额消耗量标准如表 2.1 所示。

表 2.1　混水实砌墙 现拌砂浆 M5.0 水泥砂浆砌内外墙消耗量定额

编号	类别	名称及规格	单位	数量
A4-7	定额	M5.0 现拌水泥砂浆混水实砌墙	10 m³	1.0
	人工	二类综合用工	工日	12.728
	砂浆	水泥砂浆强度等级 M5.0	m³	2.296
	材料	普通砖 240×115×53	千块	5.349
	材料	普通硅酸盐水泥 P.O 32.5	kg	232
	材料	石砂(中)	kg	1523
	材料	水	m³	1.064
	机械	灰浆搅拌机　拌筒容量200 L	台班	0.380

2.1.2　建设工程定额的分类

建设工程定额是建设工程消耗性定额的总称,可按图2.2所示的方法分类。

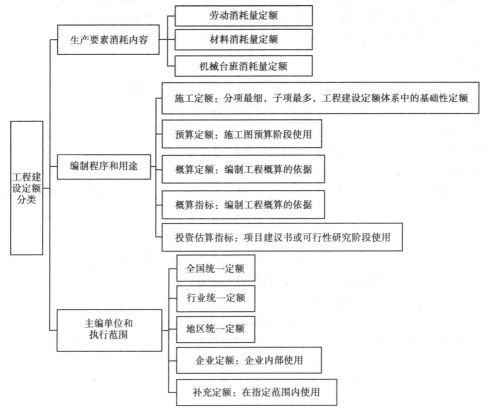

图2.2　建设工程定额分类

1)按定额反映的生产要素消耗内容分类

劳动者、劳动对象和劳动手段是进行物质资料生产必备的三要素。劳动者是指生产工人;劳动对象是指建筑材料和各种半成品等;劳动手段是指生产机具和设备。按该三要素,建设工程定额划分为劳动消耗量定额、材料量消耗定额、施工机械台班消耗量定额。

(1)劳动消耗量定额

劳动消耗量定额(也称人工定额)是指在正常的施工技术条件下,完成单位合格产品所必需的人工消耗量标准。

(2)材料消耗量定额

材料消耗量定额是指在合理和节约使用材料的条件下,生产合格单位产品所必须消耗的一定规格的材料、成品、半成品、水、电等资源的数量标准。

(3)施工机械台班消耗量定额

施工机械台班消耗量定额是指施工机械在正常施工条件下,完成单位合格产品所必需的工作时间,它反映了合理均衡地组织劳动和使用机械在单位时间内的生产效率。

2）按编制程序和用途分类

（1）施工定额

施工定额是以同一性质的施工过程——工序作为研究对象，根据生产产品数量与时间消耗综合关系编制的定额。施工定额是工程建设定额总分项最细、定额子目最多的一种企业性质定额，属于基础性定额。它是编制预算定额的基础。

（2）预算定额

预算定额是以建筑物或构筑物各个分部分项工程为对象编制的定额。预算定额是以施工定额为基础综合扩大编制的，同时也是编制概算定额的基础。

（3）概算定额

概算定额是以扩大的分部分项工程为编制对象。

（4）概算指标

概算指标是概算定额的扩大与合并，它以整个建筑物和构筑物为对象，以更为扩大的计量单位来编制。

（5）投资估算指标

投资估算指标是在项目建议书和可行性研究阶段编制的投资估算，计算投资需要量时使用的一种指标，是合理确定建设工程项目投资的基础。

不同用途定额间的关系见表2.2。

表2.2　不同用途定额间关系比较表

定额分类	施工定额	预算定额	概算定额	概算指标	投资估算指标
对象	工序	分部分项工程	扩大的分部分项工程	整个建筑物或构筑物	独立的单项工程或完工的工程项目
用途	编制施工预算	编制施工图预算	编制设计概算	编制初步设计概算	编制投资估算
项目划分	最细	细	较粗	粗	很粗
定额水平	平均先进	平均	平均	平均	平均
定额性质	生产性定额	计价性定额			

3）按编制单位和执行范围分类

（1）全国统一定额

全国统一定额是由国家建设行政主管部门，综合全国工程建设中技术和施工组织管理的情况编制，并在全国范围内执行的定额，如《全国统一建筑工程基础定额》和《全国统一建筑工程预算工程量计算规则》，统一了定额项目的划分，促进了计价基础的统一。

（2）行业统一定额

行业统一定额是考虑到各行业部门专业工程技术特点以及施工生产和管理水平编制的，一般是只在本行业和相同专业性质的范围内使用的专业定额，如矿井建设工程定额、铁路建设工程定额。

（3）地区统一定额

地区统一定额包括省、自治区、直辖市定额。地区统一定额主要是考虑地区性特点和全国统一定额水平作适当调整补充编制的，只能在本行政辖区内使用。

（4）企业定额

企业定额是指由施工企业考虑本企业具体情况，参照国家、部门或地区定额的水平制订的定额。企业定额只在企业内部使用，是企业素质的一个标志。企业定额水平一般应高于国家现行定额，才能满足生产技术发展、企业管理和市场竞争的需要。

（5）补充定额

补充定额是指随着设计、施工技术的发展，在现行定额不能满足需要的情况下，为了补充缺项所编制的定额。补充定额只能在指定的范围内使用，可以作为以后修订定额的基础。

2.1.3　建设工程定额的特点

1）科学性特点

定额的制订尊重客观实际，采用现代科学手段、方法，同时定额的内容、范围、水平适应同时期社会生产力的发展，反映了工程建设中生产消费的客观规律，定额水平反映了当时先进的施工方法。

2）系统性特点

定额系统性表现在由多种定额内容结合而成的有机的整体，有鲜明的层次，有明确的目标。按其主编单位和执行范围的不同，我国的定额可分为全国统一定额、各专业部的定额、各地区的定额、各建设项目的定额、各企业的定额等。系统性是由工程建设的特点决定的。

3）统一性特点

定额的统一性主要是由国家宏观调控职能决定的。从定额的编制、颁布和贯彻使用来看，统一性表现为有统一的程序、统一的原则、统一的要求和统一的用途。

4）权威性特点

定额是由国家授权部门根据当时的生产力水平制订并颁发的，各地区、部门和相关单位都必须执行，以保证建设工程造价有统一的尺度。

5）群众性特点

定额制订采用工人、技术人员、专职人员三结合的形式，是在实际测定数据资料、综合分析生产过程的基础上制订出来的，具有广泛的群众基础。

6）稳定性和时效性

保持定额的稳定性是维护定额的权威性所必需的，更是有效贯彻定额所必需的，定额是根据一定时期的社会生产力水平确定的，当社会生产力水平发生变化时，授权部门就会根据新的情况制订出新的定额。但是社会生产力的发展有一个相对时效期，一般在 5 ~ 10 年。

2.2 建设工程定额制订

2.2.1 建设工程定额的编制原则、依据

1)建设工程定额编制原则

(1)社会平均水平的原则

社会平均水平的原则是在正常的施工条件、合理的施工组织和工艺条件、平均劳动熟练程度和劳动强度下,完成单位分项工程基本构造要素所需的劳动时间。

(2)简明适用原则

编制预算定额贯彻简明适用原则是对执行定额的可操作性便于掌握而言的。首先,合理确定定额步距,从而合理划分定额项目。其次,对定额的活口也要设置适当。所谓活口,即在定额中规定若符合一定条件时,允许该定额另行调整。最后,还要求合理确定定额的计算单位,简化工程量计算,尽量减少定额附注和换算系数。

(3)坚持统一性和差别性相结合原则

所谓统一性,就是从培育全国统一市场规范计价行为出发。所谓差别性,就是在统一性基础上,各部门和省、自治区、直辖市主管部门可以在管辖范围内,根据本部门和地区的具体情况,制订部门和地区性定额、补充性制度和管理办法。

2)建设工程定额的编制依据

①现行的全国统一劳动定额、材料消耗定额、机械台班定额和施工定额;

②现行设计规范、施工及验收规范、质量评定标准和安全操作规程;

③具有代表性的典型工程施工图及有关标准图;

④新技术、新结构、新材料和先进的施工方法等;

⑤有关科学实验、技术测定的统计、经验资料;

⑥地区现行的人工工资标准、材料预算价格和机械台班单价。

2.2.2 建设工程定额的编制程序

1)制订定额的编制方案

编制方案包括建立编制定额的机构,确定编制进度,确定编制定额的指导思想、编制原则,明确定额的作用,确定定额的适用范围和内容等。

2)划分定额项目,确定定额项目的工作内容

定额项目的划分应做到项目齐全、粗细适度、简明适用;在划分定额项目的同时,应将各个定额项目的工作内容范围予以确定。

3)确定各个定额项目的消耗指标

定额项目各项消耗指标的确定,应在选择计量单位、确定施工方法、计算工程量及含量测量的基础上进行。

（1）选择定额项目的计量单位

确定项目的计算单位应使用方便，有利于简化工程量的计算，并与工程项目内容相适应，能反映分项工程最终产品形态和实物量。计量单位一般应根据结构构件或分项工程形体特征及变化规律来确定。

（2）确定施工方法

施工方法是确定建设工程定额项目的各专业工种和相应的用工数量，各种材料、成品或半成品的用量，施工机械类型及其台班用量，以及定额基价的主要依据。不同的施工方法，会直接影响建设工程定额中的工日、材料、机械台班的消耗指标，在编制定额时，必须以本地区的施工（生产）技术组织条件、施工质量验收规范、安全技术操作规程及已经成熟和推广的新工艺、新结构、新材料和新的操作方法等为依据，合理确定施工方法，使其正确反映当前社会生产力的水平。

（3）计算工程量及含量测量

计算定额项目工程量就是根据确定的分项工程（或配件、设备）及其所含子项目，结合选定的典型设计图样或资料、典型施工组织设计和已确定的定额项目计量单位，按照工程量计算规则进行计算。

（4）确定定额人工、材料、机械台班消耗指标

确定分项工程或结构构件的定额消耗指标，包括确定劳动力、材料和机械台班的消耗量指标。

4）编制定额项目表

将计算确定出的各种项目的消耗指标填入已设计好的定额项目空白表中。

5）编制定额说明

定额文字说明即对建设工程定额的工程特征，包括工程内容、施工方法、计算单位及具体要求等加以简要说明补充。

6）修改定稿，颁发执行

初稿编出后，通过用新编定额初稿与现行的和历史上相应定额进行对比，对新定额进行水平测量。然后根据测量的结果，分析影响新编定额水平提高或降低的原因，从而合理地修订初稿。在测量和修改的基础上，组织有关部门进行讨论，征求意见，最后定稿，连同编制说明书呈报主管部门审批。

2.2.3 劳动消耗量定额

1）劳动消耗量定额概念

劳动消耗量定额亦称人工定额，指在正常施工条件下，某等级工人在单位时间内完成合格产品的数量或完成单位合格产品所需的劳动时间，是确定工程建设定额人工消耗量的主要依据。

2）劳动消耗量定额的分类及其关系

（1）劳动消耗量定额的分类

按其表现形式的不同，劳动消耗量定额可分为时间定额和产量定额。

①时间定额。时间定额亦称工时定额,是指生产单位合格产品或完成一定工作任务必须消耗的劳动时间限额。时间定额的计量单位是"工日"(1个工日即8 h)。时间定额的计算见式(2.1)。

$$时间定额 = \frac{消耗的总工日数}{产品数量} \tag{2.1}$$

②产量定额。产量定额是指某种技术等级的工人或工人小组,在单位工日内完成合格产品的数量标准。产量定额的计量单位是 m^3/工日、t/工日、m^2/工日等。产量定额的计算见式(2.2)。

$$产量定额 = \frac{产品数量}{消耗的总工日数} \tag{2.2}$$

(2)时间定额与产量定额的关系

时间定额与产量定额互为倒数的关系,即:

$$时间定额 = \frac{1}{产量定额} \quad 或 \quad 产量定额 = \frac{1}{时间定额} \tag{2.3}$$

3)工人工作时间

工作时间是指工作班的延续时间。工人工作时间分为必须消耗的时间(定额时间)和损失时间(非定额时间),如图2.3所示。

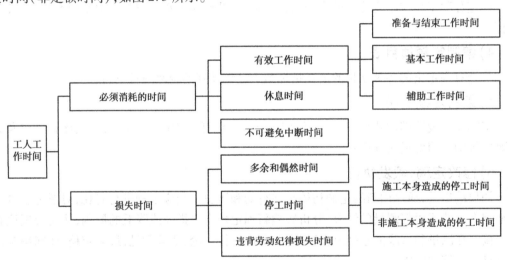

图2.3 工人工作时间的分类

工人在工作班延续时间内消耗的工作时间按其消耗的性质分为两大类:必须消耗的时间和损失时间。

(1)必须消耗的时间

必须消耗的时间是工人在正常施工条件下,为完成一定数量合格产品所必须消耗的时间。它是制订定额的主要根据。必须消耗的工作时间包括有效工作时间、不可避免的中断时间和休息时间。

①有效工作时间是从生产效果来看与产品生产直接有关的时间消耗,其中包括基本工作时间、辅助工作时间、准备与结束工作时间。

基本工作时间是工人完成基本工作所消耗的时间,是完成一定产品的施工工艺过程所消耗的时间。基本工作时间所包括的内容根据工作性质各不相同。例如,砖瓦工的基本工作时间包括砌砖拉线时间、铲灰浆时间、砌砖时间、校验时间;抹灰工的基本工作时间包括准备工作时间、润湿表面时间、抹灰时间、抹平抹光时间。工人操纵机械的时间也属基本工作时间,基本工作时间的长短和工作量大小成正比。

辅助工作时间是为保证基本工作能顺利完成所做的辅助性工作所消耗的时间。在辅助工作时间里,不能使产品的形状大小、性质或位置发生变化。例如,施工过程中工具的校正和小修,机械的调整、搭设小型脚手架等所消耗的工作时间等都属于辅助工作时间。辅助工作时间的结束往往是基本工作时间的开始,辅助工作一般是手工操作。但在半机械化的情况下,辅助工作是在机械运转过程中进行的,这时不应再计辅助工作时间的消耗,辅助工作时间的长短与工作量大小有关。

准备与结束工作时间是执行任务前或任务完成后所消耗的工作时间。例如:工作地点、劳动工具和劳动对象的准备工作时间;工作结束后的整理工作时间等。准备和结束工作时间的长短与所担负的工作量大小无关,但往往和工作内容有关。所以,这项时间消耗又分为班内的准备与结束工作时间和任务的准备与结束工作时间。班内的准备与结束工作时间包括:工人每天从工地仓库领取工具、检查机械、准备和清理工作地点的时间;准备安装设备的时间;机器开动前的观察和试车的时间;交接班时间等。任务的准备与结束工作时间和每个工作日交替无关,但与具体任务有关,如接受施工任务书、研究施工详图、接受技术交底、领取完成该任务所需的工具和设备,以及验收交工等工作所消耗的时间。

②休息时间是工人在施工过程中为恢复体力所必需的短暂休息和生理需要的时间消耗。这种时间是为了保证工人精力充沛地进行工作,应作为必须消耗的时间,休息时间的长短和劳动条件有关。劳动繁重紧张、劳动条件差(高温),休息时间需要长一些。

③不可避免的中断时间是由施工工艺特点所引起的工作中断所消耗的时间,如汽车司机在等待汽车装、卸货时消耗的时间,安装工等待起重机吊预制构件的时间。与施工过程工艺特点有关的工作中断时间应作为必须消耗的时间,但应尽量缩短此项时间消耗。与工艺特点无关的工作中断时间是由劳动组织不合理引起的,属于损失时间。

(2)损失时间

损失时间与产品生产无关,但与施工组织和技术上的缺点有关,与工人或机械在施工过程中的个人过失或某些偶然因素有关的时间消耗。损失时间一般不能作为正常的时间消耗因素,在制订定额时一般不加以考虑。损失时间包括多余和偶然工作、停工、违背劳动纪律所引起的时间损失。

①多余和偶然工作的时间损失包括多余工作引起的时间损失和偶然工作引起的时间损失两种情况。多余工作是工人进行了任务以外的而又不能增加产品数量的工作,如对质量不合格的墙体返工重砌,对已磨光的水磨石进行多余的磨光等。多余工作的时间损失,一般都是由于工程技术人员和工人的差错而引起的修补废品和多余加工造成的,不是必须消耗的时间。偶然工作是工人在任务外进行的工作,但能够获得一定产品的工作,如抹灰工不得不补上偶然遗留的墙洞等。从偶然工作的性质看,不应考虑其为必须消耗的时间,但由于偶然工作能获得一定产品,制订定额时可适当考虑。

②停工时间是工作班内停止工作造成的时间损失,停工时间按其性质可分为施工本身造成的停工时间和非施工本身造成的停工时间两种。施工本身造成的停工时间是由于施工组织

不善、材料供应不及时、工作面准备工作做得不好、工作地点组织不良等情况引起的停工时间。非施工本身造成的停工时间是由于气候条件以及水源、电源中断引起的停工时间。施工本身造成的停工时间在拟订定额时不应计算,非施工本身造成的停工时间应给予合理的考虑。

③违反劳动纪律造成的工作时间损失是指工人在工作班内的迟到早退、擅自离开工作岗位、工作时间内聊天或办私事等造成的时间损失。由于个别工人违反劳动纪律而影响其他工人无法工作的时间损失也包括在内。此项时间损失不应允许存在,定额中不能考虑。

4)劳动消耗量定额制订方法

(1)劳动消耗量定额制订方法

①经验估计法。经验估计法是根据定额员、技术员、生产管理人员和老工人的实际工作经验,对生产某一产品或完成某项工作所需的人工、机械台班、材料数量进行分析、讨论和估算,并最终确定定额耗用量的一种方法。

②统计计算法。统计计算法是一种运用过去一定时期内,实际施工中的同类工程或生产同类产品的实际工时消耗和产量的统计资料,与当前的生产技术组织条件的变化结合起来,进行分析研究而编制定额的方法。

③技术测定法。技术测定法是通过对施工过程的具体活动进行实地观察,详细记录工人和机械的工作时间消耗、完成产品数量及有关影响因素,并将记录结果予以研究、分析,去伪存真,整理出可靠的原始数据资料,为制订定额提供科学依据的一种方法。技术测定法主要分为测时法、写实记录法和工作日写实法。

④比较类推法。比较类推法也称典型定额法,是在相同类型的项目中,选择有代表性的典型项目,然后根据测定的定额用比较类推的方法编制其他相关定额的一种方法。

(2)技术测定法主要步骤

对施工过程进行观察、测时,计算实物和劳务产量,记录施工过程所处的施工条件和确定影响工时消耗的因素,是技术测定法的三项主要内容和要求。技术测定法种类很多,其中最主要的有 3 种:

①测时法。测时法主要适用测定那些定时重复的循环工作的工时消耗,是精确度比较高的一种计时观察法。有选择测时法和接续测时法两种。

②写实记录法。写实记录法是一种研究各种性质的工作时间消耗的方法。采用这种方法可以获得分析工作时间消耗的全部资料,是一种值得提倡的方法。写实记录法按记录时间的方法不同分为三种:数示法写实记录、图示法写实记录、混合法写实记录。

③工作日写实法。工作日写实法是一种研究整个工作班内的各种工时消耗的方法。

运用工作日写实法主要有两个目的:一是取得编制定额的基础资料;二是检查定额的执行情况,找出缺点,改进工作。查明熟练工人是否能发挥自己的专长,确定合理的小组编制和合理的小组分工;确定机器在时间利用和生产率方面的情况,找出使用不当的原因,制订出改善机器使用情况的技术组织措施;计算工人或机器完成定额的实际百分比和可能百分比。

工作日写实法和技术测定法、写实记录法比较,具有技术简便、费力不多、应用面广和资料全面的优点,在我国是一种采用较广的编制定额的方法。

【例 2.1】已知某多孔砖墙砌筑工程,计时观察法得到的基本工作时间为 320 min,因施工停电停工时间为 15 min,准备与结束时间为 20 min,休息时间为 10 min,不可避免的中断时间为 10 min,共砌砖 600 块,并已知 527 块/m³。试确定砌砖的人工时间定额和人工产量定额。

【解】时间: $T = 320 + 20 + 10 + 10 = 360(\min) = 6 \text{ h} = 0.75$ 工日

产量: $q = \dfrac{600}{527} = 1.139(\text{m}^3)$

时间定额: $\dfrac{0.75}{1.139} = 0.658(\text{工日}/\text{m}^3)$

产量定额: $\dfrac{1}{0.658} = 1.520(\text{m}^3/\text{工日})$

【例 2.2】某混凝土工程的观察测时,对象是 6 名工人,符合正常施工条件,整个过程完成 32 m³ 混凝土。基本工作时间为 300 min,停工待料 15 min,停电 12 min,辅助工作时间占基本工作时间的 1%,休息时间占定额时间的 20%,准备与结束时间 20 min,工人上班迟到 88 min,不可避免的中断时间 10 min,试确定其时间定额和产量定额。

【解】定额时间为 X:

$$X = 300 + 300 \times 1\% + 20\%X + 20 + 10$$

可求得

$$X = 416.25 \text{ min}$$

时间定额: $\dfrac{6 \times 416.25}{60 \times 8 \times 32} = 0.163(\text{工日}/\text{m}^3)$

产量定额: $\dfrac{1}{0.163} = 6.135(\text{m}^3/\text{工日})$

【例 2.3】现测定一砖基础墙的时间定额,已知每立方米砌体的基本工作时间为 140 min,准备与结束时间、休息时间、不可避免的中断时间占时间定额的百分比分别为:5.45%、5.84%、2.49%,辅助工作时间不计,试确定其时间定额和产量定额。

【解】

$$\text{时间定额} = \dfrac{140}{1 - (5.45\% + 5.84\% + 2.49\%)} = 162.4(\min) = \dfrac{162.4}{8 \times 60} = 0.338(\text{工日})$$

$$\text{产量定额} = \dfrac{1}{0.338} = 2.959(\text{m}^3)$$

5) 劳动消耗量定额的作用

①劳动消耗量定额是组织和动员广大员工努力提高劳动生产率的有力手段。

②劳动消耗量定额是编制计划与组织生产的重要依据。

③劳动消耗量定额是正确组织劳动与合理定员的基础。

④劳动消耗量定额是改善劳动组织、革新技术、推广先进经验、改进工艺方法、合理组织劳动、促进劳动生产率不断提高的过程。

6) 劳动消耗量定额的使用

【例 2.4】某抹灰班组有 13 名工人,抹某住宅楼混砂墙面,施工 25 天完成任务,已知产量定额为 10.2 m²/工日。试计算抹灰班完成的抹灰面积。

【解】13 名工人施工 25 天的总工日数 $= 13 \times 25 = 325(\text{工日})$

抹灰面积 $= 10.2 \times 325 = 3\ 315(\text{m}^2)$

2.2.4 材料消耗量定额

1)材料消耗量定额的概念

材料消耗量定额指在正常的施工条件及合理和节约使用材料的前提下,生产单位合格产品所消耗的建筑材料的数量标准。

2)建筑材料的分类

(1)按材料使用次数的不同划分

建筑安装材料分为实体性材料和周转性材料。实体性材料也称为直接性材料。它是指在施工中一次性消耗并直接构成工程实体的材料,如砖、瓦、灰、砂、石、钢筋、水泥、工程用木材等。周转性材料是指在施工过程中能多次使用,反复周转但并不构成工程实体的工具性材料,如模板、活动支架、脚手架、支撑、挡土板等。

(2)按材料用量划分

建筑材料分为主要材料(即主材)和次要材料两种。

3)实体性材料消耗定额的组成

定额中实体性材料消耗量既包括构成产品实体净用的材料数量,又包括施工场内运输及操作过程不可避免的损耗量。

$$材料的消耗量 = 净用量 + 损耗量 = 净用量 \times (1 + 材料的损耗率)$$

$$材料的损耗率 = \frac{材料损耗量}{材料净用量} \times 100\%$$

4)实体性材料消耗定额的制订

(1)常用的制订方法

常用的制订方法:观测法、试验法、统计法和计算法。

①观测法。观测法是对施工过程中实际完成产品的数量进行现场观察、测定,再通过分析整理和计算确定建筑材料消耗定额的一种方法。观测法最适宜制订材料的损耗定额。

②试验法。试验法是通过专门的仪器和设备在试验室内确定材料消耗定额的一种方法。这种方法适用于能在试验室条件下进行测定的塑性材料和液体材料(如混凝土、砂浆、沥青玛瑞脂、油漆涂料及防腐等)。

③统计法。统计法是指在施工过程中,对分部分项工程所拨发的各种材料数量、完成的产品数量和竣工后的材料剩余数量进行统计、分析、计算,进而来确定材料消耗定额的方法。统计法所采集的数据仅作参考数据。

④计算法。计算法是根据施工图纸和其他技术资料,用理论公式计算出产品的材料净用量,从而制订出材料的消耗定额。这种方法主要适用于块状、板状和卷筒状产品(如砖、钢材、玻璃、油毡等)的材料消耗定额。

(2)几种常用材料的理论计算方法

①1 m³砌体中砖及砂浆净用量计算。

$$1 \ m^3 \ 砌体中砖净用量 = \frac{2 \times 表示墙体厚度的砖数}{墙体厚 \times (砖长 + 灰缝厚) \times (砖厚 + 灰缝厚)}$$

(2.4)

$1\ m^3$ 砌体中砂浆净用量 $= 1 - 1\ m^3$ 砌体中砖净用量 × 砖长 × 砖宽 × 砖厚　　　（2.5）

式中, 墙厚砖数如表 2.3 所示。如果采用标准砖计算, 则其规格尺寸为 240 mm × 115 mm × 53 mm。式中是关于净用量的计算, 如果要计算总消耗量则要考虑其损耗。

表 2.3　墙厚砖数

墙厚砖数	$\dfrac{1}{2}$	$\dfrac{3}{4}$	1	$1\dfrac{1}{2}$	2
墙厚/mm	115	178	240	365	490

【例 2.5】计算一砖厚混合砂浆砌筑的标准砖外墙每 $1\ m^3$ 砌体中, 砖和砂浆的总消耗量 (砖和砂浆损耗率均为 1%)。

【解】每立方米一砖外墙中砖净用量 $= \dfrac{2 \times 1}{0.24 \times (0.24 + 0.01) \times (0.053 + 0.01)} = 529.1$ (块)

每立方米一砖外墙中砖总消耗量 $= 529.1 \times (1 + 1\%) = 534.39$ (块)

每立方米一砖外墙中砂浆净用量 $= 1 - 529.1 \times 0.24 \times 0.115 \times 0.053 = 0.226$ (m^3)

每立方米一砖外墙中砂浆总消耗量 $= 0.226 \times (1 + 1\%) = 0.228$ (m^3)

② 100 m^2 块料面层中材料用量计算。

$$100\ m^2\ \text{块料面层中块料净用量} = \dfrac{100}{(\text{块料长} + \text{灰缝宽}) \times (\text{块料宽} + \text{灰缝宽})} \quad (2.6)$$

$100\ m^2$ 块料面层中灰缝材料净用量 $= (100 - \text{块料净用量} \times \text{块料长} \times \text{块料宽}) \times \text{灰缝厚}$

　　　(2.7)

$$100\ m^2\ \text{块料面层中结合层材料净用量} = 100 \times \text{结合层厚} \quad (2.8)$$

【例 2.6】1:1 水泥砂浆贴 152 mm × 152 mm × 5 mm 瓷砖墙面, 结合层厚度 10 mm 厚, 试计算每 100 m^2 墙面瓷砖和砂浆的总消耗量 (灰缝宽 2 mm), 瓷砖损耗率 1.5%, 砂浆损耗率 1%。

【解】每 100 m^2 瓷砖墙面中:

瓷砖净用量 $= \dfrac{100}{(0.152 + 0.002) \times (0.152 + 0.002)} = 4\ 216.6$ (块)

瓷砖总消耗量 $= 4\ 216.6 \times (1 + 1.5\%) = 4\ 279.8$ (块)

缝隙砂浆净用量 $= (100 - 4\ 216.6 \times 0.152 \times 0.152) \times 0.005 = 0.013$ (m^3)

结合层砂浆净用量 $= 0.01\ m \times 100\ m^2 = 1.000$ (m^3)

砂浆总用量 $= (1 + 0.013) \times (1 + 1\%) = 1.023$ (m^3)

③ 普通抹灰砂浆配合比用料量的计算。抹灰砂浆的配合比通常是按砂浆的体积比计算的, $1\ m^3$ 砂浆中各种材料消耗量计算公式如下:

$$\text{砂子消耗量} = \dfrac{\text{砂比例数}}{\text{配合比总比例数} - \text{砂比例数} \times \text{空隙率}} \times (1 + \text{损耗率}) \quad (2.9)$$

$$\text{水泥消耗量} = \text{水泥比例数} \times \dfrac{\text{水泥密度}}{\text{砂的比例数}} \times \text{砂用量} \times (1 + \text{损耗率}) \quad (2.10)$$

$$\text{石灰膏消耗量} = \dfrac{\text{石灰膏比例数}}{\text{砂的比例数}} \times \text{砂用量} \times (1 + \text{损耗率}) \quad (2.11)$$

【例 2.7】试计算配合比 1:1:3 水泥石灰砂浆每立方米材料消耗量。已知砂视密度 2 650

kg/m^3，堆积密度 1 550 kg/m^3，水泥密度 1 200 kg/m^3，砂损耗率为 2%，水泥、石灰膏损耗率为 1%。

【解】 $砂子空隙率 = \left(1 - \dfrac{砂堆积密度}{砂视密度}\right) \times 100\% = \left(1 - \dfrac{1\,550}{2\,650}\right) \times 100\% = 41.5\%$

$$砂子消耗量 = \frac{3}{(1+1+3) - 3 \times 0.415} \times (1 + 0.02) = 0.815(m^3)$$

$$水泥消耗量 = 1 \times \frac{1\,200}{3} \times 0.815 \times (1 + 0.01) = 329.260(kg)$$

$$石灰消耗量 = \frac{1}{3} \times 0.815 \times (1 + 0.01) = 0.274(m^3)$$

5）周转性材料消耗定额的制订

（1）周转性材料摊销量确定

周转性材料消耗应该按照多次使用、分次摊销的方法确定其摊销量。摊销量是指周转材料使用一次在单位产品上的消耗量，即应分摊到每一单位分项工程或结构构件上的周转材料消耗量。周转性材料消耗定额一般与下面 4 个因素有关。

①一次使用量：第一次投入使用时的材料数量，根据构件施工图与施工验收规范计算。一次使用量供建设单位和施工单位申请备料和编制施工作业计划使用。

②损耗率：在第二次和以后各次周转中，每周转一次因损坏不能复用必须另作补充的数量占一次使用量的百分比，又称平均每次周转补损率。损耗率用统计法和观测法来确定。

③周转次数：按施工情况和过去经验确定。

④回收量：每周转一次平均可以回收材料的数量，这部分数量应从摊销量中扣除。

（2）现浇混凝土构件木模板摊销量计算

①计算一次使用量。根据选定的典型构件，按混凝土与模板的接触面积计算模板工程量，再按下式计算：

一次使用量 = 每立方米混凝土构件的模板接触面积 × 每平方米接触面积需板枋材量

(2.12)

②计算周转使用量：平均每周转一次的模板用量。

施工是分阶段进行的，模板也要多次周转使用，要按照模板的周转次数和每次周转所发生的损耗量等因素，计算生产一定计量单位混凝土工程的模板周转使用量。

周转使用量 = [一次使用量 + 一次使用量 × (周转次数 - 1) × 损耗率] / 周转次数

= 一次使用量 × [1 + (周转次数 - 1) × 损耗率] / 周转次数 (2.13)

③计算模板回收量和回收系数。周转材料在最后一次使用完了还可以回收一部分，这部分称为回收量。但是这种残余材料由于是经过多次使用的旧材料，其价值低于原来的价值。因此，还需规定一个折价率。同时，周转材料在使用过程中施工单位均要投入人力、物力、组织和管理补修工作，须额外支付管理费。为了补偿此项费用和简化计算，一般采用减少回收量增加摊销量的做法。

$$回收量 = \frac{一次使用量 - (一次使用量 \times 损耗率)}{周转次数}$$

$$= \frac{\text{一次使用量} \times (1 - \text{损耗率})}{\text{周转次数}}$$

$$= \frac{\text{周转使用最终回收量}}{\text{周转次数}} \tag{2.14}$$

$$\text{回收系数} = \text{回收折价率(常取50\%)} / (1 + \text{间接费率}) \tag{2.15}$$

④摊销量计算。

$$\text{摊销量} = \text{周转使用量} - \text{回收量} \times \text{回收系数} \tag{2.16}$$

【例2.8】根据选定的某工程捣制混凝土独立基础的施工图计算,每立方米独立基础模板接触面积为 $2.1\ \text{m}^2$,根据计算每平方米模板接触面积需用板枋材 $0.083\ \text{m}^3$,模板周转6次,每次周转损耗率16.6%。试计算混凝土独立基础的模板周转使用量、回收量、定额摊销量。间接费率取18.2%。

【解】一次使用量 $= 2.1 \times 0.083 = 0.174\ 3\ (\text{m}^3)$

$$\text{周转使用量} = \frac{0.174\ 3 + 0.174\ 3 \times (6 - 1) \times 16.6\%}{6} = 0.053\ (\text{m}^3)$$

$$\text{回收量} = \frac{0.174\ 3 - 0.174\ 3 \times 16.6\%}{6} = 0.024\ (\text{m}^3)$$

摊销量 $= 0.053 - 0.024 \times 50\% \div (1 + 18.2\%) = 0.043\ (\text{m}^3)$

(3)预制构件木模板摊销量计算

$$\text{预制构件木模板摊销量} = \frac{\text{一次使用量}}{\text{周转次数}} \tag{2.17}$$

【例2.9】根据选定的预制过梁标准图计算,每立方米构件的模板接触面积为 $9.2\ \text{m}^2$,每平方米接触面积需用板枋材 $0.091\ \text{m}^3$,模板周转次数为25次,模板损耗率为5%,试计算模板的摊销量。

【解】一次使用量 $= 9.2 \times 0.091 \times (1 + 5\%) = 0.879\ (\text{m}^3)$

$$\text{摊销量} = \frac{0.879}{25} = 0.035\ (\text{m}^3)$$

2.2.5　机械台班消耗量定额

1)机械台班消耗量定额的概念

机械台班消耗量定额是指在正常施工条件下,合理的劳动组织和合理使用施工机械,完成单位合格产品所必须消耗机械的工作时间。

2)机械台班消耗量定额的表现形式

机械台班消耗量定额的表现形式有两种:机械时间定额和机械产量定额。

(1)机械时间定额

机械时间定额是指在正常施工条件和劳动组织情况下,生产某一单位合格产品所必须消耗的机械台班数量标准。"台班"就是一台机械工作一个工作日(即8 h)。

(2)产量定额

机械产量定额是指在正常施工条件和合理劳动组织情况下,某种机械在一个台班内完成合格产品的数量标准。

3)机械工作时间

机械工作时间的消耗也分为必须消耗的时间(定额时间)和损失时间(非定额时间)。机械工作时间分类如图2.4所示。

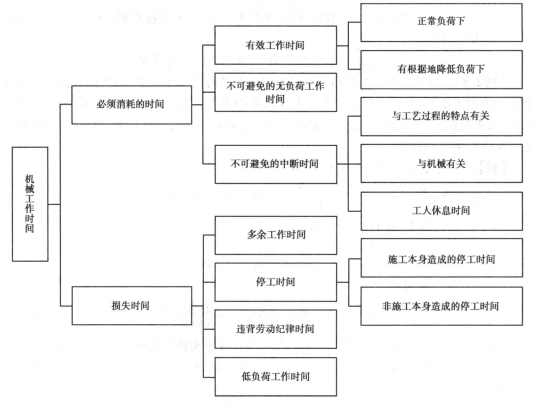

图2.4 机械工作时间分类

(1)机械必须消耗的工作时间

机械必须消耗的工作时间包括有效工作、不可避免的无负荷工作和不可避免的中断三项时间消耗。

①有效工作时间。有效工作时间包括正常负荷下、有根据地降低负荷下和低负荷下工作的工时消耗。

正常负荷下的工作时间是机械在与机械说明书规定的计算负荷相符的情况下进行工作的时间。

有根据地降低负荷下的工作时间是在个别情况下机械由于技术上的原因在低于其计算负荷下工作的时间。例如:汽车运输质量轻而体积大的货物时,不能充分利用汽车的载重吨位;起重机吊装轻型结构时,不能充分利用其起重能力,因而低于其计算负荷。

低负荷下的工作时间是由于工人或技术人员的过错所造成的施工机械在降低负荷的情况下工作的时间。例如:工人装车的砂石数量不足、工人装入碎石机轧料口中的石块数量不够引起的汽车和碎石机在降低负荷的情况下工作所延续的时间。此项工作时间不能完全作为必须消耗时间。

②不可避免的无负荷工作时间。不可避免的无负荷工作时间是由施工过程的特点和机

械结构的特点造成的机械无负荷工作时间。例如:载重汽车在工作班时间的单程"放空车";筑路机在工作区末端调头等。

③不可避免的中断工作时间。不可避免的中断工作时间是与工艺过程的特点、机械的使用和保养、工人休息有关的不可避免的中断时间。

与工艺过程的特点有关的不可避免的中断工作时间有循环的和定期的两种。循环的不可避免的中断是在机械工作的每一个循环中重复一次,如汽车装货和卸货时的停车;定期的不可避免的中断是经过一定时期重复一次,如把灰浆泵由一个工作地点转移到另一工作地点时的工作中断。

与机械有关的不可避免中断工作时间是由于工人进行准备与结束工作或辅助工作时,机械停止工作而引起的中断工作时间。它是与机械的使用与保养有关的不可避免中断时间。

工人休息时间:应尽量利用与工艺过程有关的和与机械有关的不可避免中断时间进行休息,以充分利用工作时间。

(2)损失的工作时间

损失的工作时间包括多余工作、停工、违反劳动纪律所消耗的和低负荷下的工作时间。

①机械的多余工作时间。机械的多余工作时间是机械进行任务内和工艺过程内未包括的工作而延续的时间,如搅拌机搅拌灰浆超过规定而多延续的时间、工人没有及时供料而使机械空运转的时间。

②机械的停工时间。机械的停工时间按其性质也可分为施工本身造成的和非施工本身造成的停工。前者是由于施工组织的不好而引起的停工现象,如由于未及时供给机器水、电、燃料而引起的停工。后者是由于气候条件所引起的停工现象,如暴雨时压路机的停工。

③违反劳动纪律引起的机械时间损失是指由于工人迟到、早退或擅离岗位等原因引起的机械停工时间。

④低负荷下的工作时间。低负荷下的工作时间是由于工人或技术人员的过失所造成的施工机械在降低负荷的情况下工作的时间。

4)机械台班定额消耗量的确定

机械台班定额消耗量的确定,一般按照下列步骤来确定。

(1)确定正常的施工条件

拟订机械工作正常施工条件主要是拟订工作地点的合理组织和合理的工人编制。其中,工作地点的合理组织是对施工地点机械和材料的放置位置、工人从事操作的场所,作出科学合理的平面布置和空间安排。它要求施工机械和操纵机械的工人在最小范围内移动,但又不阻碍机械运转和工人操作,应使机械的开关和操纵装置尽可能集中地装置在操作工人的身旁,以节省工作时间和减轻劳动强度,最大限度发挥机械的效能,减少工人的手工操作;拟订合理的工人编制是根据施工机械的性能和设计能力、工人的专业分工和劳动工效,合理确定操纵机械的工人和直接参加机械化施工过程的工人编制。拟订合理的工人编制应要求保持机械的正常生产率和工人正常的劳动工效。

(2)确定机械1 h纯工作正常生产率

确定机械正常生产率时必须首先确定出机械纯工作1 h的正常生产效率。机械1 h纯工作正常生产率就是在正常施工组织条件下,具有必需的知识和技能的技术工人操纵机械1 h的生产率。根据工作特点的不同,机械可分为循环动作机械和连续动作机械,应分别采用不同方法确定其机械 1 h 纯工作正常生产率。

对于循环动作机械,确定机械纯工作 1 h 正常生产率的计算公式为:

$$机械一次循环的正常延续时间 = \sum 循环各组成部分正常延续时间 - 交叠时间$$

$$(2.18)$$

机械纯工作 1 h 循环次数 $= 60 \times 60 \div$ 一次循环的正常延续时间(s)   (2.19)

机械纯工作 1 h 正常生产率 $=$ 机械纯工作 1 h 循环次数 $\times$ 一次循环生产的产品数量

$$(2.20)$$

对于连续动作机械,确定机械纯工作 1 h 正常生产率要根据机械的类型和结构特征以及工作过程的特点来进行。计算公式如下:

$$连续动作机械纯工作 1 h 正常生产率 = \frac{工作时间内生产的产品数量}{工作时间} \quad (2.21)$$

工作时间内的产品数量和工作时间的消耗要通过多次现场观察,进行多次工作日写实并考虑机械说明书等有关资料,认真分析后取定。

同一机械对不同对象的作业属于不同的工作过程,如挖掘机所挖土壤的类别不同,碎石机所破碎的石块硬度和粒径不同,均需分别确定其纯工作 1 h 的正常生产率。

(3)确定施工机械的正常利用系数

确定施工机械的正常利用系数是指机械在工作班内对工作时间的利用率。机械的利用系数和机械在工作班内的工作状况有着密切的关系。要确定机械的正常利用系数,首先要拟订机械工作班的正常工作状况,保证合理利用工时。

确定机械正常利用系数要计算工作班正常状况下准备与结束工作,机械启动、机械维护等工作所必须消耗的时间,以及机械有效工作的开始与结束时间,从而进一步计算出机械在工作班内的纯工作时间和机械正常利用系数。

$$机械正常利用系数 = \frac{机械在一个工作班内纯工作时间}{一个工作班延续时间(8 h)} \quad (2.22)$$

(4)计算施工机械台班定额

计算施工机械定额是编制机械定额工作的最后一步。在确定了机械工作正常条件、机械 1 h 纯工作正常生产率和机械正常利用系数之后,采用下列公式计算施工机械的产量定额。

施工机械台班产量定额 = 机械 1 h 纯工作正常生产率 $\times$ 工作班纯工作时间 (2.23)

施工机械台班产量定额 = 机械 1 h 纯工作正常生产率 $\times$ 工作班延续时间(8 h) $\times$

$$机械正常利用系数 \quad (2.24)$$

$$施工机械时间定额 = \frac{1}{机械台班产量定额} \quad (2.25)$$

【例 2.10】轮胎式起重机吊装大型屋面板,每次吊装一块,通过计时观察测得循环一次各组成部分延续时间如下:挂钩:32.1 s,起吊 83.7 s,下落就位 55.8 s,解钩 40.8 s,回转就位 49.2 s,工作班内 8 h 的实际工作时间为 7.2 h,求机械台班的产量定额和时间定额。

【解】一次循环正常延续时间 $= 32.1 + 83.7 + 55.8 + 40.8 + 49.2 = 261.6(s)$

$$纯工作 1 h 的循环次数 = \frac{60 \times 60}{261.6} = 13.76(次)$$

纯工作 1 h 的正常生产率 = 13.76 × 1 = 13.76（块）

机械正常利用系数 = $\dfrac{7.2}{8}$ = 0.9

起重机台班产量定额 = 13.76 × 8 × 0.9 = 99（块/台班）

起重机台班时间定额 = $\dfrac{1}{99}$ = 0.01（台班/块）

2.3　预算定额

2.3.1　预算定额概念、作用、编制依据及步骤

1）预算定额概念

预算定额是指在正常的施工条件下,完成一定计量单位的分项工程或结构构件的人工、材料和机械台班以及价值的消耗数量标准,是计算建筑安装产品价值的基础。

2）预算定额作用

①预算定额是编制施工图预算、确定和控制建筑安装工程造价的基础;

②预算定额是设计单位对设计方案进行技术经济分析比较的依据;

③预算定额是施工企业进行经济活动分析的依据;

④预算定额是编制招标标底、投标报价的基础资料;

⑤预算定额是编制概算定额的基础。

3）预算定额编制依据

①现行劳动定额和施工定额;

②现行设计规范、施工及验收规范、质量评定标准和安全操作规程;

③具有代表性的典型工程施工图及有关标准图;

④新技术、新结构、新材料和先进的施工方法等;

⑤有关科学实验、技术测定的统计、经验资料;

⑥现行的预算定额、材料预算价格及有关文件规定等。

4）预算定额的编制步骤

（1）准备工作阶段

①拟订编制方案;

②抽调人员,根据专业需要划分编制小组和综合组。

（2）收集资料阶段

①收集基础资料;

②专题座谈;

③收集现行规定、规范和政策法规资料;

④收集定额管理部门积累的资料;

⑤专项查定及试验。

（3）定额编制阶段

①确定编制细则。细则内容主要包括统一编制表格及编制方法,统一计算口径、计量单位和小数点位数的要求,统一名称、用字、专业用语、符号代码等。

②确定定额的项目划分和工程量计算规则。

③定额人工、材料、机械台班耗用量的计算、复核和测算。

（4）定额报批阶段

①审核定稿;

②预算定额水平测算。

（5）修改定稿、整理资料阶段

①印发征求意见;

②修改整理报批;

③撰写编制说明;

④立档、成卷。

2.3.2　预算定额中的各项消耗量指标的确定

1）预算定额计量单位的确定

施工定额的计量单位一般按工序或施工过程确定,而预算定额的计量单位主要是根据分部分项工程和结构构件的形体特征及其变化确定。

①当建筑结构构件的长度、厚(高)度和宽度三面尺寸都发生变化时,可按体积以 m^3 为计量单位,如土方、砖石、钢筋混凝土构件等。

②当建筑结构构件的厚度有一定规格,但长度和宽度不定时,可按面积以 m^2 为计量单位,如地面、楼面、墙面和顶棚面抹灰等。

③当建筑结构构件的断面有一定形状和大小,但长度不定时,可按长度以延长米为计量单位,如踢脚线、楼梯栏杆、木装饰条及管道线路安装等。

④当建筑结构构件的重量与价格差异很大,可采用质量以 t 为计量单位,如金属构件的制作、运输及安装等。

⑤凡建筑结构构件无一定规格,而其构造又较复杂时,可按个、台、座、组为计量单位,如铸铁水斗、卫生洁具安装等。

⑥预算定额单位确定以后,在预算定额项目表中,常采用所取单位的 10 倍、100 倍的计量单位,如 1 000 m^3、100 m^2、10 m^3、10 m。

2）工、料、机械计量单位及小数位数的取定

①人工:以"工日"为单位,取两位小数。

②机械:以"台班"为单位,取两位小数。

③各种材料的计量单位与产品计量单位基本一致,精确度要求高、材料贵重,可取三位小数。如钢材吨以下取三位小数,木材立方米以下取三位小数,一般材料取两位小数。

3）预算定额中人工消耗量、材料消耗量、机械台班消耗量指标的确定

（1）人工消耗量指标的确定

预算定额中的人工消耗指标是指完成该分项工程必须消耗的各种用工量,包括基本用

工、辅助用工、超运距用工、人工幅度差。

①基本用工:指完成一定计量单位分项工程或结构构件所需消耗的主要用工,如砌筑墙体时的瓦工、支混凝土模板时的模板工等。其消耗量计算公式可表示为:

$$基本用工 = \sum（某分项工程综合工程量 \times 时间定额） \qquad (2.26)$$

②辅助用工:指预算定额中基本用工以外的材料加工等用工,如砌筑墙体时砂浆搅拌用工,劳动定额所规定的运输距离以内的砂、水泥、砖等材料运输用工等。

$$辅助用工 = 材料加工数量 \times 时间定额 \qquad (2.27)$$

③超运距用工:指编制预算定额时,材料、半成品等运输距离超过过去定额(或施工定额)所规定的运输距离而增加的工日数量。

$$超运距用工 = \sum（超运距材料数量 \times 时间定额） \qquad (2.28)$$

$$超运距 = 预算定额取定运距 - 劳动定额已包括的运距 \qquad (2.29)$$

④人工幅度差:指劳动定额中没有包括而预算定额中又必须考虑的工时消耗,即在正常施工条件下所必须发生的各种零星工序用工。例如:各工种间的工序搭接、交叉作业互相配合所造成的不可避免的停歇用工;施工机械在单位工程之间变换位置或临时移动水电线路所造成的间歇用工;施工过程中水电维修、隐蔽工程验收等质量检查而影响操作用工等。

$$人工幅度差 = （基本用工 + 辅助用工 + 超运距用工） \times 人工幅度差系数 \qquad (2.30)$$

人工幅度差系数一般取10% ~30% ,各地方略有不同。

【例2.11】试利用劳动定额确定每10 m³一砖厚内墙的预算定额人工消耗量。

【解】每10 m³一砖厚内墙的预算定额人工消耗量计算见表2.4。

表2.4　一砖厚内墙预算定额人工消耗量　　　　　　　　　单位:10 m³

名称	数量	单位	劳动定额编号	时间定额	工日数
混水内墙一砖厚	10	m³	2.4-14	1.24	12.4
加工:墙心、附墙、烟囱孔	0.34	10 m	2.4 表11-4	0.5	0.17
弧形及圆形碹	0.006	10 m	2.4 表11-6	0.3	0.001 8
垃圾道	0.03	10 m	2.4 表11-8	0.7	0.021
抗震柱孔	0.36	10 m²	2.4 表11-9	0.8	0.288
墙顶抹找平层	0.062 5	10 m²	2.4 表11-10	0.8	0.05
壁橱	0.08	个	2.4 表11-11	0.4	0.032
小阁楼、吊柜	0.6	个	2.4 表11-12	0.2	0.12
砖超运距100 m	10	m³	2.4 表2	0.109	1.09
砂浆超运距100 m	10	m³	2.4 表2	0.040 8	0.408
小计					14.581
人工幅度差		14.581 ×15%			2.188
合计		14.581 + 2.188			16.77 工日

（2）材料消耗量指标的确定

预算定额中规定的材料消耗量指标以不同的物理计量单位或自然计量单位为单位表示，包括净用量和损耗量。净用量是指实际构成某定额计量单位分项工程所需要的材料用量，按不同分项工程的工程特征和相应的计算公式计算确定。损耗量是指在施工现场发生的材料运输和施工操作的损耗，损耗量在净用量的基础上按一定的损耗率计算确定。用量不多、价值不大的材料，在预算定额中不列出数量，合并为"其他材料费"项目，以金额表示，或者以占主要材料的一定百分比表示。

$$材料消耗量 = 净用量 + 损耗量 = 净用量 \times (1 + 损耗率) \tag{2.31}$$

（3）机械台班消耗量指标的确定

预算定额中的机械台班消耗量指标一般按《全国建筑安装工程统一劳动定额》中的机械台班用量，并考虑一定的机械幅度差进行计算，即分项定额机械台班消耗量 = 施工定额中机械台班用量 + 机械幅度差。

其中，机械幅度差是指在施工定额内没有包括但实际中必须增加的机械台班费，主要是考虑在合理的施工组织条件下机械的停歇时间。其内容包括以下几项：

①施工中机械转移工作面及配套机械相互影响损失的时间；

②在正常施工条件下机械施工中不可避免的工作间歇时间；

③检查工程质量影响机械操作时间；

④工程收尾工作不饱满所损失的时间；

⑤临时水电线路移动所发生的不可避免的机械操作间歇时间；

⑥冬雨期施工发动机械的时间；

⑦不同厂牌机械的工效差。

2.4 贵州省建筑与装饰工程定额介绍及应用

2.4.1 贵州省2016版建筑与装饰计价定额的内容

贵州省2016版建筑与装饰计价定额分为上、中、下三册，自2017年8月1日起施行。该定额内容编制包括总说明、建筑面积计算规范、建筑与装饰工程费用计算顺序表（一般计税）、建筑与装饰工程费用说明、分部分项工程项目、单价措施项目、附录七大部分。

①总说明包括定额的适用范围、定额的编制原则及编制依据、定额采用的价格情况、定额编制过程中已经包括及未包括的工作内容等。

②附录放在定额的最后，供定额换算之用，是定额应用的重要补充资料。《2016版贵州省建筑与装饰计价定额》的附录包括附图、混凝土及砂浆配合比、建筑装饰工程材料、半成品、成品损耗率表、建筑装饰工程主要材料运输途耗率表。其中，配合比表应用时应注意如下事项：

a.注意混凝土是现场搅拌还是预拌，是现浇还是预制。

b.注意粗骨料碎石的最大粒径是多少，砂子是中砂还粗砂。

c.注意换算的砂浆是砌筑砂浆还是抹灰砂浆或防水砂浆。

2.4.2 预算计价定额综合单价数据分析

1)分部分项工程项目和单价措施项目组成内容

分部分项工程项目和单价措施项目均由说明、工程量计算规则和定额项目表三部分组成。说明和工程量计算规则将在第5章详细讲解。

2)定额项目表中综合单价数据分析

定额项目表中综合单价 = 人工费 + 材料费 + 机械费 + 企业管理费 + 利润

式中:人工费 = 分项工程定额用工量 × 人工工日单价

材料费 = $\sum$(分项工程定额材料用量 × 相应的材料单价)

机械费 = $\sum$(分项工程定额台班使用量 × 相应机械台班单价)

企业管理费 = $\sum$分部分项工程企业管理费

利润 = $\sum$分部分项工程利润

3)分部分项工程项目和单价措施项目定额表

分部分项工程项目和单价措施项目定额表包括标题、工作内容、定额计量单位、定额编号、项目名称、综合单价、人工费、材料费、机械费及相应的人工、材料、机械单价及其消耗量等。以砖砌基础现拌及预拌砂浆为例,其项目定额如表2.5所示。

表2.5 砖基础定额项目

A4.1 砌筑

工作内容:清理基槽坑,调、运、铺砂浆,运、砌砖

计量单位: 10 m³

定额编号			A4-1	A4-2
项目名称			基础	
			现拌	预拌
综合单价(元)			2 284.44	1 798.92
其中	人工费(元)		1 315.20	1 203.36
	材料费(元)		317.51	6.27
	机械费(元)		57.22	45.34
	管理费(元)		295.43	270.31
	利润(元)		299.08	273.64
名称		单位	单价(元)	消耗量
人工	二类综合用工	工日	120.00	10.960	10.028
材料	普通砖 240×115×53	千块	—	(5.262)	(5.262)
	干混砌筑砂浆 DM	m³	—	—	(2.399)
	水泥砂浆 M5.0	m³	130.78	2.399	—
	水	m³	3.59	1.05	1.746
机械	灰浆搅拌机拌筒容量200(L)	台班	143.06	0.400	—
	干混砂浆罐式搅拌机	台班	188.92	—	0.240

以定额编号 A4-1 为例对综合单价数据进行分析:

10 m³ 砖基础综合单价 = 人工费 + 材料费 + 机械费 + 企业管理费 + 利润

$$= 1\ 315.2 + 317.51 + 57.22 + 295.43 + 299.08 = 2\ 284.44(元)$$

其中:10 m³ 砖基础人工费 $= 10.96 \times 120 = 1\ 315.2(元)$

10 m³ 砖基础已计价材料费 $= 2.399 \times 130.78 + 1.05 \times 3.59 = 317.51(元)$

(注:普通砖为未计价材料,按市场价进行调整)

10 m³ 砖基础机械费 $= 0.4 \times 143.06 = 57.22(元)$

2.4.3　2016 版贵州省建筑与装饰计价定额的应用

1)定额的直接套用

设计规定的做法与要求和定额工作内容相符合的可直接套用。套用时应注意:根据施工图、设计说明和做法说明选择定额项目;从工程内容、技术特征和施工方法等方面仔细核对,较准确地确定相对应的定额项目,分项工程的名称和计量单位要与定额一致。

【例 2.12】某工程首层地面工程做法如下:

①8 ~ 10 mm 厚 800 mm×800 mm 的地砖铺实拍平,用白水泥浆擦缝;

②20 mm 厚 1:4 干硬性水泥砂浆层;

③素水泥浆结合层一遍;

④100 mm 厚 C15 预拌混凝土垫层。

根据以上信息,依据贵州省 2016 版建筑与装饰定额套定额。

【解】依据贵州省 2016 版建筑与装饰定额中 A11 楼地面工程套定额步骤如下:

①查看 A11-40 工作内容,包括清理基层、试排弹线、锯板修边、铺贴饰面、清理净面。

②结合材料分析表,A11-40 已包含 1:4 干硬性水泥砂浆层、素水泥浆结合层一遍、石材切割、铺贴饰面、白水泥擦缝、棉纱清理等贴砖全过程,未包括混凝土垫层,所以需要另套定额。所有需选套定额如表 2.6 所示。

表 2.6　选套装饰定额子目表

序号	名称	定额编号
1	陶瓷地砖楼地面面块料面层(水泥砂浆)每块砖周长≤3 200 mm	A11-40
2	C15 预拌混凝土垫层	A5-2

【例 2.13】某工程砖基础采用标准砖、M5.0 水泥砂浆砌筑。砖基础工程量为 230 m³,根据表 2.5,计算完成该分项工程的综合单价,综合用工工日数及砖和水泥的消耗量。

【解】确定定额编号,查表 2.5 得定额编号为 A4-1。

该分项工程费用 = 工程量 × 定额综合单价 $= \dfrac{230}{10} \times 2\ 284.44 = 52\ 542.12(元)$

综合用工工日数 $= \dfrac{230}{10} \times 10.96 = 252.08(工日)$

主要材料:标准砖的消耗量 $= \dfrac{230}{10} \times 5.262 = 121.03(千块)$

强度等级为 32.5 的水泥消耗量 $= \dfrac{230}{10} \times 2.399 \times 232 = 12\ 801.06\,(\text{kg})$

2) 定额的换算

当设计规定的做法与要求和定额不符的可换算,定额允许换算时,可对定额项目进行相应调整,以得到换算后的综合单价。为了方便检查,在换算的定额项目编号后以下标的方式注上汉字"换"。为了保持定额水平不变,在预算定额的说明中规定了相关换算原则,一般包括:

- 定额的砂浆、混凝土强度等级,如涉及与定额不同时,允许按定额附录的砂浆、混凝土配合比表换算,但配合比中的各种材料用量不得调整。
- 定额中抹灰项目已考虑了常用的厚度,各层砂浆的厚度一般不做调整。如果涉及有特殊要求时,定额中工、料可以按厚度比例换算。
- 必须按预算定额中的各项规定换算定额。

（1）砌筑砂浆（混凝土）强度换算

定额所列砌筑砂浆（混凝土）强度与实际不同时,砌筑砂浆（混凝土）用量不变,因此换算过程中,人工、机械费用不变,可只换算砌筑砂浆（混凝土）强度等级不同导致的砂浆（混凝土）费用。

$$\begin{array}{c}\text{换算后}\\\text{综合单价}\end{array} = \begin{array}{c}\text{原定额}\\\text{综合单价}\end{array} + \begin{array}{c}\text{定额砂浆(混凝土)}\\\text{消耗量}\end{array} \times \left(\begin{array}{c}\text{换入}\\\text{单价}\end{array} - \begin{array}{c}\text{换出}\\\text{单价}\end{array}\right) \qquad (2.32)$$

【例 2.14】某工程基础采用标准砖、M10 水泥砂浆砌筑,砖基础工程量为 230 m³。计算完成该分项工程的综合单价及分项工程费用。

【解】依据表 2.5 确定换算定额编号为 A4-1,定额砂浆种类为 M5.0 水泥砂浆,而实际工程采用 M10.0 水泥砂浆。查定额附录中砌筑砂浆配比表（见表 2.7）,找到 M5.0、M10.0 水泥砂浆对应定额编号为 P-105、P-107。

表 2.7　砌筑砂浆（水泥砂浆）配合比表（摘录）

定额编号					P-105	P-106	P-107
项目					砂浆强度等级		
					M5.0	M7.5	M10
综合单价（元）					126.920	135.620	141.240
其中		人工费			—	—	—
		材料费			126.921	135.619	141.237
		机械费			—	—	—
		管理费			—	—	—
		利润			—	—	—
	编码	名称	单位	单价（元）	消耗量		
材料	04010003	普通硅酸盐水泥 P·O 32.5	kg	0.28	232.000	263.000	283.000
	04030210	石砂（中）	kg	0.04	1 523.000	1 523.000	1 523.000
	34110120	水	t	3.59	0.290	0.295	0.300

其中,M5.0 水泥砂浆单价为 126.920 元/m³,M10.0 水泥砂浆单价为 141.240 元/m³。

换算后的综合单价 = 2 284.44 + 2.399 × (141.240 – 126.920) = 2 318.79(元/10 m³)

$$分项工程费用 = \frac{230}{10} × 2\ 318.79 = 53\ 332.17(元)$$

(2)抹灰砂浆换算

当设计图纸要求的抹灰砂浆配合比或抹灰厚度与预算定额的抹灰砂浆配合比或厚度不同时,就要进行抹灰砂浆换算。

①当抹灰厚度不变只换算配合比时,人工费、机械费不变,只调整材料费;

$$\begin{matrix}换算后 \\ 综合单价\end{matrix} = \begin{matrix}原定额 \\ 综合单价\end{matrix} + \begin{matrix}抹灰砂浆 \\ 定额消耗量\end{matrix} × \left(\begin{matrix}换入 \\ 砂浆基价\end{matrix} - \begin{matrix}换出 \\ 砂浆基价\end{matrix}\right) \quad (2.33)$$

②当抹灰厚度发生变化时,砂浆用量要改变,因而人工费、材料费、机械费均要换算。

$$\begin{matrix}换算后 \\ 综合单价\end{matrix} = \begin{matrix}原定额 \\ 综合单价\end{matrix} + \left(\begin{matrix}定额 \\ 人工费\end{matrix} + \begin{matrix}定额 \\ 机械费\end{matrix}\right) × (k - 1) +$$
$$\sum\left(\begin{matrix}各层换入 \\ 砂浆用量\end{matrix} × \begin{matrix}换入 \\ 砂浆基价\end{matrix} - \begin{matrix}各层换出 \\ 砂浆用量\end{matrix} × \begin{matrix}换出 \\ 砂浆基价\end{matrix}\right) \quad (2.34)$$

式中,k 为人工、机械换算系数,且

$$k = \frac{设计抹灰砂浆总厚}{定额抹灰砂浆总厚}$$

$$各层换入砂浆用量 = \frac{定额砂浆消耗量}{定额砂浆厚度} × 设计厚度$$

$$各层换出砂浆用量 = 定额砂浆消耗量$$

(3)乘系数换算

在定额文字说明或定额表下方的附注中,经常会说明当出现某种情况应乘以相应系数得到新的综合单价的情况。例如:

①人工挖沟槽、基坑深度超过 6 m 时,按 6 m 以内即≤6 m 相应定额项目乘以系数 1.25。

【例2.15】结合土石方分部工程人工挖基槽三、四类土的定额,计算人工挖基槽深 7.8 m,宽 1.4 m,三、四类土的综合单价。

【解】确定套用定额 A1-15(即 6 m 以内,三、四类土、基槽宽≤6 m),对应的综合单价为 7 172.39 元/100 m³,依据定额规定计算如下:

基槽 7.8 m 深,三、四类土,基槽宽≤6 m 的综合单价 = 定额 A1-15 综合单价 × 1.25
= 7 172.39 × 1.25 = 8 965.49(元/100 m³)

②土石方挖运的计算。

【例2.16】参照机械土石方相关定额表2.8,计算斗容量 1 m³ 挖掘机挖土装到自卸汽车(载重≤8 t)上,运土运距 10 km 的单价是多少?

表 2.8　机械土石方相关定额　　　　　　单位:100 m³

定额编号	A1-32	A1-53	A1-54
项目名称	挖掘机挖装一般土方　斗容量 1 m³	自卸汽车运土方(载重≤8 t)	
		1 km 以内	1 km 以外每增加 1 km
综合单价/元	400.85	593.55	108.17

【解】斗容量为 1 m³ 挖掘机装车的定额子目套用 A1-32。8 t 自卸汽车运土 1 km 以内的定额子目套用 A1-53,1 km 以外的定额子目套用 A1-54。

该土方挖运到 10 km 处的综合单价 = A1-32 的综合单价 + A1-53 的综合单价 + (10 - 1) × A1-54 的综合单价 = 400.85 + 593.55 + 9 × 108.17 = 1 967.93(元/100 m³)

③细石混凝土垫层厚度换算。

【例 2.17】查贵州省 2016 版定额,计算 45 mm 厚预拌细石混凝土整体面层的综合单价。

【解】套用定额子目 A11-15、A11-16(见表 2.9)。

表 2.9　预拌细石混凝土面层定额项目(摘录)

工作内容:清理基层、浇捣混凝土、面层抹灰压光　　　　　　　计量单位:100 m²

定额编号		A11-15	A11-16
项目		预拌细石混凝土面层	
综合单价(元)		厚 30 mm	每增减 5 mm
		2 630.10	100.28
其中	人工费	1 671.44	68.18
	材料费	183.82	—
	机械费	19.30	1.29
	管理费	375.45	15.31
	利润	380.09	15.50

45 mm 厚细石混凝土整体面层的综合单价 = A11-15 的综合单价 + 3 × A11-16 的综合单价

= 2 630.10 + 3 × 100.28 = 2 930.94(元)

注:实际套本定额项时有未计价的主要材料——预拌细石混凝土,最后在计算分项工程费用时要把未计价的预拌细石混凝土材料费用增加进来。

(4)木门窗框料的换算

$$换算后综合单价 = 定额综合单价 + \left(换算后体积 - 定额体积\right) × 相应材料单价 \quad (2.35)$$

式中:

$$换算后体积 = 定额体积 × \frac{实际设计断面}{定额断面}$$

【例2.18】某工程采用普通木门框(单裁口),定额规定的普通木门框料断面单裁口以57 cm² 为准。施工图纸设计框料立边断面面积为48 cm²,依据装饰定额普通木门框(单裁口)制作子目相关内容,求换算后的定额综合单价。

【解】查装饰定额A8-43,制作普通木门框(单裁口)100 m的综合单价为1 805.41元,消耗烘干木材0.66 m³,其单价为1 350元/m³。

$$A8\text{-}43_{换} = 1\ 805.41 + \left(\frac{48}{57} - 1\right) \times 0.66 \times 1\ 350 = 1\ 664.73(元/100\ m)$$

(5)其他换算

不属于上述几种换算情况的换算归结为其他换算。如某种材料单价与定额不同、玻璃厚度不同(定额5 mm,实际8 mm)等情况,应灵活解决。

练习与作业

1. 如何理解建设工程定额的概念?

2. 建设工程定额的种类有哪些?

3. 建设工程定额的特征是什么?

4. 劳动定额的两种表达形式是什么? 二者之间是什么关系?

5. 工人工作的定额时间包括哪些内容? 机械工作的定额时间包括哪些内容?

6. 实体材料定额消耗量的组成是什么?

7. 如何确定非周转性材料的消耗量?

8. 计算一砖标准墙每立方米砖砌体中砖、砂浆的消耗量。(灰缝为10 mm,砖与砂浆损耗率查定额附录表)

9. 简述预算定额的编制原则。

10. 预算定额人工消耗量指标包括的内容有哪些?

11. 定额的应用有哪些?

12. 某工程C20混凝土独立基础为150 m³,根据本地区预算定额,计算此分项工程的人工费、材料费、机械费、企业管理费、利润。

13. 某工程人工挖基槽,三类土,挖土深度为1.5 m,基槽宽度为1.8 m,根据设计图纸计算挖土体积为352.35 m³,其中80 m³为湿土,计算此分项工程的综合单价。

第3章
人工、材料、机械台班单价

学习目标

熟悉人工日工资单价的含义;掌握人工日工资单价的组成及计算;了解影响人工日工资单价的因素;熟悉材料预算价格的概念;掌握材料预算价格的构成及确定;了解材料价格的风险;掌握施工机械台班单价的含义和组成;掌握施工机械台班单价的确定方法和计算方法;了解施工机械台班单价确定的风险。

本章导读

建设工程定额一方面体现建筑工程产品与所需消耗的人工、材料、机械台班之间的数量关系;另一方面需要用货币方式体现这一关系,即体现单位建筑工程产品的价格。而这一价格是按照选定基期的人工日工资单价、材料价格、机械台班价格将人工消耗量、材料消耗量、机械台班消耗量转换为费用来加以体现。另外,不同时期人工日工资单价、材料价格、机械台班单价是动态的,在计算特定工程项目造价时需要使用项目实施期间的人工日工资单价、材料价格、机械台班价格。因此,人工日工资单价、材料价格、机械台班价格可以分为基期和项目实施期的价格。

本章重点掌握人工日工资单价、材料价格、机械台班价格的组成、计算及价格变化趋势分析。

3.1 人工日工资单价

人工日工资单价是指一个建筑安装生产工人一个工作日在计价时应计入的全部人工费

用。它基本上反映了建筑安装生产工人的工资水平和一个工人在一个工作日中可以得到的报酬。合理确定人工日工资单价是确定计算人工费和工程造价的前提和基础。

3.1.1 人工日工资单价的构成

人工日工资单价构成包括:

①计时工资或计件工资:按计时工资标准和工作时间或对已做工作按计件单价支付给个人的劳动报酬。

②奖金:对超额劳动和增收节支支付给个人的劳动报酬,如节约奖、劳动竞赛奖等。

③津贴补贴:为了补偿职工特殊或额外的劳动消耗和因其他特殊原因支付给个人的津贴,以及保证职工工资水平不受物价影响支付给个人的物价补贴,如流动施工津贴、特殊地区施工津贴、高温(寒)作业临时津贴、高空津贴等。

④加班加点工资:按规定支付的在法定节假日工作的加班工资和在法定日工作时间外延时工作的加点工资。

⑤特殊情况下支付的工资:根据国家法律、法规和政策规定,因病、工伤、产假、计划生育假、婚丧假、事假、探亲假、定期休假、停工学习、执行国家或社会义务等原因按计时工资标准或计时工资标准的一定比例支付的工资。

3.1.2 人工日工资单价的确定

人工日工资单价按照住建部、财政部印发的《建筑安装工程费用项目组成》(建标[2013]44号)的规定,可按以下两种方法确定:

(1)按市场价综合分析确定

工程造价管理机构确定人工日工资单价通过市场调查、根据工程项目的技术要求,参考实物工程量人工单价综合分析确定,最低人工日工资单价不得低于工程所在地人力资源和社会保障部门所发布的最低工资标准的:普工1.3倍、一般技工2倍、高级技工3倍。

工程计价定额不可只列一个综合工日单价,应根据工程项目技术要求和工种差别适当划分多种综合人工日工资单价,确保各分部工程人工费的合理构成。贵州省历年来定额综合工日工资单价变化情况如表3.1所示。

表3.1 贵州省综合用工日工资单价变化情况一览表

类别	年度				
	2004	2008	2012	2014	2016
综合土石方用工/元	22	33.88	46.2	50.6	80
综合建筑用工/元	26	40.04	54.6	67.6	120
综合装饰用工/元	28	43.12	58.8	74.2	135

该种方法适用于工程造价管理机构编制计价定额时确定定额人工费,是施工企业投标报价的参考依据。

（2）按人工日工资单价组成内容确定

人工日工资单价 =

$$\frac{\text{生产工人平均月工资（计时、计件）} + \text{平均月（奖金 + 津贴补贴 + 特殊情况下支付的工资）}}{\text{年平均每月法定工作日}}$$

式中，年平均每月法定工作日计算规定如下：

$$\text{年平均每月法定工作日} = \frac{\text{全年365天} - \text{周休息日104天} - \text{法定假日11天}}{12}$$

$$= \frac{\text{全年有效工作日250天}}{12} = 20.83 \text{天}$$

其中：周休息日 = 365 ÷ 7 × 2 = 104 天。法定假日包括元旦、端午节、清明节、五一劳动节、中秋节各 1 天，国庆节 3 天，春节 3 天，共计 11 天。

该种方法主要适用于施工企业投标报价时自主确定人工费，也是工程造价管理机构编制计价定额时确定定额人工日工资单价或发布人工成本信息的参考依据。

3.1.3　人工日工资单价风险分析

建筑安装工人人工日工资单价的确定受很多因素影响，施工企业投标报价时必须充分考虑这些影响因素，分析人工日工资单价确定可能存在的风险，具体应包括以下几个方面：

①社会平均工资水平。建筑安装工人人工单价必然和社会平均工资水平趋同；社会平均工资水平取决于经济发展水平。由于我国改革开放以来经济迅速增长，社会平均工资也有大幅增长，从而导致人工单价的大幅提高。

②生活消费指数。生活消费指数的提高会影响人工单价的提高，以减少生活水平的下降或维持原来的生活水平。生活消费指数的变动决定于物价的变动，尤其决定了生活消费品物价的变动。

③人工日工资单价的组成。例如，住房消费、养老保险、医疗保险、失业保险等列入人工单价，会使人工单价提高。

④劳动力市场供需变化。在劳动力市场，如果需求大于供给，人工单价就会提高；供给大于需求，市场竞争激烈，人工单价就会下降。

⑤政府推行的社会保障和福利政策也会影响人工单价的变动。

3.2　材料预算价格

3.2.1　材料费及材料单价的构成

材料费是指施工过程中耗费的原材料、辅助材料、周转材料和其他材料以及构配件、零件、半成品或成品、工程设备等的费用。其中，工程设备是指构成或计划构成永久工程一部分的机电设备、金属结构设备、仪器装置及其他类似的设备和装置。

材料消耗量包括净用量和损耗量，损耗量是指从工地仓库、现场集中堆放地点（或现场加工地点）至操作（或安装）地点的施工场内运输损耗、施工操作损耗和施工现场堆放损耗等的数量。设计文件、规范规定的预留量不在损耗量中考虑。

材料(包括半成品)单价一般称为材料预算价格,又称为材料价格,是指从材料来源地(或交货地)至工地仓库或指定堆放地点出库后不含增值税进项税额的价格,包括材料原件(供应价)、材料运杂费、运输损耗费、采购及保管费等。其中:

①材料原价是指材料、工程设备的出厂价格或商家供应价格。如同一种材料有几种价格时,要根据不同来源地的供应数量比例,采取加权平均法计算材料原价。

②运杂费是指材料、工程设备自来源地运至工地仓库或指定堆放地点所发生的全部费用。

③运输损耗费是指材料在运输装卸过程中不可避免的损耗。场外运输损耗以材料的供应价格加运杂费之和为基数,乘以损耗率计算。损耗率可查《贵州省建筑与装饰工程定额》(2016版)附录表所规定的品种和损耗率。

④采购及保管费是指为组织采购、供应和保管材料、工程设备的过程中所需要的各项费用,包括采购费、仓储费、工地保管费、仓储损耗等费用。《贵州省建筑与装饰工程定额》(2016版)中规定采购保管费率按材料供应价和运杂费之和扣减包装回收值后的2%计算。其中:采购费率为0.7%,保管费率为1.3%。

3.2.2　材料费的确定

材料费 $= \sum$(材料消耗量 × 材料价格)

材料价格 $= \{($材料原价 + 运杂费$) \times [1 + $运输损耗率$(\%)]\} \times [1 + $采购保管费率$(\%)]$

(1)材料原价

对同一种材料,若因生产厂家不同而有几种原价时,应根据不同来源地材料的供应数量及相应单价,采取以下两种加权平均的方法计算材料的原价。

$$材料加权平均原价 = \frac{\sum 各来源地材料原价 \times 相应材料数量}{材料总数量} \quad (3.1)$$

或

$$材料加权平均原价 = \sum 某产地材料原价 \times \frac{某产地材料数量}{材料总数量} \quad (3.2)$$

(2)运杂费

对同一种材料,若因运输工具、运距不同而有几种运杂费时,同样应按加权平均的方法计算材料的平均运费。

$$材料加权平均运杂费 = \frac{\sum(材料运输单价 \times 相应材料数量)}{材料总数量} \quad (3.3)$$

(3)运输损耗费

$$运输损耗费 = (材料原价 + 运杂费) \times 相应材料损耗率 \quad (3.4)$$

(4)采购及保管费

材料采购及保管费 $= ($材料原价 + 运杂费 + 包装费 + 运输损耗费$) \times $采购及保管费率

$$(3.5)$$

【例3.1】某材料厂供价为240元/t,运杂费为10元/t,运输损耗率为0.5%,采购保管费费率为2.5%,计算该材料的预算价格为多少?

【解】该材料的预算价格 = $(240 + 10) \times (1 + 0.5\%) \times (1 + 2.5\%) = 257.53(元/t)$

【例 3.2】某工程用强度等级为 42.5 的硅酸盐水泥，由于工期紧张，拟从甲、乙、丙三地进货。甲地水泥出厂价 330 元/t，运输费 30 元/t，进货 100 t；乙地水泥出厂价 340 元/t，运输费 25 元/t，进货 150 t；丙地水泥出厂价 320 元/t，运输费 35 元/t，进货 250 t。已知采购及保管费率为 2%，运输损耗费平均每吨 5 元，试确定该批水泥每吨的预算价格。

【解】

$$水泥加权平均原价 = \frac{330 \times 100 + 340 \times 150 + 320 \times 250}{100 + 150 + 250} = 328(元/t)$$

$$水泥加权平均运杂费 = \frac{30 \times 100 + 25 \times 150 + 35 \times 250}{100 + 150 + 250} = 31(元/t)$$

运输损耗费 = 5 元/t

水泥采购及保管费 = $(328 + 31 + 5) \times 2\% = 7.28(元/t)$

水泥预算价格 = $328 + 31 + 7.28 + 5 = 371.28(元/t)$

3.2.3　建筑材料价格风险分析

建筑材料价格受以下因素影响：

①市场供需变化。材料原价是材料价格中最基本的组成，市场供大于求，价格就会下降，反之价格就会上升，从而也会影响材料价格的涨落。

②材料生产成本的变动直接涉及材料价格的波动。

③流通环节的多少和材料供应体制对材料价格也有影响。

④运输距离和运输方法的改变会影响材料运输费用的增减，从而也会影响材料价格。

⑤国际市场行情会对进口材料价格产生影响。

3.3　施工机械台班单价

3.3.1　施工机械台班单价的构成与确定

施工机械台班单价是指一台机械在正常运转条件下，一个工作台班中所支付和分摊的各种费用之和。施工机械台班单价由 7 项费用组成，即

机械台班单价 = 台班折旧费 + 台班大修费 + 台班经常修理费 +

台班安装拆除费及场外运费 + 台班人工费 + 台班燃料动力费 +

台班其他费 　　　　　　　　　　　　　　　　　　　　　(3.6)

其中：第一类费用（不变费用），台班折旧费、大修理费、经常修理费、安装拆除费及场外运输费，属于分摊的费用。第二类费用（可变费用），台班人工费、台班燃料动力费、台班其他费，属于支出性费用。

①折旧费：在规定使用期限内，摊入每一个机械台班内逐渐收回其原始价值的费用。

$$台班折旧费 = \frac{机械价格 \times (1 - 残值率)}{耐用总台数} \qquad (3.7)$$

残值率是指机械报废时其收回残余价值占原值的比率（一般为 3% ~ 5%）；耐用总台班

是指机械从开始投入使用至报废前所使用的总台班数。

$$耐用总台班 = 使用年限 \times 年工作台班$$

②台班大修理费:机械按规定的大修间隔进行必要的大修,以恢复正常功能的费用。

$$台班大修理费 = \frac{一次大修理费 \times 寿命周期大修理次数}{耐用总台班} \tag{3.8}$$

③经常修理费:施工机械除大修外的各级保养及临时故障排除所需费用,包括为保障机械正常运转所需替换设备与随机配备工具附具的摊销和维护费用、机械运转中日常保养所需润滑与擦拭的材料费用及机械停滞期间的维护和保养费用等。

$$台班经常修理费 = \frac{\sum 各级保养一次费用 \times 寿命周期各级保养次数}{耐用总台班数} \tag{3.9}$$

或

$$台班经常修理费 = 大修理费 \times K \tag{3.10}$$

式中 K——经常修理系数。

④安装拆除费及场外运费:施工机械(大型机械除外)在现场进行安装与拆卸所需的人工、材料、机械和试运转费用以及机械辅助设施的折旧、搭设、拆除等费用;场外运费指施工机械整体或分体自停放地点运至施工现场或由一施工地点运至另一施工地点的运输、装卸、辅助材料及架线等费用。

$$台班安装拆除费 = \frac{机械一次安装拆除费 \times 每年平均安装拆除次数}{年工作台班 + 辅助设施分摊费} \tag{3.11}$$

$$场外运费 = \frac{(一次运输及装卸费用 + 辅助材料一次摊销) \times 年运输次数}{年工作台班} \tag{3.12}$$

⑤人工费:机上司机(司炉)和其他操作人员的人工费。

$$台班人工费 = 机上操作人员人工工日数 \times 人工工日单价 \tag{3.13}$$

⑥燃料动力费:施工机械在运转作业中所消耗的各种燃料及水、电等。

$$台班动力燃料费 = 台班动力燃料消耗量 \times 预算单价 \tag{3.14}$$

⑦其他费:施工机械按照国家规定应缴纳的车船使用税、保险费、年检费等。

$$台班养路及使用税 = \frac{年车船使用税 + 保险费 + 年检费}{年工作台班} \tag{3.15}$$

【例3.3】某施工单位自费购一台塔式预算价格为30万元的起重机,计划使用10年,残值率为3%,报废前平均每年耐用台班数为320台班,使用期内大修理周期是4,一次大修理费为10 000元,试求台班折旧费、大修费、大修间隔台班。

【解】

$$台班折旧费 = \frac{300\,000 \times (1 - 3\%)}{320 \times 10} = 90.94(元)$$

$$台班大修理费 = \frac{10\,000 \times (4 - 1)}{320 \times 10} = 9.375(元)$$

$$大修间隔台班 = \frac{320 \times 10}{4} = 800(台班)$$

3.3.2　机械台班单价风险分析

①企业投标时对工程项目需要的机械型号、类型、数量等估计不足,会影响机械台班单价确定的准确性。

②原材料涨价造成拟购的国产或进口机械设备价格调整,导致机械台班单价受到影响。

③燃料价格上涨使机械在运转作业中所耗用的固体燃料(煤、木柴)、液体燃料(汽油、柴油)和水、电等费用增加,引起机械台班单价上升。

练习与作业

1.解释人工工资单价的含义,人工工资单价的组成包括哪些具体内容? 如何计算?

2.影响建筑工人人工工资单价的风险因素有哪些?

3.什么是材料价格? 如何分类? 材料价格由哪些部分组成?

4.对建筑材料价格进行风险分析,应考虑哪些方面?

5.机械台班单价的含义是什么? 机械台班单价的组成有哪些? 各项费用如何计算?

6.确定机械台班单价时应考虑哪些风险?

7.已知某工地钢材由甲乙两方供货,甲乙两方的原价分别为 3 830 元/t、3 810 元/t,甲乙两方的运杂费分别为 31.5 元/t、33.5 元/t,甲乙两方的供应量分别为 400 t、800 t,材料的运输损耗率为 1.5%,采购保管费率为 2.5%,则该工地钢材的材料单价为(　　　)元/t。

A.4 003.92　　　　　　　B.4 004.92　　　　　　　C.4 001.92　　　　　　　D.4 002.92

8.材料预算价格是指材料从其来源地到达(　　　)价格。

A.工地

B.施工操作地点

C.工地仓库

D.工地仓库堆放场地后的出库

9.人工日工资单价是指直接从事施工生产的工人日工资水平,除生产工人的基本工资外,还包括(　　　)。

A.生产工人辅助工资

B.职工福利费

C.流动津贴

D.生产工人劳动保护费

E.工资性补贴

10.施工机械的操作司机(司炉)和其他操作人员的工资属于(　　　)。

A.机械台班单价中不变费用

B.机械台班单价中可变费用

C.管理费用

D.措施费

第4章

建筑工程费用构成

学习目标

　　了解世界银行工程造价的构成;理解基本建设费用的构成及工程造价的构成;理解设备及工器具购置费、预备费、建设期贷款利息的构成及计算;理解工程建设其他费用的构成及计算;熟悉清单项目综合单价的费用构成;掌握建筑工程费用构成的内容;掌握建筑安装工程各项费用的计算;掌握贵州省建筑安装工程费用项目组成。

本章导读

　　我国现行建筑安装工程费用项目按费用构成要素组成划分为人工费、材料费、施工机具使用费、企业管理费、利润、规费和税金;按照工程造价形成顺序划分为分部分项工程费、措施项目费、其他项目费、规费、税金,分部分项工程费、措施项目费、其他项目费包含人工费、材料费、施工机具使用费、企业管理费和利润。

　　人工费、材料费、施工机具使用费可以根据企业定额或贵州省主管部门颁布的定额进行计算;管理费、利润和税金按一定的计算基数乘以一定费率进行计算;组成措施费用的组织措施费也按照一定的费率进行计算,而技术措施费应依据分部分项工程费的人工费、材料费、施工机具使用费、企业管理费和利润进行计算。

4.1 概 述

4.1.1 我国现行建设项目投资构成和工程造价构成

建设项目投资是指在工程项目建设阶段所需要的全部费用的总和。生产性建设项目总投资包括建设期投资、建设期利息和流动资金三部分。非生产性建设项目总投资包括建设投资和建设期利息两部分。其中,建设投资和建设期利息之和对应于固定资产投资,固定资产投资与建设项目的工程造价在量上相等。工程造价基本构成中包括用于购买工程项目所含各种设备的费用,用于建筑施工和安装施工所需支出的费用,用于委托工程勘察设计应支付的费用,用于购置土地所需的费用,也包括用于建设单位自身进行项目筹建和项目管理的费用等。总之,工程造价是工程项目按照确定的建设内容、建设规模、建设标准、功能要求和使用要求等全部建成并验收合格交付使用所需的全部费用。

工程造价的主要构成部分是建设投资,根据《建设项目经济评价方法与参数》(第三版)的规定,建设投资包括工程费用、工程建设其他费用和预备费三部分。工程费用是指直接构成固定资产实体的各种费用,可以分为设备及工器具购置费和建筑安装工程费;工程建设其他费用是指根据国家有关规定应在投资中支付,并列入建设项目总造价或单项工程造价的费用。预备费是为了保证工程项目的顺利实施,避免在难以预料的情况下造成投资不足而预先安排的一笔费用。建设项目总投的具体构成内容如图 4.1 所示。

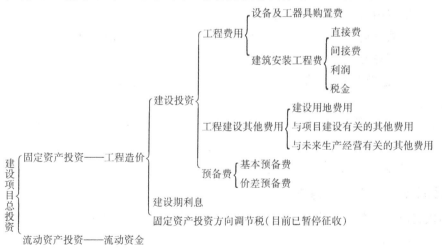

图 4.1 我国现行建设项目总投资构成

4.1.2 世界银行工程造价的构成

1978 年,世界银行、国际咨询工程师联合会对项目的总建设成本(相当于我国的工程造价)作了统一规定,工程项目总建设成本包括直接建设成本、间接建设成本、应急费用和建设成本上升费用。

1)项目直接建设成本的组成

项目直接建设成本主要包括土地征购费、场外设施费用、场地费用、工艺设备费等15项费用。

①土地征购费。

②场外设施费用,如道路、码头、桥梁、机场、输电线路等设施费用。

③场地费用,指用于场地准备、厂区道路、铁路、围栏、场内设施等的建设费用。

④工艺设备费,指主要设备、辅助设备及零配件的购置费用,包括海运包装费用、交货港离岸价,但不包括税金。

⑤设备安装费,指设备供应商的监理费用、本国劳务及工资费用、辅助材料、施工设备、消耗品和工具等费用,以及安装承包商的管理费和利润等。

⑥管道系统费用,指与系统的材料及劳务相关的全部费用。

⑦电气设备费,其内容与④项相似。

⑧电气安装费,指设备供应商的监理费用、本国劳务与工资费用、辅助材料、电缆、管道和工具费用,以及营造承包商的管理费和利润。

⑨仪器仪表费,指所有自动仪表、控制板、配线和辅助材料的费用以及供应商的监理费用、外国或本国劳务及工资费用、承包商的管理费和利润。

⑩机械的绝缘和油漆费,指与机械及管道的绝缘和油漆相关的全部费用。

⑪工艺建筑费,指原材料、劳务费以及与基础、建筑结构、屋顶、内外装修、公共设施有关的全部费用。

⑫服务性建筑费用,其内容与⑪项相似。

⑬工厂普通公共设施费,包括材料和劳务费以及与供水、燃料供应、通风、蒸汽发生及分配、下水道、污物处理等公共设施有关的费用。

⑭车辆费,指工艺操作必需的机动设备零件费用,包括海运包装费用以及交货港的离岸价,但不包括税金。

⑮其他当地费用,指那些不能归类于以上任何一个项目,不能计入项目的间接成本,但在建设期间又是必不可少的当地费用,如临时设备、临时公共设施及场地的维持费、营地设施及其管理、建筑保险和债券、杂项开支等费用。

2)项目间接建设成本的组成

项目间接建设成本主要包括项目管理费、开工试车费、业主的行政性费用、生产前费用、运费和保险费、地方税等费用。

①项目管理费,包括以下内容:

a.总部人员的薪金和福利费,以及用于初步和详细工程设计、采购、时间和成本控制、行政和其他一般管理的费用。

b.施工管理现场人员的薪金、福利费,以及用于施工现场监督、质量保证、现场采购、时间及成本控制、行政及其他施工管理机构的费用。

c.零星杂项费用,如返工、旅行、生活津贴、业务支出。

d.各项酬金。

②开工试车费,指工厂投料试车必需的劳务和材料费用(项目直接成本包括项目完工后的试车和空运转费用)。

③业主的行政性费用,指业主的项目管理人员费用及支出。

④生产前费用,指前期研究、勘测、建矿、采矿等费用。

⑤运费及保险费,指海运、国内运输、许可证及佣金、海洋保险、综合保险等费用。

⑥地方税,指地方关税、地方税及对特殊项目征收的税金。

3)应急费

应急费由未明确项目的准备金和不可预见准备金构成。

(1)未明确项目的准备金

未明确项目的准备金由于在估算时是不可能明确的潜在项目,包括那些在做成本估算时因为缺乏完整、准确和详细的资料而不能完全预见和不能注明的项目,并且这些项目是必须完成的,或者它们的费用是必定要发生的。在每一个组成部分中均单独以一定的百分比确定,并作为估算的一个项目单独列出。此项准备金不是为了支付工程范围以外可能增加的项目,不是用以应付天灾、非正常经济情况及罢工等情况,也不是用来补偿估算的任何误差,而是用来支付那些几乎可以肯定要发生的费用。因此它是估算不可缺少的一个组成部分。

(2)不可预见准备金

不可预见准备金(在未明确项目的准备金之外)用于在估算达到一定的完整性并符合技术标准的基础上,由于物质、社会和经济的变化,导致估算增加的情况。此种情况可能发生,也可能不发生。因此,不可预见准备金只是一种储备,可能不动用。

4)建设成本上升费用

通常,估算中使用的构成工资率、材料和设备价格基础的截止日期就是"估算日期"。必须对该日期或已知成本基础进行调整,以补偿直至工程结束时的未知价格增长。

工程的各个主要组成部分的细目划分决定以后,便可确定每一个主要组成部分的增长率。这个增长率是一项判断因素,它以已发表的国内和国际成本指数、公司记录等为依据,并与实际供应商进行核对,然后根据确定的增长率和从工程进度表中获得的每项活动的中点值,计算出每项主要组成部分的成本上升值。

4.2　设备及工、器具购置费

设备及工、器具购置费用是由设备购置费用和工具、器具及生产家具购置费用组成,是固定资产投资的构成部分。在生产性工程建设中,设备、工器具费用占工程造价比重的增大,意味着生产技术的进步和资本有机构成的提高。

4.2.1　设备购置费

设备购置费是指为建设项目购置或自制的达到固定资产标准的各种国产或进口设备、工具、器具的购置费用。它由设备原价和设备运杂费构成,即

$$设备购置费 = 设备原价 + 设备运杂费 \qquad (4.1)$$

运杂费主要包括运费和装卸费、包装费、供销部门手续费、采购与仓库保管费。

1)国产设备原价的构成及计算

国产设备原价一般指设备制造厂的交货价或订货合同价。国产设备原价分为国产标准设备原价和国产非标准设备原价。

①国产标准设备,按照主管部门颁布的标准图纸和技术要求,由我国设备生产厂批量生产的符合国家质量检测标准的设备。国产标准设备原价有两种形式:带有备件的原价和不带有备件的原价,一般按带有备件的原价计算。

②国产非标准设备,是指国家尚无定型标准,各设备生产厂不可能在工艺过程中采用批量生产,只能按一次订货,并根据具体的设计图纸制造的设备。对于国产非标准设备原价,常用的计价方法有成本计算估价法、系列设备插入估价法、分部组合估价法、定额估价法等。按成本计算估价法,非标准设备的原价计算式为:

$$
\begin{aligned}
单台非标准设备原价 = \{ & [(材料费 + 加工费 + 辅助材料费) \times (1 + 专用工具费率) \times (1 + \\
& 废品损失费率) + 外购配套件费] \times (1 + 包装费率) - 外购配套件 \\
& 费\} \times (1 + 利润率) + 销项税额 + 非标准设备设计费 + 外购配套件费
\end{aligned}
$$

$$(4.2)$$

2)进口设备原价的构成及计算

进口设备原价是指进口设备的抵岸价,通常是由进口设备到岸价(CIF)和进口从属费构成。到岸价即抵达买方边境港口或边境车站,且交完关税等税费后形成的价格。进口设备抵岸价的构成与进口设备交易双方使用的交货类别有关,交货类别不同,则交易价格的构成内容也有所差异。

(1)进口设备的交货形式及价格

进口设备的交货类别分为内陆交货、目的地交货、装运港交货。

①内陆交货,即卖方在出口国内陆的某个地点交货。在交货地点,卖方及时提交合同规定的货物和有关凭证,并负担交货前的一切费用和风险;买方按时接受货物,交付货款,负担接货后的一切费用和风险,并自行办理出口手续和装运出口。货物的所有权也在交货后由卖方转移给买方。

②目的地交货,即卖方在进口国的港口或内地交货,有目的港船上交货价、目的港船边交货价和目的港码头交货价(关税已付)及完税后交货价(进口国的指定地点)等几种交货价。它们的特点是:买卖双方承担的责任、费用和风险是以目的地约定交货点为分界线,只有当卖方在交货点将货物置于买方控制下才算交货,才能向买方收取货款。这种交货类别对卖方来说承担的风险较大,在国际贸易中卖方一般不愿采用。

③装运港交货,即卖方在出口国装运港交货,主要有装运港船上交货价(FOB),习惯称离岸价格;运费在内价(CFR)和运费、保险费在内价(CIF),习惯称到岸价格。它们的特点是:卖方按照约定的时间在装运港交货,只要卖方把合同规定的货物装船后提供货运单据便完成交货任务,可凭单据收回货款。装运港船上交货价(FOB)是我国进口设备采用较多的一种货价。采用船上交货价时卖方的责任是:在规定的期限内,负责在合同规定的装运港口将货物装上买方指定的船只,并及时通知买方;负担货物装船前的一切费用和风险;负责办

理出口手续;提供出口国政府或有关方面签发的证件;负责提供有关装运单据。买方的责任是:负责租船或订舱,支付运费,并将船期、船名通知卖方;负担货物装船后的一切费用和风险;负责办理保险及支付保险费,办理在目的港的进口和收货手续;接受卖方提供的有关装运单据,并按合同规定支付货款。装运港交货三类交易价格联系与区别如图4.2所示。

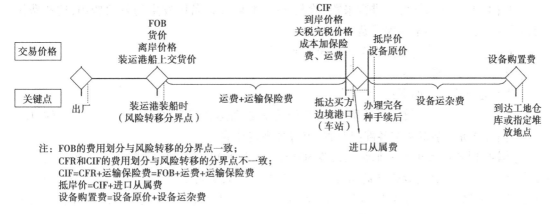

图4.2 装运港交货三类交易价格联系与区别示意图

(2)进口设备到岸价的构成及计算

$$进口设备到岸价(CIF) = 离岸价格(FOB) + 国际运费 + 运输保险费$$
$$= 运费在内价(CFR) + 运输保险费 \quad (4.3)$$

$$运输保险费 = \frac{原币货价(FOB) + 国外运费}{1 - 保险费率(\%)} \times 保险费率(\%) \quad (4.4)$$

(3)进口从属费的构成及计算

$$进口从属费 = 银行财务费 + 外贸手续费 + 关税 + 消费税 + 进口环节增值税 +$$
$$车辆购置税 \quad (4.5)$$

其中:银行财务费 = 离岸价格(FOB) × 人民币外汇汇率 × 银行财务费率 (4.6)

外贸手续费 = 到岸价格(CIF) × 人民币外汇汇率 × 外贸手续费率 (4.7)

关税 = 到岸价格(CIF) × 人民币外汇汇率 × 进口关税税率 (4.8)

$$应纳消费税税额 = \frac{到岸价格(CIF) \times 人民币外汇汇率 + 关税}{1 - 消费税税率(\%)} \times 消费税税率(\%)$$
$$(4.9)$$

进口产品增值税额 = (关税完税价格 + 关税 + 消费税) × 增值税税率(%) (4.10)

进口车辆购置税 = (关税完税价格 + 关税 + 消费税) × 车辆购置税率(%) (4.11)

注:到岸价格作为关税的计征基数时,通常又可称为关税完税价格。

3)设备运杂费的构成及计算

(1)设备运杂费的构成

设备运杂费指设备原价中未包括的包装和包装材料费、运输费和装卸费、采购与仓库保管费、供销部门手续费等。

①包装和包装材料费。在设备原价中没有包含的为运输而进行的包装所支出的各种费用。

②运输费和装卸费。国产设备运输费和装卸费是由设备制造厂交货地点起至工地仓库（或施工组织设计指定的需要安装设备的堆放地点）止所发生的运输费和装卸费。进口设备运输费和装卸费是由我国到岸港口或边境车站起至工地仓库（或施工组织设计指定的需要安装设备的堆放地点）止所发生的运输费和装卸费。

③采购与仓库保管费。进行采购、验收、保管和收发设备所发生的各项费用，这些费用可按主管部门规定的采购保管费率计算。

④供销部门手续费。按有关规定统一率计算。

（2）设备运杂费计算

设备运杂费计算如下：

$$设备运杂费 = 设备原价 \times 设备运杂费率（\%） \tag{4.12}$$

其中，设备运杂费率按各部门及省、市有关规定计取。

【例4.1】某项目进口一批机械设备300 t，离岸价FOB价为80万美元，人民币兑美元的汇率为7.1:1。该批进口设备的国际运费为200美元/t，国内运杂费率3%，保险公司规定的保险费率0.3%，银行财务费率0.4%，外贸手续费率1.5%，关税税率22%，增值税税率17%，该批设备无消费税、海关监管手续费。试对该批设备进行估价。

【解】进口设备购置费 = 抵岸价 + 国内运杂费

（1）进口设备抵岸价

①人民币货价 = 80万美元 × 7.1 = 568万元

②国际运费 = 300 t × 200美元/t = 6万美元

③运输保险费 = （80万美元 + 6万美元）× 0.3% = 0.258万美元

④CIF = 80万美元 + 6万美元 + 0.258万美元 = 86.258万美元

⑤银行财务费 = 568万元 × 0.4% = 2.272万元

⑥外贸手续费 = 86.258万美元 × 7.1 × 1.5% = 9.186万元

⑦关税 = 86.258万美元 × 7.1 × 22% = 134.735万元

⑧增值税 = （86.258万元 × 7.1 + 134.735万元）× 17% = 127.018万元

⑨抵岸价 = 86.258万元 × 7.1 + 2.272万元 + 9.186万元 + 134.735万元 + 127.018万元 = 885.643万元

（2）进口设备国内运杂费

进口设备抵岸价 × 3% = 885.643万元 × 3% = 26.569万元

（3）设备到达建设现场的价格

885.643万元 + 26.569万元 = 912.212万元

4.2.2 工具、器具及生产家具购置费的构成及计算

工具、器具及生产家具购置费是指新建或扩建项目初步设计规定的，保证初期正常生产必须购置的，但没有达到固定资产标准的设备、仪器、工卡模具、器具、生产家具和备品备件等的购置费用。

$$工具、器具及生产家具购置费 = 设备购置费 \times （1 + 规定费率） \tag{4.13}$$

4.3　建筑安装工程费用项目构成

4.3.1　建筑安装工程费用项目组成(按费用构成要素划分)

根据《建筑安装工程费用项目组成》(建标[2013]44号),建筑安装工程费按照费用构成要素划分由人工费、材料(包含工程设备,下同)费、施工机具使用费、企业管理费、利润、规费和税金组成,如图4.3所示。

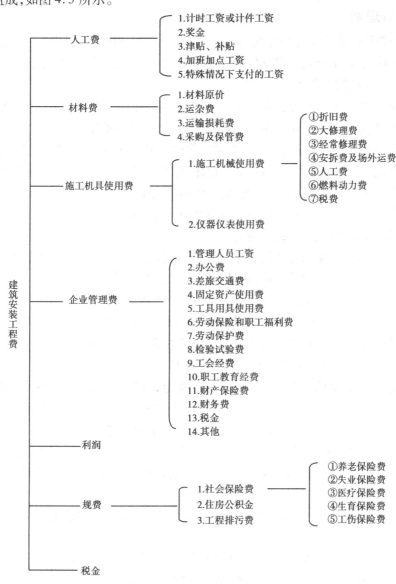

图 4.3　建筑安装工程费用项目组成表(按费用构成要素划分)

1)人工费

人工费是指按工资总额构成的规定,支付给从事建筑安装工程施工的生产工人和附属生产单位工人的各项费用。内容包括计时工资或计件工资、奖金、津贴补贴、加班加点工资、特殊情况下支付的工资等。

2）材料费

材料费是指施工过程中耗费的原材料、辅助材料、构配件、零件、半成品或成品、工程设备的费用。内容包括材料原价、运杂费、运输损耗费、采购及保管费等。

3）施工机具使用费

施工机具使用费是指施工作业所发生的施工机械、仪器仪表使用费或其租赁费。

4）企业管理费

企业管理费是指建筑安装企业组织施工生产和经营管理所需的费用。内容包括：

①管理人员工资，是指按规定支付给管理人员的计时工资、奖金、津贴补贴、加班加点工资及特殊情况下支付的工资等。

②办公费，是指企业管理办公用的文具、纸张、账表、印刷、邮电、书报、办公软件、现场监控、会议、水电、烧水和集体取暖降温（包括现场临时宿舍取暖降温）等费用。

③差旅交通费，是指职工因公出差、调动工作的差旅费、住勤补助费，市内交通费和误餐补助费，职工探亲路费，劳动力招募费，职工退休、退职一次性路费，工伤人员就医路费，工地转移费以及管理部门使用的交通工具的油料、燃料等费用。

④固定资产使用费，是指管理和试验部门及附属生产单位使用的属于固定资产的房屋、设备、仪器等的折旧、大修、维修或租赁费。

⑤工具用具使用费，是指企业施工生产和管理使用的不属于固定资产的工具、器具、家具、交通工具和检验、试验、测绘、消防用具等的购置、维修和摊销费。

⑥劳动保险和职工福利费，是指由企业支付的职工退职金、按规定支付给离休干部的经费，集体福利费、夏季防暑降温、冬季取暖补贴、上下班交通补贴等。

⑦劳动保护费，是企业按规定发放的劳动保护用品的支出，如工作服、手套、防暑降温饮料以及在有碍身体健康的环境中施工的保健费用等。

⑧检验试验费，是指施工企业按照有关标准规定，对建筑以及材料、构件和建筑安装物进行一般鉴定、检查所发生的费用，包括自设试验室进行试验所耗用的材料等费用。不包括新结构、新材料的试验费，对构件做破坏性试验及其他特殊要求检验试验的费用和建设单位委托检测机构进行检测的费用，对此类检测发生的费用，由建设单位在工程建设其他费用中列支。但对施工企业提供的具有合格证明的材料进行检测不合格的，该检测费用由施工企业支付。

⑨工会经费，是指企业按《中华人民共和国工会法》规定的全部职工工资总额比例计提的工会经费。

⑩职工教育经费，是指按职工工资总额的规定比例计提，企业为职工进行专业技术和职业技能培训，专业技术人员继续教育、职工职业技能鉴定、职业资格认定以及根据需要对职工进行各类文化教育所发生的费用。

⑪财产保险费，是指施工管理用财产、车辆等的保险费用。

⑫财务费，是指企业为施工生产筹集资金或提供预付款担保、履约担保、职工工资支付

担保等所发生的各种费用。

⑬税金,是指企业按规定缴纳的房产税、车船使用税、土地使用税、印花税等。

⑭其他,包括技术转让费、技术开发费、投标费、业务招待费、绿化费、广告费、公证费、法律顾问费、审计费、咨询费、保险费等。

5)利润

利润是指施工企业完成所承包工程获得的盈利。

6)规费

规费是指按国家法律、法规规定,由省级政府和省级有关权力部门规定必须缴纳或计取的费用。

(1)社会保险费

①养老保险费,是指企业按照规定标准为职工缴纳的基本养老保险费。

②失业保险费,是指企业按照规定标准为职工缴纳的失业保险费。

③医疗保险费,是指企业按照规定标准为职工缴纳的基本医疗保险费。

④生育保险费,是指企业按照规定标准为职工缴纳的生育保险费。

⑤工伤保险费,是指企业按照规定标准为职工缴纳的工伤保险费。

(2)住房公积金

住房公积金是指企业按规定标准为职工缴纳的住房公积金。

(3)工程排污费

工程排污费是指按规定缴纳的施工现场工程排污费。

7)税金

税金是指国家税法规定的应计入建筑安装工程造价内的增值税。

4.3.2　建筑安装工程费用项目组成(按造价形成划分)

建筑安装工程费按照工程造价形成由分部分项工程费、措施项目费、其他项目费、规费、税金组成,分部分项工程费、措施项目费、其他项目费包含人工费、材料费、施工机具使用费、企业管理费和利润,如图4.4所示。

1)分部分项工程费

分部分项工程费是指各专业工程的分部分项工程应予列支的各项费用。

①专业工程,是指按现行国家计量规范划分的房屋建筑与装饰工程、仿古建筑工程、通用安装工程、市政工程、园林绿化工程、矿山工程、构筑物工程、城市轨道交通工程、爆破工程等各类工程。

②分部分项工程,是指按现行国家计量规范对各专业工程划分的项目,如房屋建筑与装饰工程划分的土石方工程、地基处理与桩基工程、砌筑工程、钢筋及钢筋混凝土工程等。

2)措施项目费

措施项目费是指为完成建设工程施工,发生于该工程施工前和施工过程中的技术、生活、安全、环境保护等方面的费用。措施项目及其包含的内容应遵循各类专业工程的现行国

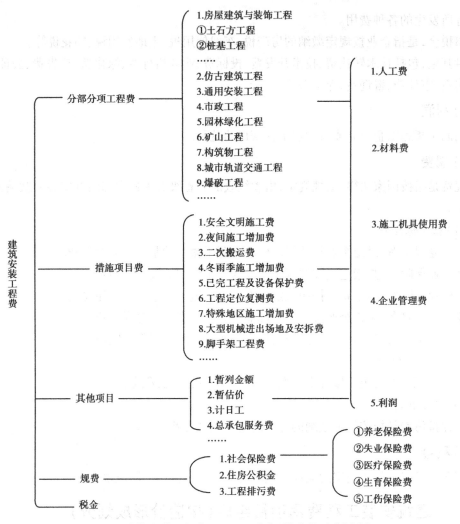

图4.4　建筑安装工程费用项目组成表（按造价形成划分）

家或行业工程量计算规范。以《房屋建筑与装饰工程工程量计算规范》（GB 50854—2013）中规定为例，措施项目费包括以下内容：

（1）单价措施项目费

单价措施项目费是指脚手架工程，垂直运输，建筑物超高，大型机械设备进出场及安拆，施工排水、降水等应予计量的措施项目所产生的费用。

（2）总价措施项目费

总价措施项目费是指不宜计量的措施项目所产生的费用，通常用计算基数乘以费率的方法予以计算。

①安全文明施工费，指在工程施工期间，按照国家、地方现行的建筑施工安全、施工现场环境保护、施工现场环境与卫生标准的有关规定，购置搭设和更新施工安全防护用具及设施、改善安全生产条件和作业环境所需要的费用，包括环境保护费、文明施工费、安全施工费、临时设施费。

a. 环境保护费，是指施工现场为达到环保部门要求所需要的各项费用，包括现场施工机械设备降低噪声、防扰民措施费用;水泥和其他易飞扬细颗粒建筑材料密闭存放或采取覆盖措施等费用;工程防扬尘洒水费用;施工现场裸露的场地和堆放的土石方采取覆盖的费用;土石方、建筑渣土外运车辆冲洗、防洒漏等费用;现场污染源的控制、生活垃圾清理外运、场地排水排污措施的费用等。

b.文明施工费,是指施工现场文明施工所需要的各项费用,包括"五牌一图"的费用;现场围挡的墙面美化及压顶装饰等费用;土石方、建筑垃圾采取覆盖、洒水等控制扬尘费用;工地出口设置冲洗车辆、泥浆沉淀池等费用;现场厕所便槽刷白、贴面砖,水泥砂浆地面或地砖费用,建筑物内临时便利设施费用;其他施工现场临时设施的装饰装修、美化措施费用;现场生活卫生设施费用;符合卫生要求的饮水设备、淋浴、消毒等设施费用;生活用洁净燃料费用;防煤气中毒、防蚊虫叮咬等措施费用;施工现场操作场地的硬化费用;现场绿化费用、治安综合治理费用;现场配备医药保健器材、物品费用和急救人员培训费用;其他文明施工措施费用。

c.安全施工费,是指施工现场安全施工所需要的各项费用,包括安全资料、特殊作业专项方案的编制,安全施工标志的购置及安全宣传的费用;远程监控设施费用;电气保护、安全照明设施费用,施工安全用电的费用,包括配电箱三级配电、两级保护装置要求、外电防护措施;起重机、塔吊等起重设备(含井架、门架)及外用电梯的安全防护措施(含警示标志)及卸料平台的临边防护、层间安全门、防护棚等设施费用;建筑工地起重机械的检验检测费用;施工机具防护棚及其围栏的安全保护设施费用;施工安全防护通道的费用;消防设施与消防器材的配置费用;其他安全防护措施费用。

d.临时设施费,是指施工企业为进行建设工程施工所必须设置的生活和生产用的临时建筑物、构筑物的搭设、维修、拆除、清理或摊销等费用,包括施工现场采用彩色、定型钢板、砖、混凝土砌块等按照标准设置围墙、围挡等费用;临时宿舍、办公室、食堂、厨房、厕所、诊疗所、临时文化福利用房、农民工夜校、临时仓库、加工场、搅拌台、临时简易水塔、水池等费用;临时供水管道、临时供电管线、小型临时设施等费用;施工现场规定范围内临时简易道路铺设、临时排水沟、临时排水设施等费用;其他临时设施费用。

②夜间和非夜间施工增加费,夜间施工增加费是指因夜间施工所发生的夜班补助费、夜间施工降效、夜间施工照明设备摊销及照明用电等费用;非夜间施工增加费是指在地下室等特殊施工部位施工时所采用的照明设备的安拆、维护及照明用电等费用。包括施工时固定照明灯具和临时照明灯具的设置、拆除;施工现场交通标志、安全标牌、警示灯等的设置、移动、拆除。

③二次搬运费,指正常的施工现场不可避免的材料、构配件、半成品二次搬运费用。特殊情况下,不能用汽车直接运达施工现场内的材料,必须进行二次或多次搬运所发生的费用,另行计算。

④冬雨期施工增加费,指在冬期或雨期施工需增加的临时设施、防滑、排除雨雪,人工及施工机械降效等费用,包括防寒保温、防雨、防风等临时设施的搭设、拆除;对砌体、混凝土等采用的特殊加温、保温和养护措施。

⑤地上、地下设施、建筑物的临时保护设施费,指在施工过程中,对已建成的地上、地下设施、建筑物进行遮盖、密封、隔离等必要的保护措施所发生的费用。

⑥工程及设备保护费,指在竣工验收前对已完工程及设备采取的遮盖、包裹、封闭、隔离等必要的保护措施费用。

⑦工程定位复测费,指工程施工过程中进行全部施工测量放线和复测工作的费用。

3)其他项目费

（1）暂列金额

暂列金额是指建设单位在工程量清单中暂定并包括在工程合同价款中的一笔款项,用于施工合同签订时尚未确定或者不可预见的所需材料、工程设备、服务的采购,施工中可能发生的工程变更、合同约定调整因素出现时的工程价款调整以及发生的索赔、现场签证确认等的费用。

（2）暂估价

暂估价是发包人在工程量清单或预算书中提供的用于支付必然发生但暂时不能确定价格的材料、工程设备的单价、专业工程以及服务工作的金额。招标投标中的暂估价是指总承包招标时不能确定价格而由招标人在招标文件中暂时估定的工程、货物、服务的金额。

（3）计日工

在施工过程中,施工企业完成建设单位提出的施工图纸以外的零星项目或工作所需的费用。

（4）总承包服务费

总承包人为配合、协调建设单位进行的专业工程发包,对建设单位自行采购的材料、工程设备等进行保管以及施工现场管理、竣工资料汇总整理等服务所需的费用。

4.3.3　贵州省建筑装饰工程建筑安装工程费用计算顺序表

贵州省建筑安装工程费用组成依据造价形成进行划分。以建筑装饰工程为例,贵州省建筑安装工程费用计算的具体顺序见表4.1。

表4.1　贵州省建筑与装饰工程费用计算顺序表(一般计税)

序号	费用名称	计算公式
1	分部分项工程费	$\sum$ 分部分项工程量 × 综合单价
1.1	人工费	$\sum$ 分部分项工程人工费
1.2	材料费(含未计价材)	$\sum$ 分部分项工程材料费
1.3	机械使用费	$\sum$ 分部分项工程机械使用费
1.4	企业管理费	$\sum$ 分部分项工程企业管理费
1.5	利润	$\sum$ 分部分项工程利润
2	单价措施项目费	$\sum$ 单价措施工程量 × 综合单价
2.1	人工费	$\sum$ 单价措施项目人工费
2.2	材料费	$\sum$ 单价措施项目材料费

续表

序号	费用名称	计算公式
2.3	机械使用费	$\sum$ 单价措施项目机械使用费
2.4	企业管理费	$\sum$ 单价措施项目企业管理费
2.5	利润	$\sum$ 单价措施项目利润
3	总价措施项目费	3.1 + 3.2 + 3.3 + 3.4 + 3.5 + 3.6 + …
3.1	安全文明施工费	(1.1 + 2.1) × 14.36%
3.1.1	环境保护费	(1.1 + 2.1) × 0.75%
3.1.2	文明施工费	(1.1 + 2.1) × 3.35%
3.1.3	安全施工费	(1.1 + 2.1) × 5.8%
3.1.4	临时设施费	(1.1 + 2.1) × 4.46%
3.2	夜间和非夜间施工增加费	(1.1 + 2.1) × 0.77%
3.3	二次搬运费	(1.1 + 2.1) × 0.95%
3.4	冬雨期施工增加费	(1.1 + 2.1) × 0.47%
3.5	工程及设备保护费	(1.1 + 2.1) × 0.43%
3.6	工程定位复测费	(1.1 + 2.1) × 0.19%
4	其他项目费	
4.1	暂列金额	按招标工程量清单计列
4.2	暂估价	
4.2.1	材料暂估价	最高投标限价、投标报价:按招标工程量清单材料暂估价计入综合单价。竣工结算:按最终确认的材料单价替代各暂估材料单价,调整综合单价
4.2.2	专业工程暂估价	最高投标限价、投标报价:按招标工程量清单专业工程暂估价金额。竣工结算:按专业工程中标价或最终确认价计算
4.3	计日工	最高投标限价:计日工数量 × 120 元 / 工日 × 120% (20% 为企业管理费、利润取费率)。竣工结算:按确认计日工数量 × 合同计日工综合单价
4.4	总承包服务费	最高投标限价:招标人自行供应材料,按供应材料总价 × 1%;专业工程管理、协调,按专业工程估算价 × 1.5%;专业工程管理、协调、配合服务,按专业工程估算价 × 3% ~ 5%。竣工结算:按合同约定计算

续表

序号	费用名称	计算公式
5	规费	5.1 + 5.2 + 5.3
5.1	社会保障费	(1.1 + 2.1) × 29.78%
5.1.1	养老保险费	(1.1 + 2.1) × 18.63%
5.1.2	失业保险费	(1.1 + 2.1) × 0.82%
5.1.3	医疗保险费	(1.1 + 2.1) × 8.73%
5.1.4	工伤保险费	(1.1 + 2.1) × 1.02%
5.1.5	生育保险费	(1.1 + 2.1) × 0.58%
5.2	住房公积金	(1.1 + 2.1) × 5.82%
5.3	工程排污费	实际发生时,按规定计算
6	税前工程造价	1 + 2 + 3 + 4 + 5
7	增值税	6 × 11%
8	工程总造价	6 + 7

注:①大型土石方工程:总价措施费按(分部分项工程人工费+单价措施项目人工费)×6.66%计算。

②单独发包的地基处理、边坡支护工程:总价措施费按(分部分项工程人工费+单价措施项目人工费)×8.93%计算。

③单独发包装饰工程:总价措施费按(分部分项工程人工费+单价措施项目人工费)×10.25%计算。

④本表中规费费率按《关于调整贵州省建设工程计价依据规费费率的通知》(黔建建字[2019]317号)修订。2019年5月1日(含)后在建工程完成工程量按该通知的规费费率调整相关费用,但已办理完毕竣工结算的工程不再调整。

4.4 工程建设其他费用

工程建设其他费用是工程从筹建到竣工验收交付使用整个建设期间,为保证工程顺利完成而发生的除建筑安装工程费用和设备、工器具购置费外的费用。

工程建设其他费用由建设用地费、与项目建设有关的其他费用、与未来企业生产经营有关的其他费用构成。

4.4.1 建设用地费

土地使用费是指项目通过划拨方式取得土地使用权而支付的土地征用及迁移补偿费,或者通过土地使用权出让方式取得土地使用权而支付的土地使用权出让金。

1)土地征用及迁移补偿费

土地征用及迁移补偿费是指项目通过划拨方式取得无限期的土地使用权,依据《中华人民共和国土地管理法》等规定所支付的费用,包括土地补偿费、安置补助费、土地管理费、耕地占用税、征地动迁费、水利水电工程水库淹没处理补偿费等。

2）土地使用权出让金

土地使用权出让金是指建设项目通过土地使用权出让方式,取得有限期的土地使用权,依照《中华人民共和国城镇国有土地使用权出让和转让暂行条例》规定支付的土地使用权出让金。

4.4.2　与项目建设有关的其他费用

与工程建设有关的其他费用主要包括建设单位管理费、勘察设计费、研究试验费、建设单位临时设施费、工程监理费、工程保险费、供电贴费、施工机构迁移费、引进技术和进口设备其他费用等。

1）建设单位管理费

建设单位管理费是指建设单位为了进行建设项目的筹建、建设、试运转、竣工验收和项目后评估等全过程管理所需的各项管理费用。

2）勘察设计费

勘察设计费是指委托有关咨询单位进行可行性研究、项目评估决策及设计文件等工作按规定支付的前期工作费用,或委托勘察、设计单位进行勘察、设计工作按规定支付的勘察设计费用,或在规定的范围内由建设单位自行完成有关的可行性研究或勘察设计工作所需的有关费用。

勘察设计费一般按照国家发展和改革委员会颁发的有关勘察设计的收费标准和有关规定进行计算,随着勘察设计招投标活动的逐步推行,这项费用也应结合建筑市场的具体情况进行确定。

3）研究试验费

研究试验费是指为建设项目提供和验证设计参数、数据、资料等进行必要试验所需的费用以及设计规定在施工中必须进行试验和验证所需的费用,主要包括自行或委托其他部门研究试验所需的人工费、材料费、试验设备及仪器使用费等。该项费用一般根据设计单位针对本建设项目需要所提出的研究试验内容和要求进行计算。

4）建设单位临时设施费

建设单位临时设施费是指建设单位在项目建设期间所需的有关临时设施的搭设、维修、摊销或租赁费用。建设单位临时设施主要包括临时宿舍、文化福利和公用事业房屋、构筑物、仓库、办公室、加工厂、道路、水电等。该项费用,新建工程项目一般按照建筑安装工程费用的1%计算;改扩建工程项目一般可按小于建筑安装工程费用的0.6%计算。

5）工程监理费

工程监理费是指建设单位委托监理单位对工程实施监理工作所需的各项费用。广泛推行建设工程监理制是我国工程建设领域管理体制的重大改革,主要有以下两种计费方法:

①按照监理工程概算或预算的0.03%~2.50%计算;

②按照监理人员的年度平均人数乘以(3~5)万元/(人·年)计算。

6) 工程保险费

工程保险费是指建设项目在建设期间根据工程需要实施工程保险所需的费用,一般包括以各种建筑工程及其在施工过程中的物料、机器设备为保险标的的建筑工程一切险,以安装工程中的各种物料、机器设备为保险标的的安装工程一切险,以及机器损坏保险等所支出的保险费用。

该项费用一般根据不同的工程类别,按照其建筑安装工程费用乘以相应的建筑安装工程保险费率进行计算。

7) 供电贴费

供电贴费是建设单位申请用电或增加用电容量时,按照国家规定应向供电部门交纳,由供电部门统一规划并负责建设的 110 kV 以下各级电压外部供电工程的建设、扩充、改建等费用的总称。

8) 施工机构迁移费

施工机构迁移费是指施工机构根据建设任务的需要,经建设项目主管部门批准成建制的由原驻地迁移到另一地区的一次性搬迁费用,一般适用于大中型的水利、电力、铁路和公路等需要大量人力、物力进行施工,施工时间较长、专业性较强的工程项目。该项费用包括职工及随同家属的差旅费,调迁期间的工资和施工机械、设备、工具、用具、周转性材料等的搬运费,但不包括以下费用:

①应由施工单位自行负担的,在规定范围内调动施工力量以及内部平衡施工力量所发生的迁移费用。

②由于违反基建程序,盲目调迁施工队伍所发生的迁移费用。

③因中标而引起的施工机构迁移所发生的迁移费用。该项费用一般按照建筑安装费用的 0.5% ~1% 进行计算。

9) 引进技术和进口设备其他费用

引进技术和进口设备其他费用是指本建设项目因引进技术和进口设备而发生的相关费用,主要包括以下费用:

①出国人员费用,指为引进技术和进口设备派出人员在国外培训和进行设计联系,以及材料、设备检验等的差旅费、服装费、生活费等,一般按照设计规定的出国培训和工作的人数、时间、派往的国家,按财政部和外交部规定的临时出国人员费用开支标准进行计算。

②国外工程技术人员来华费用,是指为引进国外技术和安装进口设备等聘用国外工程技术人员进行技术指导工作所发生的技术服务费、工资、生活补贴、差旅费、住宿费、招待费等,一般按照签订合同所规定的人数、期限和有关标准进行计算。

③技术引进费,指引进国外先进技术而支付的专利费、专有技术费、国外设计及技术资料费等,一般按照合同规定的价格进行计算。

④担保费,指国内金融机构为买方出具保函的担保费,一般按照有关金融机构规定的担保费率进行计算。

⑤分期或延期付款利息,指利用出口信贷引进技术或进口设备采取分期或延期付款的办法所支付的利息。

⑥进口设备检验鉴定费,指进口设备按规定必须交纳的商品检验部门的进口设备检验鉴定费,一般按照进口设备货价的百分比计算。

4.4.3　与未来企业生产经营有关的其他费用

1)联合试运转费

联合试运转费是指新建企业或新增加生产工艺过程的扩建企业在竣工验收前,按照设计规定的工程质量标准,进行整个车间负荷联合试运转发生的费用支出大于试运转收入的亏损部分。费用内容包括:试运转所需的原料、燃料、油料和动力的费用,机械使用费用,低值易耗品及其他物品的购置费用和安装单位参加联合试运转人员的工资等。试运转收入包括试运转产品销售和其他收入,不包括应由设备安装工程费开支的单台设备调试费及无负荷联动试运转费试车费用。联合试运转费一般根据不同性质的项目,按需要试运转车间的工艺设备购置费的百分比(即试运转费率)计算,也可按试运转费的总金额包干使用。

2)生产准备费

生产准备费是指新建企业或新增生产能力的企业为保证竣工交付使用进行必要的生产准备所发生费用。费用内容包括:

①生产职工培训费,包括自行培训、委托其他单位培训人员的工资、工资性补贴、职工福利费、差旅交通费、学习资料费、学费、劳动保护费。

②生产单位提前进厂参加施工、设备安装、调试等以及熟悉工艺流程及设备性能等人员的工资、工资性补贴、职工福利费、差旅交通费、劳动保护费等。

③办公和生活用家具购置费,指为保证新建、改建、扩建项目初期正常生产、使用和管理所必须购置的办公和生活家具、用具的费用。改扩建项目所需的办公和生活用具购置费应低于新建项目。

4.5　预备费及建设期贷款利息

4.5.1　预备费

按我国现行规定,预备费包括基本预备费和涨价预备费两大类型。

1)基本预备费

基本预备费是指在投资估算或设计概算内难以预料的工程费用,具体如下:

①批准的初步设计范围内,技术设计、施工图设计及施工过程中所增加的工程费用;设计变更、工程变更、材料代用、局部地基处理增加的费用。

②一般自然灾害造成的损失和预防自然灾害所采取的措施费用,实行工程保险的工程项目,该费用适当降低。

③竣工验收时为鉴定工程质量对隐蔽工程进行必要的挖掘和修复费用。

④超规、超限设备运输增加的费用等。

基本预备费按工程费用和工程建设其他费用二者之和乘以基本预备费率,即

$$基本预备费 = （工程费用 + 工程建设其他费用）× 基本预备费率 \qquad (4.14)$$

2）涨价预备费

涨价预备费指建设项目在建设期间内因价格等变化引起工程造价变化的预测预留费用。费用内容包括人工、材料、施工机械的价差费，建筑安装工程费及工程建设其他费用调整，利率、汇率调整等增加的费用。

涨价预备费的计算方法一般是根据国家规定的投资综合价格指数，按估算年份价格水平的投资额为基数，采用复利方法计算。

$$计算公式为：PF = \sum_{i=1}^{n} I_t \left[（1 + f）^m （1 + f）^{0.5} （1 + f）^{t-1} - 1 \right] \qquad (4.15)$$

式中　PF——涨价预备费；

n——建设期年份数；

I_t——建设期中第 t 年的投资计划额，包括建筑安装工程费用、设备及工器具购置费、工程建设其他费用及基本预备费，即第 t 年的静态投资；

f——年投资价格上涨率；

m——建设前期年限（从编制估算到开工建设），年。

4.5.2　建设期贷款利息

建设期贷款利息指建设项目以负债形式筹集资金在建设期应支付的利息，包括向国内银行和其他非银行金融机构贷款、出口信贷、外国政府贷款、国际商业银行贷款以及在境内外发行的债券等在建设期内应偿还的借款利息。按照我国计算工程总造价的规定，在建设期支付的贷款利息也构成工程总造价的一部分。

建设期贷款根据贷款发放形式的不同，其利息计算公式有所不同。贷款发放形式一般有两种：一是贷款总额一次性贷出且利率固定；二是贷款总额是分年均衡（按比例）发放，利率固定。

当总贷款分年均衡发放时，建设期利息的计算可按当年借款在年中支用考虑，即当年贷款按半年计息，上年贷款按全年计息。计算公式为：

$$q_j = \left(P_{j-1} + \frac{1}{2} A_j \right) × i \qquad (4.16)$$

式中　q_j——建设期第 j 年应计利息；

P_{j-1}——建设期第（$j-1$）年末贷款累计金额与利息累计金额之和；

A_j——建设期第 j 年贷款金额；

i——年利率。

【例4.2】某项目建设期4年，建设期内各年向银行贷款额为：第一年1 000万元，第二年3 000万元，第三年3 000万元，第四年2 000万元，年贷款利率7.3%，第一年的1 000万元贷款在当年年初一次到位，其余各年贷款在一年中是均匀发放的，计算项目建设期的贷款利息。

【解】第一年利息 = 1 000 × 7.3% = 73（万元）

第二年利息 = $\left(1\,000 + 73 + \dfrac{3\,000}{2} \right)$ × 7.3% = 187.829（万元）

$$第三年利息 = \left(1\,000 + 73 + 3\,000 + 187.829 + \frac{3\,000}{2}\right) \times 7.3\% = 420.541(万元)$$

$$第四年利息 = \left(1\,000 + 73 + 3\,000 + 187.829 + 3\,000 + 420.541 + \frac{2\,000}{2}\right) \times 7.3\%$$

$$= 633.740(万元)$$

建设期贷款利息总计 $= 73 + 187.829 + 420.541 + 633.740 = 1\,315.11(万元)$

练习与作业

1. 现行建筑安装工程费用项目的具体组成包括哪些内容?

2. 措施项目费一般包括哪些内容?

3. 建设项目投资和固定资产投资分别由哪些构成?

4. 设备及工器具购置费由哪些构成?

5. 建标 44 号文中人工费的主要内容是什么?

6. 建筑安装工程费按造价形成划分由哪几部分构成?

7. 工程建设其他费用由哪些构成?

8. 贵州省建筑安装工程费用项目组成及主要内容有哪些?

9. 某项目进口一批设备,其银行财务费为 5 万元,外贸手续费为 20 万元,关税税率为 22%,增值税税率为 17%,抵岸价为 2 000 万元,该批设备无消费税、海关监管手续费,计算该批进口设备的到岸价 CIF 是多少?

10. 某项目建设期为 2 年,第一年贷款为 200 万元,第二年贷款为 500 万元,贷款年利率为 8%,计算建设期贷款利息。

11. 某建设项目的静态投资为 24 000 万元,按该项目计划要求,项目建设期为 3 年,建设前期年限为半年,3 年建设期的投资分年使用比例为第一年 20%,第二年 35%,第三年 45%,建设期内年平均价格上涨率预测为 4%,请估算该项目建设期的涨价预备费。

12. 在建设项目中,按规定支付给商品检验部门的进口设备检验鉴定费用应计入(　　)。

A. 引进技术和进口设备其他费　　　　B. 建设单位管理费

C. 设备安装工程费　　　　　　　　　D. 进口设备购置费

13. 根据设计要求,在施工过程中对某屋架结构进行破坏性试验,以提供和验证设计数据,则该项费用应在(　　)中支出。

A. 研究试验费　　　　　　　　　　　B. 检验试验费

C. 业主管理费　　　　　　　　　　　D. 勘察设计费

14. 生产单位提前进厂参加施工、设备安装、调试的人员,其工资、工资性补贴等费用应从(　　)中支付。

A. 建筑安装工程费　　　　　　　　　B. 设备工器具购置费

C. 建设单位管理费　　　　　　　　　D. 生产准备费

第5章
建筑与装饰工程计量

学习目标

掌握工程量的概念;掌握工程量计算的原则,了解工程量计算的顺序;掌握建筑物建筑面积的计算规则;掌握一般建筑工程和装饰装修工程各分部分项的计算规则和方法;掌握一般建筑工程和装饰装修工程措施项目的计算规则和方法。

本章导读

建设工程项目施工的具体内容通过图形文件来表述,对图形文件的理解可能会存在一定的偏差,为避免这一偏差的出现,可以将图形文件转化为数字文件,即编制工程造价文件,工程造价文件是根据施工图按照建筑工程定额规范进行编制的。

建筑工程定额中分部分项工程量、措施项目工程量是依据定额中的工程内容、计量单位、计算口径等方面结合施工方法、施工工艺、材料性能、用途进行计算的。

结合工程案例图纸,练习并注意掌握建筑工程各分部分项工程项目计算的先后顺序安排、列项以及工程量计算等。

5.1 概　述

5.1.1 工程量的含义

工程量是反映建设工程的工程内容的重要指标。它以物理计量单位或自然计量单位表示、体现构成特定建设工程的各分项工程或结构构件的数量及相应分项工程或建筑构件的实物数量。其中,物理计量单位是以分项工程或结构构件的物理属性为计量单位,一般以长度(m)、面积(m^2)、体积(m^3)、质量(t)等。自然计量单位是以客观存在的自然实体本身为计量单位,一般用件、个(只)、台、座、套等作为计量单位。例如,烟囱、水塔以"座"为单位。

工程量清单一般采用基本计量单位,预算定额常采用扩大计量单位,应用时一定要注意单位换算。同时,应该注意工程量不等于实物量,实物量是实际完成的工程数量,而工程量是按照工程量计算规则计算所得的工程数量。

工程量计算力求准确,它是编制工程量清单、确定建筑工程直接费、编制施工组织设计、编制材料供应计划、进行统计工作和实现经济核算的重要依据。

5.1.2　工程量计算的内容及一般原则

1)工程量计算的内容

工程计量是工程量清单编制的主要工作内容之一,同时也是工程计价的基本数据和主要依据。计量正确与否直接影响到清单编制的质量和工程造价的正确性。工程计量包括以下三个方面的内容:

①工程量清单项目的工程计量。工程量清单项目的工程计量是依据《建设工程工程量清单计价规范》(GB 50500—2013)中的计算规则,对清单项目确定其工程数量和单位的过程,是招标文件的组成部分,由招标人或招标代理机构编制。

②预算定额项目的工程计量。预算定额项目的工程计量是编制施工图预算的基础,也是清单计价模式下综合单价组价的基础。(主要是企业定额还没有形成,暂且参考预算定额。)

③建筑面积计算。

2)工程量计算的一般原则

工程量的计算是编制建设工程预算中最烦琐、最细致的工作,其工作量占整个预算编制工作量的70%以上,而且工程量计算项目是否齐全,计算结果是否正确,直接关系到预算的编制质量和编制速度。为使工程量计算迅速准确,工程量计算应遵循以下原则:

①计算工程量的项目必须与现行定额的项目一致。工程量计算时,只有当所列的分项工程项目与现行定额中分项工程一致时,才能正确使用定额的各项指标。尤其是定额子目中综合了其他分项工程时,更要特别注意所列分项工程的内容是否与选用定额项目所综合的内容一致。

②计算工程量的单位必须与现行规定的计量单位相一致。各分项工程的计量单位并非是单一的,有的是 m^3,有的是 m^2,还有的延长米、t 和件等。所以,计算工程量时所选用的计量单位应与现行规定的计量单位一致相同。此外,套用定额时还应注意的计量单位是否以扩大单位形式出现,如 10 m^3、100 m^3、100 m^2 等扩大计量单位。如果定额子目的计量单位是扩大单位,则所计算的工程量计量单位也必须相应扩大。

③计算工程量的计算规则必须与现行规定的计算规则相一致。计算工程量应严格按照规定的相应规则进行计算。如规则规定计算现浇板类混凝土构件体积时,应扣除 0.3 m^2 以

上的孔洞体积,0.3 m² 以内的孔洞体积就不能扣除。

④工程量必须严格按照施工图纸进行计算。计算工程量时必须严格按照施工图纸进行计算,不得重算、漏算和抬高构造的等级。这样才能确保数据准确,项目齐全。

5.1.3 工程量计算的顺序

工程计量的特点是工作量大、头绪多,可用"繁"和"烦"两个字概括。因此,计算工程量应按照一定的顺序依次进行,既可节约时间加快计算速度,又可避免漏算或重复计算。

1)按施工顺序列项计算

按施工顺序列项计算就是按照工程施工顺序的先后次序来计算工程量。如按照土石方、基础、混凝土及钢筋、墙体、屋面及防水、保温及隔热、楼地面、门窗、墙柱面抹灰、天棚、涂料、油漆等顺序进行。

2)按计价规则或定额顺序计算

按计价规则或定额顺序计算即按照《建设工程工程量清单计价规范》(GB 50500—2013)或当地定额中规定的章、节、项目(子目)的编排顺序来计算工程量。

3)按照顺时针方向计算

从平面图的左上角开始,自左至右,然后在由上而下,最后回到左上角为止,这样按顺时针方向依次计算工程量。如计算外墙、地面、天棚等都可以按照此顺序进行计算。

4)按"先横后竖、先上后下、先左后右"计算

此法就是平面图上从左上角开始,按照"先横后竖、先上后下、先左后右"的顺序进行计算工程量。如条形基础土方、基础垫层、砖基础、砖墙、门窗过梁、墙面抹灰等。

5)按构件的分类和编号顺序计算

此法是按照图纸上所注结构构件的编号顺序进行计算工程量,如混凝土构件、门窗、钢筋等。

6)按"先独立后整体、先结构后建筑"计算

例如对于具有单独构件(柱、梁)的设计图纸,按下列顺序计算:首先,将独立的部分(如基础、楼梯)先计算完毕,以减少图纸量;其次,再计算门窗和混凝土构件,用表格的形式汇总其工程量,以便计算砖墙、装饰时应用;最后按先水平后垂直的顺序进行计算。

5.1.4 工程量计算的一般要求

1)必须按图纸计算

工程量计算时应严格按照图纸所标注的尺寸进行计算,不得任意加大或缩小、任意增加或减少,以免影响工程量计算的准确性。图纸中的项目要认真反复清查,不得漏项和重复计算。

2)必须按工程量计算规则进行计算

工程量计算规则是计算和确定各项消耗指标的基本依据,也是工程量计算的准绳。例

如:1.5 砖墙的厚度,无论图纸怎么标注或称呼,都应以计算规则规定的 365 mm 进行计算砌体厚度。

3)必须口径一致

施工图列出的工程项目(工程项目所包括的内容和范围)必须与计量规则中规定的相应工程项目相一致。计算工程量除必须熟悉施工图纸外,还必须熟悉计量规则中每个工程项目所包括的内容和范围。

4)必须列出计算式

在列计算式时,必须部位清楚,详细列项标出计算式,注明计算结构构件的所处部位和轴线,保留计算书,作为复查的依据。工程量的计算式应按一定的格式排列,如面积 = 长 × 宽,体积 = 长 × 宽 × 高。

5)必须计算准确

工程量计算的精度将直接影响着工程造价确定的精度,因此,数量计算要准确。工程量的精确度应保留有效位数:一般是按吨(t)计量的保留三位、自然计量单位的保留整数、其余保留两位。

6)必须计量单位一致

工程量的计量单位必须与计量规则中规定的计量单位相一致,有时由于使用的计量规则不同、所采用的制作方法和施工要求不同,其工程量的计量单位是有区别的,应予以注意。

7)必须注意计算顺序

为了计算时不遗漏项目,又不产生重复计算,应按照一定的顺序进行计算。力求分层分段计算结合施工图纸尽量做到结构按楼层、内装修按楼层分房间、外装修按立面分施工层计算,或按要求分段计算,或按使用的材料不同分别计算。在计算工程量时既可避免漏项,又可为编制施工组织设计提供数据。

8)必须注意统筹计算

各个分项工程项目的施工顺序、相互位置及构造尺寸之间存在内在联系,要注意统筹计算顺序。例如:墙基沟槽挖土与基础垫层、砖墙基础与墙基防潮层、门窗与砖墙与抹灰之间的相互关系。通过了解这种存在的相互关系,寻找简化计算过程的途径,以达到快速、高效的目的。

5.1.5　用统筹法计算工程量

运用统筹法计算工程量的基本要点是:统筹程序、合理安排;利用基数、连续计算;一次算出、多次使用;结合实际、灵活机动。利用统筹法计算工程量,即利用"三线一面"为基数计算工程量,并尽量做到一数多用,避免重复计算,简化计算过程。其中"三线一面"即外墙外边线长 L 外、外墙中心线长 L 中、内墙净长线长 L 内、底层建筑面积 S 底。L 外可用于计算散水、勒脚、外装饰;L 中、L 内可用于计算挖槽、垫层、基础、圈梁;S 底可用于计算平整场地、地面、天棚。

5.2 建筑面积计算

5.2.1 建筑面积概念

建筑面积是指建筑物的水平平面面积,即建筑物外墙勒脚以上各层结构外围水平面积总和。建筑面积包括使用面积、辅助面积和结构面积。使用面积是指建筑物各层面积布置中可直接为生产或生活使用的净面积总和。居室净面积在民用建筑中也称居住面积。辅助面积是指建筑物各层平面布置中为生产或生活起辅助作用的净面积的总和,包括过道、厨房、卫生间、厕所等。使用面积与辅助面积的总和称为有效面积。结构面积是指建筑物各层平面布置中的墙体、柱等结构所占面积的总和。

5.2.2 计算建筑面积的作用

计算建筑面积的作用,具体有以下几个方面:

1)确定建筑规模的重要指标

根据项目立项批准文件所核准的建筑面积是初步设计的重要控制指标。对于国家投资的项目,施工图的建筑面积不得超过初步设计的5%,否则必须重新报批。

2)确定各项技术经济指标的基础

有了建筑面积,才能确定每平方米建筑面积的工程造价。

$$单位面积工程造价 = 工程造价 / 建筑面积 \qquad (5.1)$$

还有很多其他的技术经济指标(如每平方米建筑面积的工料用量),也需要建筑面积这一数据,如:

$$单位建筑面积的材料消耗指标 = 工程材料耗用量 / 建筑面积 \qquad (5.2)$$

$$单位建筑面积的人工用量 = 工程人工工日耗用量 / 建筑面积 \qquad (5.3)$$

3)计算有关分项工程量的依据

应用统筹计算方法,根据底层建筑面积,就可以很方便地推算出室内回填土体积、地(楼)面面积和天棚面积等。另外,建筑面积也是计算脚手架、垂直运输机械费用的参考依据。

4)选择概算指标和编制概算的主要依据

概算指标通常以建筑面积为计量单位,用概算指标编制概算时要以建筑面积为计算基础。

5.2.3 建筑面积计算

计算工业与民用建筑的建筑面积,总的原则应该本着凡在结构上、使用上形成具有一定使用功能的空间的建筑物,并能单独计算出其水平面积及相应消耗的人工、材料和机械台班用量的,均应计算建筑面积,反之不应计算建筑面积。

1)应计算建筑面积的范围

①建筑物的建筑面积应按自然层外墙结构外围水平面积之和计算。结构层高在 2.20 m 及以上的,应计算全面积;结构层高在 2.20 m 以下的,应计算 1/2 面积。

【例 5.1】已知某单层房屋平面和剖面图(图 5.1),请计算高度为 2.2 m 和 2.0 m 两种情况下该房屋的建筑面积。

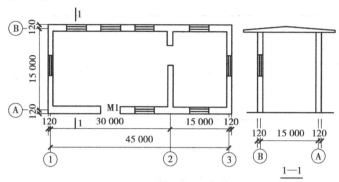

图 5.1　某单层房屋平面和剖面图

【解】建筑面积 $S_1(2.2\ \text{m}) = (45 + 0.24) \times (15 + 0.24) = 689.46\,(\text{m}^2)$

建筑面积 $S_2(2.0\ \text{m}) = (45 + 0.24) \times (15 + 0.24)/2 = 344.73\,(\text{m}^2)$

②建筑物内设有局部楼层时,对于局部楼层的二层及以上楼层,有围护结构的应按其围护结构外围水平面积计算,无围护结构的应按其结构底板水平面积计算,结构层高 2.2 m 及以上的,应计算全面积,结构层高在 2.20 m 以下的,应计算 1/2 面积。

【例 5.2】如图 5.2 所示,假设局部楼层①、②、③层层高均超过 2.20 m,计算该建筑物建筑面积。

【解】首层建筑面积 = $50 \times 10 = 500\,(\text{m}^2)$

有维护结构的局部楼层②建筑面积 = $5.49 \times 3.49 = 19.16\,(\text{m}^2)$

无维护结构(有维护设施)的局部楼层③建筑面积 = $(5 + 0.1) \times (3 + 0.1) = 15.81\,(\text{m}^2)$

合计建筑面积 = $500 + 19.16 + 15.81 = 534.97$ (m^2)

③对于形成建筑空间的坡屋顶,结构净高在 2.10 m 及以上的部位应计算全面积;结构净高在 1.20 m 及以上至 2.10 m 以下的部位应计算 1/2 面积;结构净高在 1.20 m 以下的部位不应计算建筑面积。

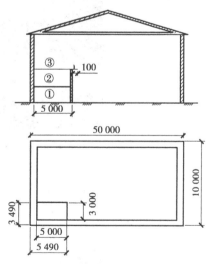

图 5.2　局部楼层平面图及立面图

【例 5.3】某坡屋面下建筑空间的尺寸如图 5.3 所示,建筑物长 50 m,计算其建筑面积。

【解】全面积部分:$S = 50 \times (15 - 1.5 \times 2 - 1.0 \times 2) = 500\,(\text{m}^2)$

计算半面积部分:$S = 50 \times 1.5 \times 2 \times 1/2 = 75\,(\text{m}^2)$

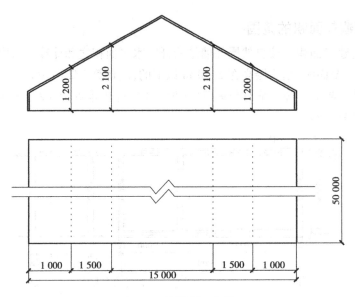

图 5.3 坡屋顶示意图

合计建筑面积：$S = 500 + 75 = 575 (m^2)$

④对于场馆看台下的建筑空间,结构净高在 2.10 m 及以上的部位应计算全面积;结构净高在 1.20 m 及以上至 2.10 m 以下的部位应计算 1/2 面积;结构净高在 1.20 m 以下的部位不应计算建筑面积。室内单独设置的有围护设施的悬挑看台(图 5.4),应按看台结构底板水平投影面积计算建筑面积。有顶盖无维护结构的场馆看台(图 5.5)应按其顶盖水平投影面积的 1/2 计算面积。

图 5.4 室内单独设置的有围护设施的悬挑看台

图 5.5 有顶盖无维护结构看台示意图

⑤地下室(图 5.6)、半地下室应按其结构外围(不包括找平层、防水层、防潮层、保护墙等)水平面积计算。结构层高在 2.20 m 及以上的,应计算全面积;结构层高在 2.20 m 以下

的,应计算 1/2 面积。

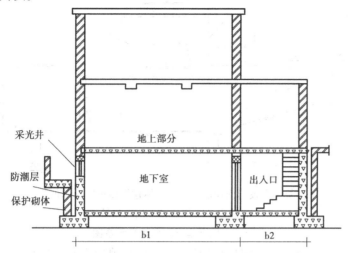

图 5.6　地下室示意图

　　⑥出入口外墙外侧坡道有顶盖的部位(图 5.7),应按其外墙结构外围水平面积的 1/2 计算面积。

图 5.7　有顶盖的出入口示意图

　　本条计算规则,不仅适用于地下室、半地下室出入口,也适用于坡道向上的出入口。出入口计算建筑面积应同时满足两个条件:一是有顶盖,二是有侧墙(即外墙结构);否则不应计算建筑面积。如图 5.8 所示,坡道向上的出入口有外墙结构,但没有顶盖,故不计算建筑面积。如图 5.9 所示的地下室出入口,则应计算建筑面积。

图 5.8　无顶盖的出入口

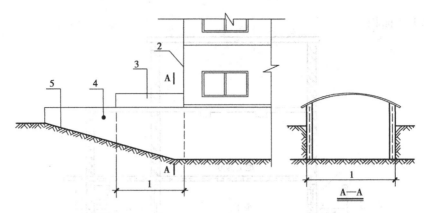

1—计算1/2投影面积部位;2—主体建筑;3—出入口顶盖;

4—封闭出入口侧墙;5—出入口坡道

图5.9 地下室出入口计算示意图

⑦建筑物架空层及坡地建筑物吊脚架空层,应按其顶板水平投影计算建筑面积。结构层高在2.20 m及以上的,应计算全面积;结构层高在2.20 m以下的,应计算1/2面积。

注:a.架空层是指"仅有结构支撑而无外围结构的开敞空间层"。无论设计是否加以利用,只要具备可利用状态,均计算建筑面积。

b.顶板水平投影面积是指架空层结构顶板的水平投影面积,不包括架空层主体结构外的阳台、空调板、通长水平挑板等外挑部分。

【例5.4】计算如图5.10所示的吊脚架空层的建筑面积。

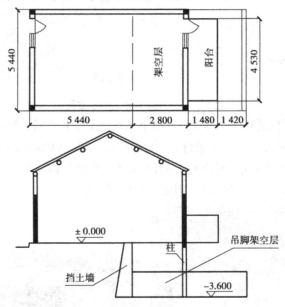

图5.10 吊脚架空层

【解】$S = 5.44 \times 2.8 = 15.23 (\text{m}^2)$

⑧建筑物的门厅、大厅应按一层计算建筑面积,门厅、大厅内设置的走廊应按走廊结构底板水平投影面积计算建筑面积。结构层高在2.20 m及以上的,应计算全面积;结构层高在2.20 m以下的,应计算1/2面积。

⑨建筑物间的架空走廊,有顶盖和围护结构的(图5.11),应按其围护结构外围水平面积计算全面积;无围护结构、有围护设施的(图5.12),应按其结构底板水平投影面积计算1/2面积。

注:架空走廊是指"专门设置在建筑物的二层或二层以上,作为不同建筑物之间水平交通的空间"。

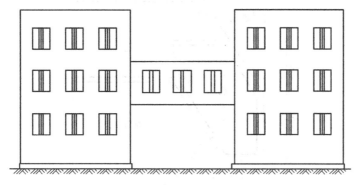

图5.11 有顶盖和维护结构的架空走廊

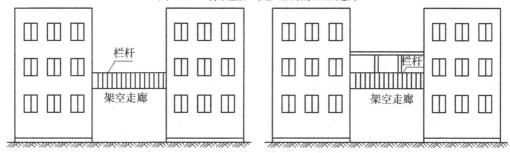

图5.12 无维护结构、有维护设施的架空走廊

⑩对于立体书库、立体仓库、立体车库(图5.13),有围护结构的,应按其围护结构外围水平面积计算建筑面积;无围护结构、有围护设施的,应按其结构底板水平投影面积计算建筑面积。无结构层的应按一层计算,有结构层的应按其结构层面积分别计算。结构层高在2.20 m 及以上的,应计算全面积;结构层高在2.20 m 以下的,应计算1/2 面积。

(a)立体货架

(b)立体车库

图5.13 立体货架和车库的示意图

⑪有围护结构的舞台灯光控制室,应按其围护结构外围水平面积计算。结构层高在2.20 m及以上的,应计算全面积;结构层高在2.20 m以下的,应计算1/2面积。

【例5.5】如图5.14所示,求某舞台灯光控制室(结构层高2.7 m)建筑面积(S)的工程量。

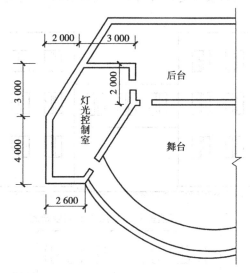

图5.14　舞台灯光控制室平面图

【解】灯光控制室的建筑面积以及外围结构水平面积计算

$$S = 长方形面积 - 左上角三角形面积 - 右下角三角形面积$$

即:$S = [(2+3) \times (3+4) - 2 \times 3/2 - (2+3-2.6) \times (3+4-2)/2]\text{m}^2 = 26.00(\text{m}^2)$

⑫附属在建筑物外墙的落地橱窗,应按其围护结构外围水平面积计算。结构层高在2.20 m及以上的,应计算全面积;结构层高在2.20 m以下的,应计算1/2面积。

⑬窗台与室内楼地面高差在0.45 m以下且结构净高在2.10 m及以上的凸(飘)窗,应按其围护结构外围水平面积计算1/2面积。

注:凸(飘)窗必须同时满足以上两个条件才能计算建筑面积,如图5.15和图5.16所示。

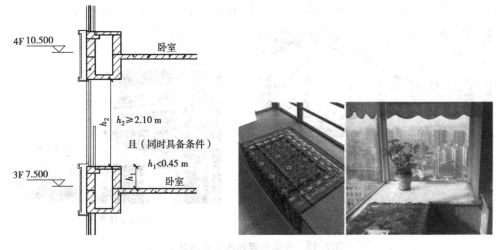

图5.15　凸(飘)窗计算示意图　　　　图5.16　凸(飘)窗示意图

⑭有围护设施的室外走廊(挑廊),应按其结构底板水平投影面积计算 1/2 面积;有围护设施(或柱)的檐廊,应按其围护设施(或柱)外围水平面积计算 1/2 面积。

a.室外走廊(包括挑廊)、檐廊都是室外水平交通空间。其中挑廊是悬挑的水平交通空间;檐廊是底层的水平交通空间,附属于建筑物底层外墙有屋檐作为顶盖,且一般有柱或栏杆、栏板等。底层无围护设施但有柱的室外走廊可参考檐廊的规则计算建筑面积,如图 5.17 所示。

b.无论哪一种廊,除了必须有地面结构外,还必须有栏杆、栏板等围护设施或柱,这两个条件缺一不可,缺少任何一个条件都不计算建筑面积。

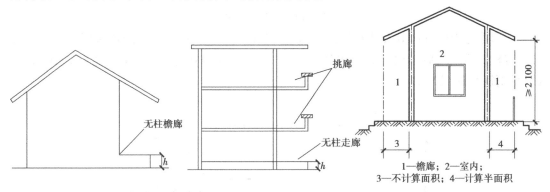

图 5.17　檐廊、挑廊、走廊示意图

(a)

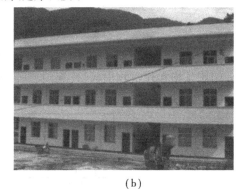

(b)

图 5.18　室外走廊示意图

注:图 5.18(a)中一至四层的水平交通空间均属于室外走廊;图(b)中二、三层的室外水平交通空间为挑廊。底层虽有地面结构,但无栏杆、栏板或柱,不属于室外走廊,不计建筑面积。

⑮门斗(图 5.19)应按其围护结构外围水平面积计算建筑面积,结构层高在 2.20 m 及以上的,应计算全面积;结构层高在 2.20 m 以下的,应计算 1/2 面积。

注:门斗是"建筑物出入口两道门之间的空间",它是有顶盖和围护结构的全围合空间,见图 5.19。

⑯门廊应按其顶板的水平投影面积的 1/2 计算建筑面积;有柱雨篷应按其结构板水平投影面积的 1/2 计算建筑面积;无柱雨篷的结构外边线至外墙结构外边线的宽度在 2.10 m 及以上的,应按雨篷结构板的水平投影面积的 1/2 计算建筑面积。

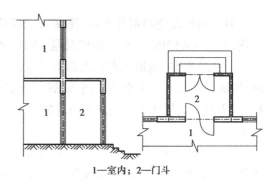

1—室内；2—门斗

图 5.19　门斗示意图

a. 雨篷是指建筑物出入口上方、突出墙面、为遮挡雨水而单独设立的建筑部件。雨篷划分为有柱雨篷（包括独立柱雨篷、多柱雨篷、柱墙混合支撑雨篷、墙支撑雨篷）和无柱雨篷（悬挑雨篷），如图 5.20 所示。

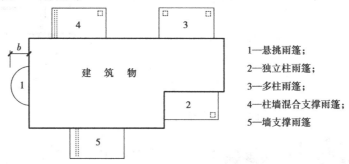

1—悬挑雨篷；
2—独立柱雨篷；
3—多柱雨篷；
4—柱墙混合支撑雨篷；
5—墙支撑雨篷

图 5.20　雨篷示意图

b. 门廊是指在建筑物出入口，无门、三面或二面有墙，上部有板（或借用上部楼板）维护的部位。门廊划分为全凹式、半凹半凸式。全凸时，归为墙支撑雨篷，如图 5.21 所示。

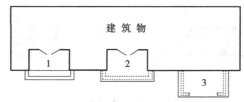

1—全凹式门廊；2—半凹半凸式门廊；3—全凸式门廊

图 5.21　门廊示意图

c. 有柱雨篷与无柱雨篷计算规则不同。

• 有柱雨篷没有出挑宽度的限制；无柱雨篷出挑宽度 ≥ 2.10 m 时才能计算建筑面积。出挑宽度是指雨篷结构外边线至外墙结构外边线的宽度，弧形或异形时，为最大宽度，如图 5.20(b) 所示。

• 有柱雨篷不受跨越层数的限制，均可计算建筑面积，如图 5.22 所示；无柱雨篷，其结构顶板不能跨层，如顶板跨层，则不计算建筑面积。

d. 不单独设立顶盖，利用上层结构板（如楼板、阳台底板）进行遮挡，不视为雨篷，不计算建筑面积。

⑰设在建筑物顶部的、有围护结构的楼梯间、水箱间、电梯机房等，结构层高在 2.20 m

及以上的应计算全面积;结构层高在 2.20 m 以下的,应计算 1/2 面积。

图 5.22　有柱雨篷示意图

⑱围护结构不垂直于水平面的楼层,应按其底板面的外墙外围水平面积计算。结构净高在 2.10 m 及以上的部位,应计算全面积;结构净高在 1.20 m 及以上至 2.10 m 以下的部位,应计算 1/2 面积;结构净高在 1.20 m 以下的部位,不应计算建筑面积。

⑲建筑物的室内楼梯、电梯井、提物井、管道井、通风排气竖井、烟道,应并入建筑物的自然层计算建筑面积。有顶盖的采光井应按一层计算面积,结构净高在 2.10 m 及以上的,应计算全面积;结构净高在 2.10 m 以下的,应计算 1/2 面积。无顶盖的采光井不计算建筑面积,如图 5.23 所示。

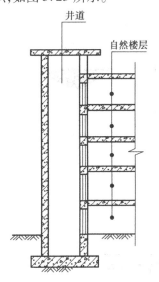

图 5.23　电梯井等示意图　　　　**图 5.24　室内楼梯示意图**

注:未形成井道的楼梯,如图 5.24 中建筑物大堂内的楼梯、跃层(或复式)住宅的室内楼梯等也应计算建设面积。如图纸中画出了楼梯,无论楼梯是否用户自理,均按楼梯水平投影面积计算建筑面积;如图纸中未画出楼梯,仅以洞口符号表示,则计算建筑面积时不扣除该洞口的面积。

⑳室外楼梯应并入所依附建筑物自然层,并应按其水平投影面积的 1/2 计算建筑面积。

㉑在主体结构内的阳台,应按其结构外围水平面积计算全面积;在主体结构外的阳台,应按其结构底板水平投影面积计算 1/2 面积,如图 5.25 所示。

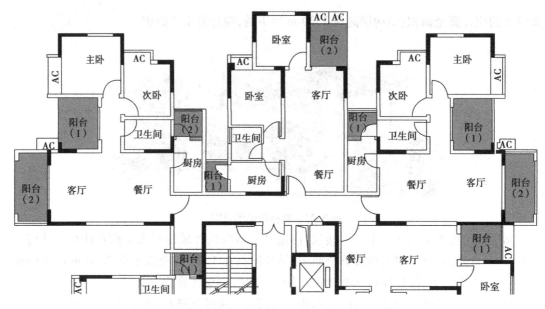

[图中阳台(1)按全面积计算;阳台(2)按半面积计算]

图5.25 阳台计算示意图

㉒有顶盖无围护结构的车棚、货棚、站台、加油站、收费站等,应按其顶盖水平投影面积的1/2计算建筑面积。

【例5.6】计算如图5.26所示的火车站单排柱站台的建筑面积。

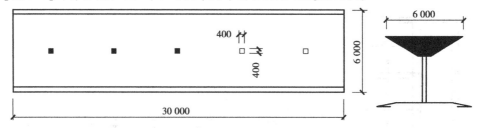

图5.26 火车站单排柱站台示意图

【解】$30 \times 6 \times 1/2 = 90.00(\text{m}^2)$

【例5.7】计算图5.27中自行车车棚的建筑面积。

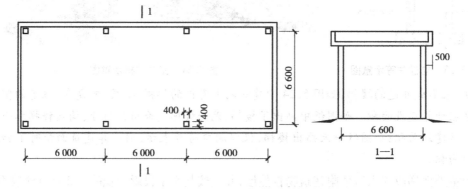

图5.27 自行车车棚示意图

【解】$(6.0 \times 3 + 0.4 + 0.5 \times 2) \times (6.6 + 0.4 + 0.5 \times 2) \times 1/2 = 77.60 (\text{m}^2)$

㉓以幕墙作为围护结构的建筑物,应按幕墙外边线计算建筑面积。

注:围护性幕墙是直接作为外墙起围护作用的幕墙。装饰性幕墙是设置在建筑物墙体外起装饰作用的幕墙,如图 5.28 所示。

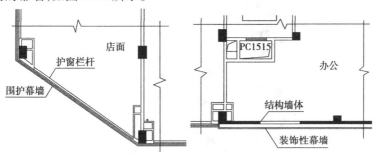

图 5.28　幕墙示意图

㉔建筑物的外墙外保温层,应按其保温材料的水平截面积计算,并计入自然层建筑面积。

㉕与室内相通的变形缝(在建筑物内可以看得见的变形缝),应按其自然层合并在建筑物建筑面积内计算。与室内不相通的变形缝不计算建筑面积(图 5.29)。对于高低联跨的建筑物,当高低跨内部连通时,其变形缝应计算在低跨面积内。

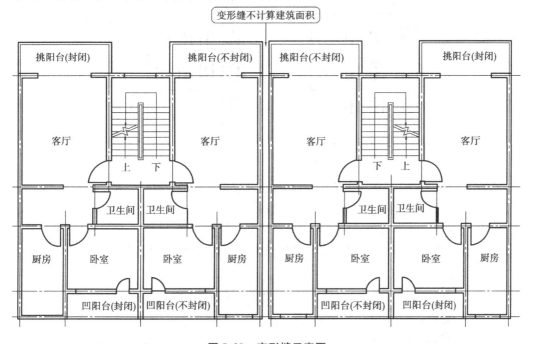

图 5.29　变形缝示意图

㉖对于建筑物内的设备层、管道层、避难层等有结构层的楼层,结构层高在 2.20 m 及以上的,应计算全面积;结构层高在 2.20 m 以下的,应计算 1/2 面积。

2)不计算建筑面积的范围

①与建筑物内不相连通的建筑部件。

注:"与建筑物内不相连通"是指没有正常的出入口,如图 5.30 所示的装饰性阳台。即通过门出入的,视为"连通";通过窗或栏杆等翻出去的,视为"不连通"。

图 5.30 装饰性阳台示意图

②骑楼、过街楼底层的开放公共空间和建筑物通道,如图 5.31 所示。

注:a. 骑楼是"建筑底层沿街面后退且留出公共人行空间的建筑物"。

b. 过街楼是"跨越道路上空并与两边建筑相连接的建筑物"。

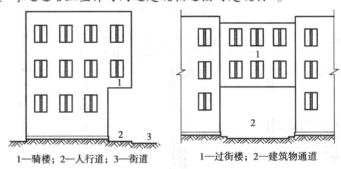

1—骑楼;2—人行道;3—街道　　　　1—过街楼;2—建筑物通道

图 5.31 骑楼、过街楼示意图

③舞台及后台悬挂幕布和布景的天桥、挑台等。

④露台、露天游泳池、花架、屋顶的水箱及装饰性结构构件。

⑤建筑物内的操作平台、上料平台、安装箱和罐体的平台,如图 5.32 所示。

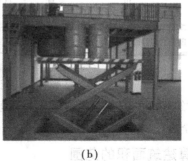

(a)　　　　　　　　　(b)

图 5.32 操作平台、上料平台示意图

⑥勒脚、附墙柱、垛、台阶、墙面抹灰、装饰面、镶贴块料面层、装饰性幕墙,主体结构外的空调室外机搁板(箱)、构件、配件,挑出宽度在 2.10 m 以下的无柱雨篷和顶盖高度达到或超过两个楼层的无柱雨篷,如图 5.33 所示。

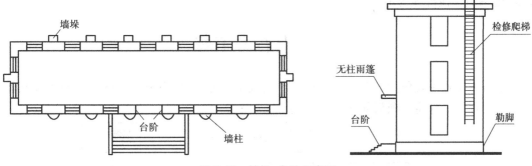

图 5.33　墙垛、台阶示意图

⑦窗台与室内地面高差在 0.45 m 以下且结构净高在 2.10 m 以下的凸(飘)窗,窗台与室内地面高差在 0.45 m 及以上的凸(飘)窗。

⑧室外爬梯、室外专用消防钢楼梯,如图 5.34、图 5.35 所示。

注:室外钢楼梯需要区分具体用途,如专门用于消防的楼梯,则不计算建筑面积,如果是建筑物唯一通道,兼用于消防,则需要按室外楼梯计算建筑面积。

图 5.34　室外爬梯

图 5.35　室外钢楼梯

⑨无围护结构的观光电梯(即电梯轿厢直接暴露,外侧无井壁,见图 5.36)。

(a)无围护结构的观光电梯

(b)有围护结构的观光电梯

图 5.36　观光电梯示意图

注:如果观光电梯在电梯井内运行时(井壁不限材质),观光电梯按室内电梯依自然层计算建筑面积,如图5.36(b)所示。

⑩建筑物以外的地下人防通道,独立的烟囱、烟道、地沟、油(水)罐、气柜、水塔、贮油(水)池、贮仓、栈桥等构筑物。

5.3 土石方工程

土石方工程主要包括人工土方、机械土方、人工石方、机械石方、石方爆破、回填及其他六节。工程量计算主要项目如图5.37所示。

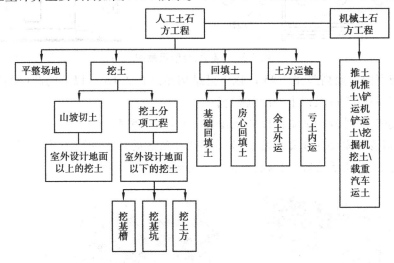

图5.37 土石方工程主要项目

5.3.1 计算前应熟悉及确定的资料

1)熟悉定额项目类型

土石方工程的定额项目主要有平整场地、挖土方、山坡切土、挖地(沟)槽、挖地坑、打夯与碾压、回填土和运土方以及机械土石方等项目。

2)确定施工方法

土石方工程的施工方法不同,其工程量计算要求和所选套定额项目均不相同;为此在计算工程量之前,要认真熟悉施工组织设计有关内容,明确具体施工方法,保证工程量计算的准确性。

3)确定挖填方起点标高及开挖深度

通常挖填方起点标高以施工图纸规定的室外设计地坪标高为准,该标高以下的挖土、应按挖沟槽、挖土方或挖基坑等分别计算;而该标高以上的挖土,均按山坡切土计算。沟槽、基坑土石方的开挖深度按图示沟槽、基坑底面至交付施工场地标高深度计算,一般即为室外设计地坪标高。

4）熟悉土壤的类别

土壤或岩石类别不同,其工程量计算结果和所选套定额项目也不同;在计算工作开始前,应按照工程地质勘查报告,认真确定土壤类别。建筑工程预算定额采用的土壤及岩石分类表(表5.1、表5.2),把土壤分为一、二类、三类、四类土,岩石分为极软岩、软质岩、硬质岩三大类。

①土壤分类。土壤按一、二类土,三、四类土分类,其具体分类见表5.1。

表5.1　土壤分类表

土壤分类	代表性土壤	开挖方法
一、二类土	粉土、砂土(粉砂、细砂、中砂、粗砂、砾砂)、粉质黏土、弱中盐渍土、软土(淤泥质土、泥炭、泥炭质土)、软塑红黏土、冲填土	主要用锹,少许用镐、条锄开挖,机械能全部直接铲挖满载者
三类土	黏土、碎石土(圆砾、角砾)混合土、可塑红黏土、硬塑红黏土、强盐渍土、素填土、压实填土	主要用镐、条锄,少许用锹开挖,机械需部分刨松方能铲挖满载者,或可直接铲挖但不能满载者
四类土	碎石土(卵石、碎石、漂石、块石)、坚硬红黏土、超盐渍土、杂填土	全部用镐、条锄挖掘,少许用撬棍挖掘,机械须普遍刨松方能铲挖满载者

②岩石分类。岩石按极软岩、软岩、较软岩、较硬岩、坚硬岩分类,其具体分类见表5.2。

表5.2　岩石分类表

岩石分类		代表性岩石	饱和单轴抗压强度(MPa)	开挖方法
极软岩		1.全风化的各种岩石 2.强风化的软岩 3.各种半成岩	$f_r \leqslant 5$	部分用手凿工具、部分用爆破法开挖
软质岩	软岩	1.强风化的坚硬岩或较硬岩 2.中等(弱)风化～强风化的较坚硬岩 3.中等(弱)风化的较软岩 4.未风化泥岩、泥质页岩、绿泥石片岩、绢云母片岩等	$5 < f_r \leqslant 15$	用风镐和爆破法开挖
	较软岩	1.强风化的坚硬岩 2.中等(弱)风化的较坚硬岩 3.未风化～微风化的凝灰岩、千枚岩、泥灰岩、砂质泥岩、泥质砂岩、粉砂岩、矿质页岩等	$15 < f_r \leqslant 30$	用爆破法开挖

续表

岩石分类		代表性岩石	饱和单轴抗压强度（MPa）	开挖方法
硬质岩	较坚硬岩	1. 中等(弱)风化的坚硬岩 2. 未风化～微风化的熔结凝灰岩、大理岩、板岩、石灰岩、白云岩、钙质砂岩粗晶大理岩等	$30 < f_r \leqslant 60$	用爆破法开挖
	坚硬岩	未风化～微风化的花岗岩、正长岩、闪长岩、辉绿岩、玄武岩、安山岩、片麻岩、石英岩、石英砂岩、硅质胶结的砾岩、硅质板岩、硅质石灰岩等	$f_r > 60$	用爆破法开挖

5)熟悉地下水位标高

地下水位高低对土建工程预算影响很大。当地下水位标高超过基础底面标高时,通常结合具体情况采取排除地下水措施,不可避免要增加工程费用。

6)天然湿度土、湿土、淤泥的划分

土方定额项目按挖运天然湿度土编制。天然湿度土、湿土的划分以地质勘测资料为准。地下常水位以上为天然湿度土,地下常水位以下为湿土。地表水排出后,土壤含水率≥25%时为湿土。含水率超过液限,土和水的混合物呈现流动状态时为淤泥。

对于同一基槽、基坑或管道沟内的干土和湿土、淤泥应分别计算其工程量,但在选套预算定额时,仍按其全部挖土深度计算。土方定额项目按挖运天然湿度土编制。

7)判别土壤状态及体积转换

土石方的开挖、运输均按开挖前的天然密实体积计算。如果土壤状态不是天然密实状态,必须折算成天然密实体积。体积换算系数见表5.3。

表5.3 体积换算系数表

土壤状态(体积)	含义	体积换算系数
天然密实土(天然密实体积)	未动过的自然土(天然土)	1
虚土(虚方体积)	挖掘出的自然土自然堆放而成的土	1.3
夯实土(夯实体积)	按规范要求经过分层碾压、夯实的土	0.87
松填土(松填体积)	挖出的自然土自然堆放未经夯实,填在槽、坑中的土	1.08

8)熟悉土壤放坡坡度(放坡系数)

实验研究表明:土壁稳定与土壤类别、含水率和挖土深度有关,当挖土深度不大时,可采用直立土壁的开挖方法;当挖土深度超过规定限度时,为保证土壁的稳定性,需要放坡。土方放坡的坡度,以其高度 H 与边坡宽度 B 之比来表示(图5.38),即土方坡度 $= H/B = 1:(B/H) = 1:K(K$ 为放坡系数)。放坡系数按表5.4规定的土壤类别及土方放坡起点深度来计算。

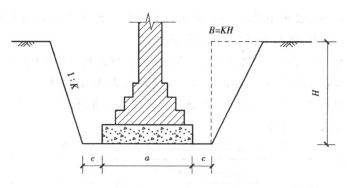

a—基础底宽度(m)；*c*—增加工作面宽度

图5.38　土方放坡断面示意图

表5.4　土方放坡起点深度和放坡坡度表

土壤类别	起点深度 （m）	人工挖土	机械挖土		
			基坑内作业	基坑上作业	沟槽上作业
一、二类土	1.20	1:0.50	1:0.33	1:0.75	1:0.50
三、四类土	1.70	1:0.30	1:0.18	1:0.50	1:0.30

注意：①计算基础土方放坡时,不扣除交接处的重复工程量。放坡自基础(含垫层)底面开始计算。

②土方放坡的起点深度和放坡坡度按施工组织设计计算;施工组织设计无规定时,土方放坡起点深度和放坡坡度按表5.4计算。

③挖沟槽、基坑支挡土板时,不再计算放坡。

9)熟悉基础施工时所需工作面宽度

根据基础施工的需要,挖土时按基础垫层的双向尺寸向周边放出一定范围的操作面积,作为工人施工时的操作空间,这个单边放出的宽度就称为工作面。基础施工的工作面宽度按设计或施工组织设计计算;设计或施工组织设计无规定时,按表5.5中规定计算。

表5.5　基础施工工作面宽度计算表

基础材料	每边各增加工作面宽度（mm）
砖基础	200
浆砌毛石、条石基础	150
混凝土基础垫层支模板	300
混凝土基础支模板	300
基础垂直面做防水层或防腐层	1 000（自防水层或防腐层面）
支挡土板	100（另加）

注意：①当组成基础的材料不同或施工方式不同时,基础施工的工作面宽度按表5.5计算。

②基础施工需要搭设脚手架时,基础施工的工作面宽度,条形基础按1.50 m计算(只计算一面),独立基础按0.45 m计算(四面均计算)。

③基坑土方大开挖需做边坡支护时,基础施工的工作面宽度按2.00 m计算。

④基坑内施工各种桩时,基础施工的工作面宽度按2.00 m计算。

⑤管道沟槽的宽度,设计有规定的,按设计规定尺寸计算;设计无规定时,管道施工所需每边工作面宽度按表5.6计算。

表5.6 管道施工所需每边工作面宽度计算表

管道材质	管道基础外沿宽度(无管道基础时管道外径)(mm)			
	≤500	≤1 000	≤2 500	>2 500
混凝土管、水泥管	400	500	600	700
其他管道	300	400	500	600

10)熟悉沟槽、基坑、一般土石方的划分

底宽(含工作面,下同)≤7 m且底长>3倍底宽为沟槽;底长≤3倍底宽且底面积(含工作面,下同)≤150 m² 为基坑;超出上述范围,为一般土石方。

5.3.2 工程量计算及套定额

1)原土夯实与碾压

按设计或施工组织设计规定的尺寸,以面积计算。该项分人工与机械两种方式列项计算。

2)平整场地

平整场地工程量按建筑物首层建筑面积计算。建筑物地下室结构外边线突出首层结构外边线时,其突出部分的建筑面积合并计算。分人工与机械两种方式分别列项计算。

注:平整场地是指建筑场地挖、填土方厚度在±30 cm以内及找平。挖、填土方厚度超过±30 cm以外时,按场地土方平衡竖向布置图另行计算。

3)沟槽土石方

沟槽工程量计算一般按设计图示沟槽长度乘以沟槽断面面积,以体积计算。突出墙面的墙垛,按墙垛突出墙面的中心线长度,并入相应工程量内计算。其中人工开挖依据开挖深度、土壤(或岩石)类别、沟槽宽(或基坑底面积)分别列项,机械开挖依据所采用机具及是否装土、斗容量分别列项。

(1)条形基础沟槽土石方

①条形基础沟槽土石方工程量计算中,其长度设计无规定时,按下列规定计算:

a.外墙沟槽,按外墙中心线长度计算,如图5.39所示。突出墙面的墙垛,按墙垛突出墙面的中心线长度,并入相应工程量内计算,即外墙沟槽 $V = S_{断} \times L_{沟槽} + V_{突出墙面的部分(垛)}$。

b.内墙沟槽、框架间墙下基础沟槽,按基础(含垫层)之间垫层(或基础底)的净长度计算,如图5.40所示。即内墙沟槽:$V_{挖} = S_{断} \times L_{沟槽净长}$。

90

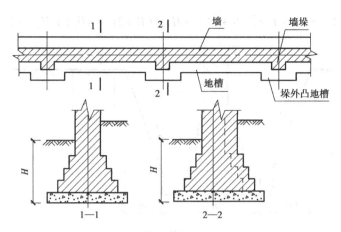

图 5.39　外墙下条形基础及凸出墙面墙垛基础沟槽示意图

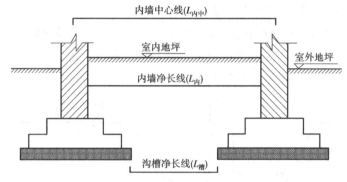

图 5.40　内墙下条形基础沟槽净长线示意图

②条形基础沟槽断面面积因是否增加工作面、是否带挡土板、放坡和不放坡、是否有垫层等情况有所不同，由此条形基础沟槽工程量计算应采用不同的计算公式。

a. 不放坡、不支挡土板，增加工作面的情况（图 5.41）。

$$S_{断} = (B + 2C) \times H$$

$$V_{挖} = S_{断} \times L = (B + 2C) \times H \times L$$

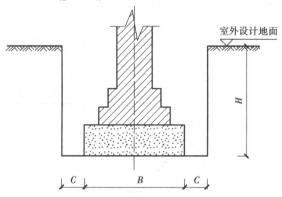

图 5.41　沟槽断面图（一）

b. 基础垫层设工作面，由垫层上表面放坡（图 5.42）。

$$S_{断} = (B + 2C) \times H_1 + (B + 2C + KH_2) \times H_2$$

$$V_{挖} = S_{断} \times L = \left[(B+2C) \times H_1 + (B+2C+KH_2) \times H_2 \right] \times L$$

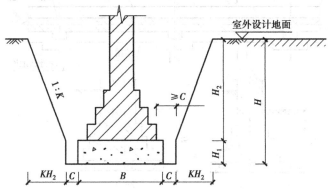

图 5.42 沟槽断面图(二)

c.基础垫层不设工作面,由垫层上表面放坡。

第一种情况:垫层边到基础边的距离大于或等于工作面 C(图 5.43)。

$$S_{断} = B \times H_1 + (B+KH_2) \times H_2$$

$$V_{挖} = S_{断} \times L = \left[B \times H_1 + (B+KH_2) \times H_2 \right] \times L$$

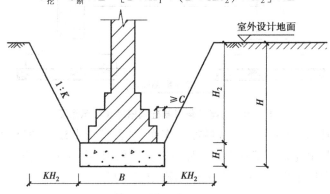

图 5.43 沟槽断面图(三)

第二种情况:垫层边到基础边的距离小于工作面 C(图 5.44)。

$$S_{断} = B \times H_1 + (B_1 + 2C + KH_2) \times H_2$$

$$V_{挖} = S_{断} \times L = \left[B \times H_1 + (B_1 + 2C + KH_2) \times H_2 \right] \times L$$

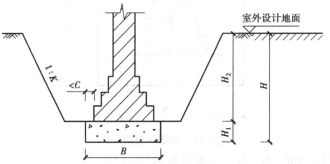

图 5.44 沟槽断面图(四)

d. 支设双面挡土板(图5.45)。

$$S_{断} = (B + 2C + 0.1 \times 2) \times H$$

$$V_{挖} = S_{断} \times L = (B + 2C + 0.1 \times 2) \times H \times L$$

(注:支挡土板单面加10 cm,双面加20 cm)

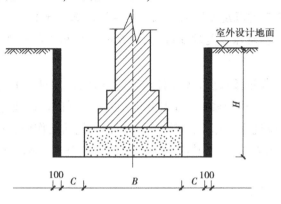

图5.45　沟槽断面图(五)

【例5.8】某工程基础平面图、剖面图如图5.46所示,设计室外地坪标高 −0.300 m。试求建筑物人工平整场地、挖土方工程量。基础土方开挖采用人工开挖方式,三类土计算,混凝土垫层支模板浇筑。

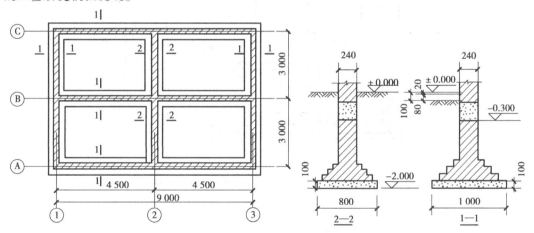

图5.46　基础平、剖面图

【解】(1)场地平整面积

$$S = (9 + 0.24) \times (6 + 0.24) = 57.7(\text{m}^2)$$

套定额A1-112。

(2)挖土方(采用人工开挖不放坡只增加工作面方式)

开挖深度 $H = 2.0\ \text{m} - 0.3\ \text{m} = 1.7\ \text{m}$(依据表5.4土方放坡起点深度和放坡坡度表规定,未超过放坡起点,无须放坡),工作面宽度 $C = 300\ \text{mm}$。

断面1—1:断面面积 $S_1 = (B + 2C) \times H = (1 + 2 \times 0.3) \times 1.7 = 2.72(\text{m}^2)$

断面长度 $L_1 = (9 + 6) \times 2 + [9 - (0.3 \times 2 + 0.5 \times 2)] = 37.4(\text{m})$

开挖体积 $V_1 = S_1 \times L_1 = 2.72 \times 37.4 = 101.73(\text{m}^3)$

断面2—2:断面面积 $S_2 = (B + 2C) \times H = (0.8 + 2 \times 0.3) \times 1.7 = 2.38 (\text{m}^2)$

断面长度: $L_2 = 2 \times [3 - (1 + 0.3 \times 2)/2 - (1 + 0.3 \times 2)/2] = 2.8 (\text{m})$

开挖体积 $V_2 = S_2 \times L_2 = 2.38 \times 2.8 = 6.66 (\text{m}^3)$

挖土方: $V = V_1 + V_2 = 101.73 + 6.66 = 108.39 (\text{m}^3)$

套定额 A1-9(满足开挖深度≤2 m,沟槽宽度≤3 m,三类土)。

注意:人工挖沟槽、基坑深度超过6 m时,按6 m以内相应定额项目乘以系数1.25。

(2)管道沟槽土石方工程量

管道沟槽土石方工程量按长度,按设计规定计算;设计无规定时,按设计图示管道中心线长度(不扣除下口直径或边长≤1.5 m的井池)计算。下口直径或边长>1.5 m的井池的土石方,另按基坑的相应规定计算。沟槽的断面面积应包括工作面宽度、放坡宽度或石方允许超挖量的面积,如图5.47所示。其断面面积计算参照条形基础沟槽断面面积计算方式。管道沟槽计算列项同沟槽。

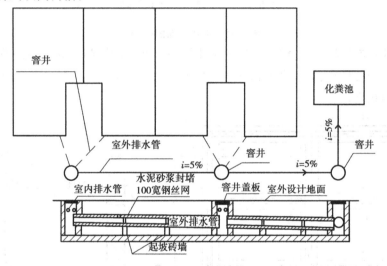

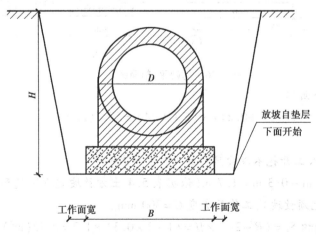

图5.47 管道及断面示意图

【例5.9】某工程需埋设直径为700 mm的铸铁排水管道,全长150 m,埋置深度为1 m,土壤类别为二类。计算人工挖管道沟槽的工程量。

【解】根据工程量计算规则,查出管道沟槽每边增加工作面宽度400 mm,不用放坡或支挡土板。

人工挖管沟工程量: $V_{挖管} = 150 \times (0.7 + 0.4 \times 2) \times 1 = 225 (m^3)$

套定额A1-3(满足开挖深度≤2 m,沟槽宽≤3 m,二类土。)

4)基坑土石方

按设计图示基础(含垫层)尺寸,另加工作面宽度、土方放坡宽度或石方允许超挖量乘以开挖深度,以体积计算。计算列项划分依据同沟槽。

(1)不放坡和不带挡土板(图5.48)

$$V_{基坑} = (a + 2c) \times (b + 2c) \times H$$

式中　a——基坑长度;

　　　b——基坑宽度;

　　　c——工作面。

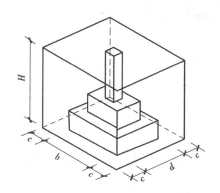

图5.48　基坑示意图(一)

(2)不放坡,设双面挡土板(图5.49)

$$V_{基坑} = (a + 2c + 0.2) \times (b + 2c + 0.2) \times H$$

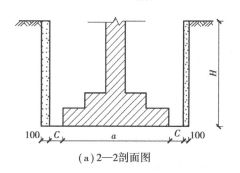

(a)2—2剖面图

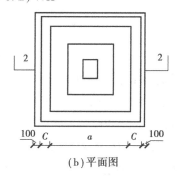

(b)平面图

图5.49　基坑示意图(二)

(3)放坡基坑(图5.50)

$$V_{基坑} = (a + 2c + KH) \times (b + 2c + KH) \times H + 1/3K^2H^3$$

式中　K——放坡系数;

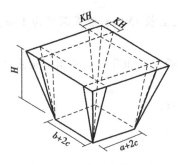

图 5.50 基坑示意图(三)

H——基坑开挖深度;

a——基坑宽度;

b——基坑长度;

C——增加工作面宽度。

【例 5.10】某建筑物的基础平面及剖面图如图 5.51 所示,图中轴线为墙中心线,墙体为普通黏土实心一砖墙,室外地面标高为 -0.3 m,求该基础人工挖土的工程量(三类自然土)。

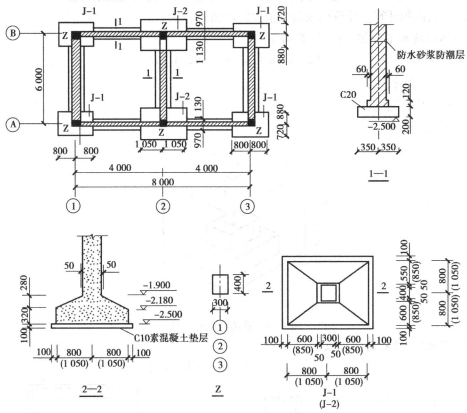

图 5.51 基础平面及剖面图

【解】(1)沟槽挖土计算

挖土深度 $H = 2.5 - 0.3 = 2.2$ m > 1.7 m,依据表 5.4 取放坡系数 $K = 0.30$,依据表 5.5,工作面宽度 $c = 300$ mm。

$$S_{\text{断面}} = (0.35 \times 2 + 2 \times 0.3 + 0.3 \times 2.2) \times 2.2 = 4.31(\text{m}^2)$$

$$\begin{aligned} L &= (8 - 0.8 - 0.1 - 0.3 - 1.05 \times 2 - 0.2 - 0.3 \times 2 - 0.8 - 0.1 - 0.3) \times 2 + \\ &\quad (6 - 0.8 \times 2 - 0.1 \times 2 - 0.3 \times 2) \times 2 + (6 - 1.05 \times 2 - 0.1 \times 2 - 0.3 \times 2) \times 1 \\ &= 2.7 \times 2 + 3.6 \times 2 + 3.1 \times 1 \\ &= 5.4 + 7.2 + 3.1 = 15.7(\text{m}) \end{aligned}$$

$$V_{\text{沟槽}} = S_{\text{断面}} \times L = 4.31 \times 15.7 = 67.67(\text{m}^3)$$

套定额 A1-9(满足沟槽底宽≤3 m,开挖深度≤2 m,三类土)。

(2)基坑挖土计算

挖土深度:$H = 2.5 + 0.1 - 0.3 = 2.3\ \text{m} > 1.7\ \text{m}$,依据表5.4(土方放坡起点深度和放坡坡度表规定)放坡系数 $k = 0.30$,依据表5.5(基础施工工作面宽度计算表)工作面宽度 $c = 300\ \text{mm}$

$$J\text{-}1 \quad V_{挖坑} = 4 \times \{[(0.8 + 0.1) \times 2 + 2 \times 0.3 + 0.3 \times 2.3]^2 \times 2.3 + 1/3 \times 0.3^2 \times 2.3^3\}$$
$$= 4 \times (3.09^2 \times 2.3 + 0.365) = 89.30\ (\text{m}^3)$$

$$J\text{-}2 \quad V_{挖坑} = 2 \times \{[(1.05 + 0.1) \times 2 + 2 \times 0.3 + 0.3 \times 2.3]^{2 \times 2.3} + 1/3 \times 0.3^2 \times 2.3^3\}$$
$$= 2 \times (3.59^2 \times 2.3 + 0.365) = 60.02\ (\text{m}^3)$$

$$V_{基坑} = 89.30 + 60.02 = 149.32\ (\text{m}^3)$$

套定额 A1-9(满足基坑底面积≤20 m²,开挖深度≤2 m,三类土)。

5)一般土石方

一般土方按设计图示基础(含垫层)尺寸,另加工作面宽度、土方放坡宽度或石方允许超挖量乘以开挖深度,以体积计算。机械上下行驶坡道的土方或石方,其开挖工程量合并在相应工程量内计算。一般土方分为人工一般土石方,机械一般土石方。其中人工一般土石方依据土壤(或岩石)类别列项计算,机械一般土石方依据机械、斗容量分别列项。

注意:基坑土方大开挖后再挖沟槽、基坑,其开挖深度以大开挖后底面标高至沟槽、基坑底面标高计算。

6)回填

回填按下列规定以体积计算。依据回填方式:人工松填、不同机械夯填分别列项。

注意:①回填土定额项目分为松填、夯填。松填是指设计要求有回填范围(面积),标高及堆积土的平整度;夯填除了有松填的上述要求外,还应按设计密实度要求分层回填并夯实。没有设计回填范围(面积)、标高和平整度要求的弃土,不得按松填计算。

②人工、机械回填石渣时,执行相应的土方回填定额项目,人工、机械乘以系数1.2。

③如属外购石渣,石渣主材可另行计算。

(1)沟槽、基坑回填

沟槽、基坑回填(图5.52)按挖方体积减去设计室外地坪以下建筑物(构筑物)、基础(含垫层)的体积计算。

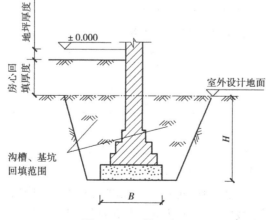

图 5.52　回填示意图

（2）管道沟槽回填

按挖方体积减去管道基础和管道折合回填体积计算，管道折合回填体积见表5.7。

表5.7　管道折合回填体积表　　　　　　　　　　　　单位：m^3/m

管道材质	公称直径（mm 以内）					
	500	600	800	1 000	1 200	1 500
混凝土管及钢筋混凝土管道	—	0.33	0.60	0.92	1.15	1.45
其他材质管道	—	0.22	0.46	0.74	—	—

（3）房心（含地下室内）回填

按主墙（厚度＞120 mm 的墙）间净面积乘以回填厚度以体积计算。

其中：回填厚度＝室内外高差－地面垫层厚度－地面面层厚度。

（4）场区（含地下室顶板以上）回填

按回填面积乘以平均回填厚度以体积计算。

【例5.11】计算如图5.46 所示基础回填土方工程量。已知室外设计地坪以下各个项目的工程量为：垫层体积 4.12 m^3，砖基础体积 24.62 m^3；地圈梁（底标高为设计室外地坪标高）体积 2.55 m^3。求基础回填土、室内回填土。

【解】①基础回填土体积＝146.73 －4.12 －24.62 ＝117.99（m^3）

②室内回填土厚度＝0.3 －0.1 ＝0.2（m）

室内回填土净面积＝（4.5 －0.24）×（3 －0.24）×4 ＝47.03（m^2）

室内回填土体积＝47.03 ×0.2 ＝9.41（m^3）

7）土石方运输

土石方运输包括场内运输、余土外运、缺土内运。场内运输指场内土石方挖、填平衡时产生的运输，其运距一般不作计量。余土外运指场内土石方挖填平衡后多余的土方外运至指定区。缺土内运指场内土石方挖填平衡后仍不够回填的土石方由指定点运至场内，其运距为场区回填重心部位至指定土点距离。土石方运输根据运输方式、机械及运距不同分别列项计算。

①推土机、装载机、铲运机重车上坡，坡度大于5% 时，其降效因素按坡道斜长乘以重车上坡降效系数计算，重车上坡降效系数见表5.8。

表5.8　重车上坡降效系数表

坡度（%）	5 ~ 10	≤20	≤20	≤25
系数	1.75	2.00	2.25	2.50

【例5.12】如图5.53 所示，用装载机外运土石方，计算其运距。

【解】运距 L ＝10 ＋8.057 ×2 ＋5 ＝23.057（m）

②人工及人力车运土、石渣定额，适用于道路坡度≤15% 以内的情况。如遇上坡坡度＞15% 且≤40% 时，其运距按坡段斜长乘以系数1.5 计算；上坡坡度＞40% 时，按坡底至坡顶

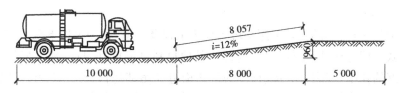

图 5.53　装载机外运土石方示意图

平均标高计算垂直深度每 1 m 折成水平运距 10 m 计算。在同一条线路上坡度不同时,分段计算。遇有下坡时,运距按斜长计算。

土石方外运距离按≤30 km 编制。超出该运距上限的土石方运输,不适用本定额。

5.4　地基处理及基坑支护工程

本节定额项目包括地基处理、基坑与边坡支护两小节。其中,地基处理包含了填料加固、强夯地基、填料桩、搅拌桩四个部分;基坑支护包含了地下连续墙、钢板桩、土钉或锚杆支护、挡土板四个部分。

5.4.1　主要说明

1)地基处理

地基处理一般是指用于改善支承建筑物的地基(土或岩石)的承载能力或抗渗能力所采取的工程技术措施,主要分为基础工程措施和岩土加固措施。定额中地基处理的主要方式有填料加固(用于软弱地基挖土后的换填材料加固)、强夯地基、填料桩、搅拌桩四种常用处理方式。

2)基坑与边坡支护

基坑与边坡支护就是为保证地下结构施工及基坑周边环境的安全,对基坑侧壁及周边环境采用的支挡、加固与保护措施。

定额中基坑开挖支护的主要形式有:钢板桩、土钉支护、锚杆支护。

(1)钢板桩

钢板桩是带有锁口的一种型钢,其截面有直板形、槽形及 Z 形等,有各种大小尺寸及联锁形式。

现场制作的永久性型钢桩、钢板桩,制作执行贵州 2016 版定额"金属结构工程"中钢柱制作相应定额项目。临时性型钢桩、钢板桩,每拔打一次按主材消耗量的 7% 计取摊销。

(2)土钉支护

土钉支护亦称土钉墙,是用于土体开挖时保持基坑侧壁或边坡稳定的一种挡土结构,主要由密布于原位土体中的细长杆件——土钉、黏附于土体表面的钢筋混凝土面层及土钉之间的被加固土体组成,是具有自稳能力的原位挡土墙。其施工过程为:先锚后喷、先喷后锚两种。

土钉与锚喷联合支护的工作平台执行定额"脚手架工程"相应定额项目。喷射混凝土护坡钢筋网执行定额"混凝土及钢筋混凝土工程"现浇钢筋混凝土相应定额项目,人工、机械乘以系数 2.40。土钉采用钻孔置入法施工时,执行锚杆(锚索)相应定额项目。

（3）锚杆支护

锚杆支护是一种在边坡、岩土深基坑等地表工程及隧道、采场等地下硐室施工中采用的加固支护方式。用金属件、木件、聚合物件或其他材料制成杆柱，打入地表岩体或硐室周围岩体预先钻好的孔中，利用其头部、杆体的特殊构造和尾部托板（亦可不用），或依赖于黏结作用将围岩与稳定岩体结合在一起而产生悬吊效果、组合梁效果、补强效果，以达到支护的目的。其施工工艺：确定孔位→钻孔就位→调整角度→钻孔→清孔→安装锚索→一次注浆→二次补浆→施工锚索腰梁→张拉→锚头锁定→割除锚头多余钢绞线，对锚头进行保护。

5.4.2　工程量计算

1）地基处理

①填料加固按设计图示尺寸以体积计算。

②强夯地基区别不同夯击能量和夯点密度，按设计图示强夯处理范围、夯击遍数以面积计算。设计无规定时，按建筑物外围轴线每边各加 4 m 计算。

③填料桩：灰土桩、砂石桩、碎石桩、水泥粉煤灰碎石桩，按设计桩长（包括桩尖）乘以桩截面积（或钢管钢箍最大外径截面积）以体积计算。

④搅拌桩：

a. 深层搅拌水泥桩、三轴水泥搅拌桩、高压旋喷水泥桩，按设计桩长加 50 cm 乘以桩截面积以体积计算。

b. 三轴水泥搅拌桩中的插、拔型钢桩按设计图示尺寸以质量计算。

2）基坑与边坡支护

（1）地下连续墙

①现浇导墙混凝土按设计图示尺寸以体积计算。现浇导墙混凝土模板按混凝土与模板接触面积计算。

②成槽按设计长度乘以墙厚及成槽深度以体积计算。

③锁口管按段（指槽壁单元槽段）计算，锁口管吊拔按连续墙段数计算。

④清底置换按段计算。

⑤连续墙混凝土按设计长度乘以墙厚及墙深加 0.50 m，以体积计算。

⑥凿地下连续墙超灌混凝土，按设计规定计算。设计无规定时，按墙体断面面积乘以 0.50 m，以体积计算。

注意：地下连续墙未包括导墙挖土石方、泥浆处理及外运、钢筋加工，实际发生时另按本定额其他章节相应定额项目计算。

（2）打拔钢板桩

打拔钢板桩按设计图示尺寸以质量计算。安、拆导向夹具按设计图示尺寸以长度计算。

（3）土钉与锚杆

①土钉、锚杆的钻孔、灌浆，按设计图示钻孔深度，以长度计算。

②喷射混凝土护坡按设计图示喷射面积计算。

③筋锚杆、钢管锚杆、锚索按设计图示尺寸（包括外锚段），以质量计算。

④锚头制作、安装、张拉、锁定按设计图示数量以套计算。

（4）挡土板

挡土板按设计图示尺寸或施工组织设计支挡范围,以面积计算。

注意:挡土板定额项目分为疏板和密板。疏板是指间隔支挡土板,且板间净空≤150 cm;密板是指满堂支挡土板或板间净空≤30 cm。

5.5 桩基础工程

按桩身施工方法不同进行桩基础种类划分:预制桩、灌注桩。预制桩是在工程或施工现场预制成各种材料和形式的桩,然后将桩沉入土中。灌注桩是在施工现场设计桩位上成孔,然后在孔内灌注混凝土而成的桩。成孔方法有:沉管成孔和钻孔、旋挖桩、冲孔、人工挖孔等。

贵州 2016 版定额中桩基础工程围绕预制桩与灌注桩两大部分进行定额子项划分。主要的定额项目如图 5.54 所示。各定额项目划分时依据施工方法、土壤类别、桩深、桩径、桩基础材料等不同进行划分,套定额时应注意各定额子项划分的依据。

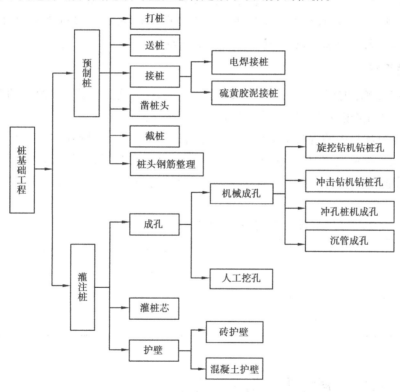

图 5.54 桩基础工程主要项目

5.5.1 定额主要说明及应注意的问题

1）单位工程桩基工程数量

一个单位工程的桩基工程量少于表 5.9 对应数量时,相应定额项目人工、机械乘以系数 1.25。灌注桩单位工程的桩基工程量指灌注混凝土量。

表5.9　单位工程的桩基工程量表

项目	工程量(m^3)
预制钢筋混凝土方桩	200
预制钢筋混凝土板桩	100
钻孔、旋挖成孔灌注桩	150
沉管、冲孔成孔灌注桩	100

2)凿桩头、截桩

凿桩头就是指混凝土预制桩或者灌注桩与上部基础接触的部分,因为二次施工,为防止桩头部分与上部基础接触不好,需要将桩头部分混凝土凿除,钢筋进行梳理,保证二次浇注混凝土时,上下成为一体,保证施工质量。

预制桩截桩长度在500 mm以内时,按凿桩头计算;预制桩截桩长度在500 mm以上按截桩计算。灌注桩凿桩头、截桩不分长短均按凿桩头相应项目计算。

注意:桩顶只要有构件就需要凿桩头。常见桩基顶部有承台,或桩梁时都需要凿桩头。别凿浮浆或多余的混凝土,露出石子或达到标高点即可。

3)充盈系数

施工中按实测定的充盈系数与定额取定值不同时,应按实际换算。换算后的充盈系数 = 实际灌注混凝土量/按设计图计算混凝土量。

灌注桩定额项目中的混凝土消耗量均已包括了充盈系数和材料损耗,见表5.10。人工挖孔桩护壁及无护壁填芯混凝土的充盈系数未包括在定额项目的材料消耗量内,编制预算时,其充盈系数可按10%计算。充盈系数均为编制预算时使用。实际出槽量不同时,可以调整。

表5.10　灌注桩充盈系数和材料损耗率表

项目名称	充盈系数	损耗率(%)
冲孔桩机成孔灌注混凝土桩	1.3	1
旋挖、冲击钻机成孔灌注混凝土桩	1.25	1
沉管桩机成孔灌注混凝土桩	1.15	1

5.5.2　预制桩工程计算规则及套定额

预制钢筋混凝土桩基础施工工艺程序是:桩的预制→运输→打桩→接桩→送桩→截(凿)桩头→桩头钢筋整理。

1)打桩

预制桩沉桩的方法包括打入法、水冲插入法和成槽插入法,目前最常用的还是打入法。打入法又依据所用机械不同分为打桩法和静力压桩法。打、压预制钢筋混凝土桩皆按设计桩长(包括桩尖,即不扣除桩尖虚体积部分)乘以桩截面面积,以体积计算。

①方桩:其体积按设计桩长(包括桩尖,不扣除桩尖虚体积,见图5.55)乘以桩断面面积计算。

$$V_{方桩} = a \times b \times l \times n$$

式中　a、b——方桩断面尺寸;

　　　l——桩长;

　　　n——根数。

②管桩:管桩的空心体积应扣除。若管桩的空心部分按设计要求灌注混凝土或灌注其他填充材料时,应另行计算。计算公式如下:

$$V_{管桩} = \pi(R^2 - r^2) \times l \times n$$

式中　R、r——管桩外圆半径与内圆半径;

　　　l——桩长;

　　　n——根数。

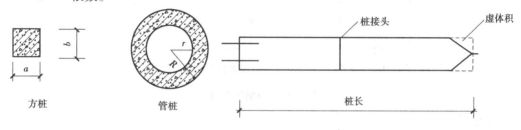

图 5.55　预制桩示意图

【例5.13】某工程在平地用打桩机垂直打如图5.56所示钢筋混凝土预制方桩,共50根,求其打桩工程量,确定定额项目。

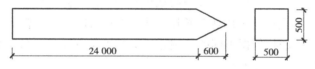

图 5.56　钢筋混凝土预制方桩

【解】打桩工程量 $= 0.5 \times 0.5 \times (24 + 0.6) \times 50 = 307.50(\text{m}^3)$

套定额项目 A3-2(满足打预制混凝土方桩,桩长≤25 m)。

套打桩相关定额时需注意:

①单独打试验桩、锚桩,按相应定额项目的打桩人工及机械乘以系数1.5。

②打桩定额以打垂直桩为准,设计要求打斜桩时,斜度≤1:6时,相应定额项目人工、机械乘以系数1.25。斜度>1:6时,相应定额项目人工、机械乘以系数1.43。

③打桩定额以平地(坡度≤15°)打桩为准,坡度>15°打桩时,按相应定额项目人工、机械乘以系数1.15。如在基坑内(基坑深度>1.5 m,基坑面积≤500 m²)打桩或在地坪上打沟槽、基坑内(沟槽、基坑深度>1 m)桩时,按相应定额项目人工、机械乘以系数1.11。

④在桩间补桩或强夯后的地基打桩时,按相应定额项目人工、机械乘以系数1.15。

⑤打、压预制钢筋混凝土桩已包含桩位半径在15 m范围内的移动、起吊、就位;超过15 m时的场内运输,按定额中"混凝土及钢筋混凝土工程"相应定额项目计算。外购混凝土桩,不执行预制混凝土桩制作定额项目,也不计算该桩的钢筋及模板等费用。其外购桩价格按合

同约定或签证,打桩损耗、场外运输损耗及运输费用计算按定额规定计算。

2)接桩

某些桩基设计很深,而预制桩因吊装、运输、就位等原因,不能将桩预制很长,而需要接头。工程上一般采用电焊接桩或硫黄胶泥接桩,如图 5.57 所示。电焊接桩(包角钢、包钢板两种方式)按设计要求的接桩头数量,以根计算;硫黄胶泥接桩按桩断面面积计算。

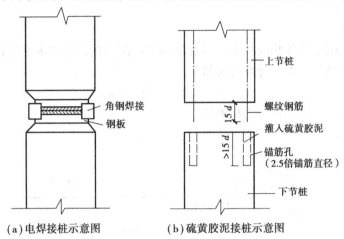

图 5.57 接桩示意图

3)送桩

打桩过程中如果要求将桩顶面打到低于桩架操作平台以下,或打入自然地坪以下时,由于桩锤不能直接触击到桩头,就需要另用一根冲桩(送桩)或送桩器,放在桩头上,将桩锤的冲击力传给桩头,使桩打到设计位置,然后将送桩去掉,这个施工过程称为送桩。

送桩工程量按桩截面面积乘以送桩长度(即设计桩顶标高至打桩前的自然地坪标高另加 0.5 m)计算。套定额时,依据不同的送桩方法套打桩定额项目。可按相应打桩定额项目人工、机械乘以表 5.11 规定系数计算。

表 5.11 送桩深度系数表

送桩深度/m	系数
≤2	1.25
≤4	1.43
>4	1.67

4)预制混凝土桩截桩

按设计要求截桩的数量计算。截桩长度≤1 m 时,不扣减相应桩的打桩工程量;截桩长度>1 m 时,其超过部分按实扣减打桩工程量,但桩体的材料费不扣除。

5)预制混凝土桩凿桩头

预制混凝土凿桩头按设计图示桩截面积乘以凿桩头长度,以体积计算。凿桩头长度设计无规定时,桩头长度按桩体高 40d(d 为桩体主筋直径,主筋直径不同时取大者)计算。

注意:灌注混凝土桩凿桩头,按设计超灌高度(设计无规定按0.5 m)乘以桩身设计截面积以体积计算。

6)桩头钢筋整理

按所整理的桩的数量计算。

【例5.14】某单位工程基础如图5.58所示,设计为钢筋混凝土预制桩,截面为350 mm×350 mm,每根桩长18 m,共180根。自然地坪标高−0.6 m,静力压桩机施工,胶泥接桩。计算打桩、接桩、送桩工程量,并据计价表套价。

【解】(1)打桩

$$V = 0.35 \times 0.35 \times 18 \times 180 = 396.9(\text{m}^3)$$

套定额 A3-6(满足静力压预制混凝土方桩,桩长≤25 m以内)。

(2)接桩

没有产生接桩。

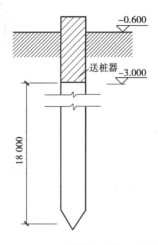

图 5.58　预制混凝土桩示意图

(3)送桩

$$V = 0.35 \times 0.35 \times (3 - 0.6 + 0.5) \times 180 = 63.95(\text{m}^3)$$

套打桩定额 A3-6(满足静力压预制混凝土方桩,桩长≤25 m),同时人工、机械乘以系数1.43(送桩深度满足≤4 m)。

5.5.3　现浇灌注桩计算规则及套定额

1)机械成孔现浇灌注桩

(1)机械成孔工程量

①机械成孔工程量分别按进入土层和岩石层的成孔长度乘以设计桩径截面积,以体积计算。

②沉管成孔工程量按打桩前自然地坪标高至设计桩底标高(不包括预制桩尖)的成孔长度乘以钢管外径截面积,以体积计算。

注意:不论是钻孔、冲孔、旋挖成孔,还是人工成孔工程量,计算时要分别依据入土层与岩石层按桩径大小分别计算工程量及列项套定额。其中,极软岩不能作入岩计算。

(2)灌注混凝土工程量

①钻孔桩、旋挖桩、冲孔桩灌注混凝土工程量按设计桩径截面积乘以设计桩长另加加灌长度,以体积计算。加灌长度设计无规定的,按0.5 m计算。设计桩顶标高达到自然地坪时不计加灌长度。

【例5.15】某工程桩基础是钻孔灌注桩(图5.59),C25混凝土,土孔中混凝土充盈系数1.25,自然地面标高−0.45 m,桩顶标高−3.0 m,设计桩长12.30 m,桩进入岩层(较软岩)1 m,桩直径600 m,计100根,泥浆外运5 km,求分部分项工程量。

【解】(1)钻土孔

$$钻土深度 = 12.3 + (3 - 0.45) - 1 = 13.85(\text{m})$$

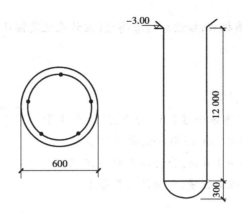

图 5.59 钻孔灌注桩示意图

$$V = 3.14 \times 0.3^2 \times 13.85 \times 100 = 391.40(\text{m}^3)$$

(2)钻岩石孔

$$钻岩石深度 = 1.0(\text{m})$$
$$V = 3.14 \times 0.3^2 \times 1.00 \times 100 = 28.26(\text{m}^3)$$

(3)灌注桩混凝土(土孔)

$$桩长 = 12.3 + 0.5 - 1.0 = 11.8(\text{m})$$
$$V = 3.14 \times 0.3^2 \times 11.8 \times 100 = 333.47(\text{m}^3)$$

(4)灌注桩混凝土(岩石孔)

$$桩长 = 1.0(\text{m})$$
$$V = 3.14 \times 0.3^2 \times 1.0 \times 100 = 28.26(\text{m}^3)$$

(5)泥浆外运

$$V = 钻孔体积 = 391.40 + 28.26 = 419.66(\text{m}^3)$$

(6)凿桩头

$$V = 3.14 \times 0.3^2 \times 0.5 \times 100 = 14.13(\text{m}^3)$$

②沉管桩灌注混凝土工程量按钢管外径截面积乘以设计桩长(不包括预制桩尖)另加加灌长度,以体积计算。加灌长度设计无规定的,按0.5 m计算。

2)人工挖孔桩

(1)人工挖孔桩土石方工程量

按设计图示桩断面面积(含桩壁)分别乘以土层、岩石层的成孔中心线长度,以体积计算。列项时依据桩深、桩径、土壤类别、岩石类别列项计算及套定额。

挖孔桩土石方的体积计算涉及圆柱、圆台、球缺体积的计算公式,其中圆台、球缺体积的计算公式:

①圆台计算公式:

$$V_{圆台} = \frac{1}{3}\pi(R^2 + Rr + r^2)H$$

式中 $V_{圆台}$——圆台的体积;

R、r——圆台上、下圆的半径;

H——圆台的高度。

②球缺计算公式：

$$V_{球缺} = \frac{1}{24}\pi h(3d^2 + 4h^2)$$

式中　$V_{球缺}$——球缺的体积；

　　　　h——球缺的高度；

　　　　d——平切圆的直径。

挖孔桩土方的体积由圆柱、圆台、球缺三个部分组成。

【例 5.16】根据图 5.60 中的有关数据和上述计算公式，计算人工挖孔桩土方工程量，土壤类别为二类土。

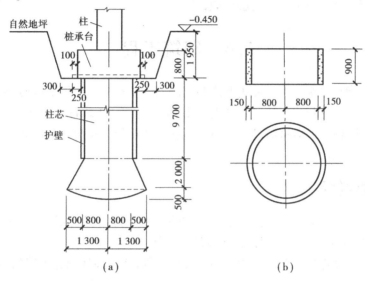

图 5.60　人工挖孔桩示意图

【解】挖孔桩土方根据实际情况应分段计算，先挖承台土方后挖孔桩的土方，所以应分承台土方和挖孔桩土方两部分。

(1)挖承台土方

$$V_{承台} = (1.6 + 0.5 + 2 \times 0.3 + 0.5 \times 1.95)^2 \times 1.95 + \frac{1}{3}K^2H^3$$

$$= 3.675^2 \times 1.95 + \frac{1}{3} \times 0.5^2 \times 1.95^3 = 26.96(m^3)$$

套用定额 A1-3(深度≤2 m，基底底面积≤20 m²，一、二类土)。

(2)挖孔桩土方

①桩身圆柱体部分：

$$V = 3.141\,6 \times (0.8 + 0.15)^2 \times 9.7 = 27.50(m^3)$$

②圆台部分：

$$V_{圆台} = 1/3\pi h(r^2 + R^2 + rR)$$

$$= 1/3 \times 3.141\,6 \times 2.0 \times (1.3^2 + 1.3 \times 0.8 + 0.8^2) = 7.06(m^3)$$

③球缺部分：

$$V_{球缺} = \frac{1}{24} \times \pi \times 0.50 \times (3 \times 2.60^2 + 4 \times 0.50^2) = 1.39(m^3)$$

挖孔桩体积 $= 27.50 + 7.06 + 1.39 = 35.95(m^3)$

套用定额 A3-70(满足挖孔桩孔径 >1.2 m,孔深≤16 m,一、二类土)。

(2)人工挖孔桩桩芯工程量

按设计图示截面积乘以设计桩长另加加灌长度,以体积计算。加灌长度设计无规定的,按0.25 m计算。

(3)人工挖孔桩混凝土桩护壁、砖桩壁工程量

分别按设计图示截面积乘以设计桩长另加加灌长度,以体积计算。

(4)人工挖孔桩模板工程量

按现浇混凝土桩壁与模板的接触面积计算。

5.6 砌筑工程

砌筑工程是指在建筑工程中使用普通黏土砖、黏土空心砖、蒸压灰砂砖、粉煤灰砖、各种中小型砌块和石材等材料进行砌筑的工程。其内容主要包括砖石基础、砖石墙、砖柱、各种砌块墙、其他砌体及砖砌体钢筋加固等项目。贵州2016版定额包括砖砌体、砌块砌体、轻质隔墙、石砌体和垫层五节。

5.6.1 主要说明

①定额中砖、砌块和石料按标准或常用规格编制,设计规格与定额不同时,砌体材料和砌筑(黏结)材料用量可以换算,人工按砂浆比例调整。

②砌筑砂浆按现拌砂浆和干混预拌砂浆分别编制,使用湿拌预拌砂浆的,将定额中的干混预拌砂浆调换为湿拌预拌砂浆,再按相应定额中每立方米砂浆扣减人工0.20工日,并扣除干混砂浆罐式搅拌机台班数量。

③定额所列砌筑砂浆种类和强度等级、砌块专用砌筑黏结剂及砌块专用砌筑砂浆品种,设计与定额不同时,可以换算。

④定额中的墙体砌筑层高按3.6 m编制,层高超过3.6 m时,其超过部分工程量,定额人工乘以系数1.3。

⑤基础与墙(柱)身的划分:

a.基础与墙(柱)身使用同一种材料时,以设计室内地面为界(有地下室者,以地下室室内设计地面为界),以下为基础,以上为墙(柱)身,如图5.61所示。

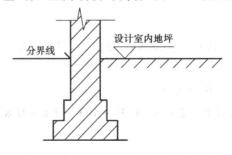

图5.61 基础与墙(柱)身使用同一种材料的划分示意图

b. 基础与墙(柱)身使用不同材料时,位于设计室内地面高度 ≤ ±300 mm 时,以不同材料为分界线;高度 > ±300 mm 时,以设计室内地面为分界线,如图 5.62 所示。

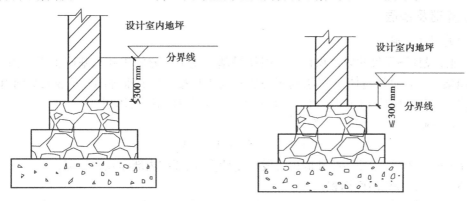

图 5.62 基础与墙(柱)身的划分示意图

c. 砖砌地沟不分墙基和墙身,按不同材质合并工程量套用相应定额项目。

d. 砖、石围墙以设计室外地坪为界,以下为基础,以上为墙身。围墙内外地坪标高不同时,以较低地坪标高为界,以下为基础,以上为墙身。围墙内外地坪标高之差为挡土墙时,挡土墙以上为墙身。

e. 石基础、石勒脚、石墙的划分。基础与勒脚以设计室外地坪为界,勒脚与墙身以设计室内地面为界。

⑥零星砌体系指台阶、台阶挡墙、梯带、蹲台、室内小型池槽、池槽腿、单个体积 ≤1 m³ 的小型花台花池、楼梯栏板、阳台栏板、单个面积 ≤0.3 m² 的孔洞填塞、突出屋面的烟囱、屋面伸缩缝砌体、隔热板砖墩等。地垄墙执行砖基础定额项目,当其高度 >1.2 m 时,执行墙体定额项目。

⑦贴砌砖定额项目适用于地下室外墙保护墙部位的贴砌砖。框架外表面的镶贴砖部分,套用零星砌体定额。

⑧多孔砖、空心砖及砌块砌筑墙体有防水、防潮要求时,若以普通(实心)砖作为导墙砌筑的,导墙与上部墙身主体应分别计算,导墙部分套用零星砌体定额项目。

⑨毛石护坡砌筑高度超过 4 m 时,其超过部分工程量,定额人工乘以系数 1.3。

⑩定额中各类砖、砌块及石砌体的砌筑均按直形砌筑编制,弧形砌体,按相应定额项目人工乘以系数 1.10,砖、砌块及石砌体及砂浆(黏结剂)用量乘以系数 1.03。

⑪石砌墙内均未考虑砖砌门窗洞口立边、窗台虎头砖、砖平拱、钢筋砖过梁的体积,发生时套砖的零星砌体定额项目计算。

⑫毛石砌体定额按平毛石、乱毛石综合取定。

⑬料石为具有较规则的六面体石块,按表面加工的平整度分类。

粗料石:表面凹凸深度 <20 mm;细料石:表面凹凸深度 <2 mm。

⑭砖烟囱筒身的原浆勾缝和烟囱帽抹灰等,已包括在定额项目内,不另计算。设计规定加浆勾缝者,另行计算。

5.6.2　砌筑工程量计算

1)基础及垫层

(1)基础工程量

基础按设计图示尺寸以体积计算。附墙垛基础宽出部分体积并入基础工程量内,扣除地梁(圈梁)、构造柱所占体积,不扣除基础大放脚T形接头处的重叠部分及嵌入基础内的钢筋、铁件、管道、基础砂浆防潮层和单个面积≤0.3 m^2 的孔洞所占体积。

砖、石基础工程量计算公式为:

$$V = L \times S_断 + V_垛 - V_扣$$

式中　L——基础长度:外墙按外墙中心线长度计算,内墙按内墙净长线计算;

$S_断$——砖基础断面面积。

基础大放脚砌筑通常采用等高式、不等高式两种形式,如图 5.63 所示。等高式大放脚是每两皮砖一收,每次收进 1/4 砖长加灰缝(240 + 10)/4 = 62.5 mm。间隔式大放脚是两皮一收与一皮一收相间隔,每次收进 1/4 砖长加灰缝(240 + 10)/4 = 62.5 mm。

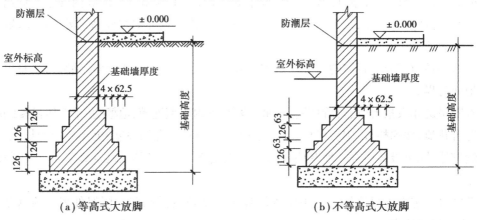

图 5.63　基础大放脚示意图

基础断面面积计算:基础 $S_{断面}$ = 基础墙厚×基础高度 + 大放脚增加面积。

为了简便砖大放脚基础工程量的计算,也可将大放脚部分的面积折成相等墙基断面的面积,即基础墙厚×折加高度。则基础 $S_断$ = 基础墙厚×(基础高度 + 大放脚折加高度),折加高度 = 大放脚断面面积÷墙基厚度。大放脚增加面积及折加高度可以通过公式计算,也可以通过查表 5.12 直接得到。

①等高式大放脚断面面积

$$S = (a + 1) \times b \times a \times h = (a + 1) \times 0.062\ 5 \times a \times 0.126 = 0.007\ 875n(n + 1)$$

式中　a——大放脚层数;

h——每层高度;

b——每层外放宽度。

②不等高大方脚断面面积:

当错台数为偶数时

$$S_偶 = a \times b \times [0.126 \times (h_1 + 1) + 0.063 \times h_2]$$

式中　a——大放脚总层数;

b——每层外放宽度；

h_1——高步层数；

h_2——低步层数。

当错台层数位奇数时

$$S_{单} = (a+1) \times b \times [0.126 \times h_1 + 0.063 \times h_2]$$

式中　a——大放脚总层数；

b——每层外放宽度；

h_1——高步层数；

h_2——低步层数。

表 5.12　砖墙基础大放脚折加高度和增加断面面积计算表

放脚层数	折加高度（m）												增加断面 ΔS（m²）	
	基础墙厚砖数量													
	1/2（0.15）		1（0.24）		3/2（0.365）		2（0.49）		5/2（0.615）		3（0.74）		等高	不等高
	等高	不等高	等高	不等高	等高	不等高	等高	不等高	等高	不等高	等高	不等高		
1	0.137	0.137	0.066	0.066	0.043	0.043	0.032	0.032	0.026	0.026	0.021	0.021	0.015 75	0.015 75
2	0.411	0.342	0.197	0.164	0.129	0.108	0.096	0.080	0.077	0.064	0.064	0.053	0.047 25	0.039 38
3			0.394	0.328	0.259	0.216	0.193	0.161	0.154	0.128	0.128	0.106	0.094 5	0.078 75
4			0.656	0.525	0.432	0.345	0.321	0.253	0.256	0.205	0.213	0.170	0.157 5	0.126 0
5			0.984	0.788	0.647	0.518	0.482	0.380	0.384	0.307	0.319	0.255	0.326 3	0.189 0
6			1.378	1.083	0.906	0.712	0.672	0.530	0.538	0.419	0.447	0.351	0.330 8	0.259 9
7			1.838	1.444	1.208	0.949	0.900	0.707	0.717	0.563	0.596	0.468	0.441 0	0.346 5
8			2.363	1.838	1.553	1.208	1.157	0.900	0.922	0.717	0.766	0.596	0.567 0	0.441 1
9			2.953	2.297	1.942	1.510	1.447	1.125	1.153	0.896	0.958	0.745	0.708 8	0.551 3
10			3.610	2.789	2.372	1.834	1.768	1.366	1.409	1.088	1.171	0.905	0.866 3	0.669 4

以上为基础放大脚系数，其中增加的面积为最右边两列数据，只是增加的折加厚度变化，增加面积是相同的。

（2）基础垫层工程量

基础垫层工程量按设计图示尺寸以体积计算。本节定额中收录进了灰土、三合土、砂、砂石、毛石、碎砖、炉（矿）渣等材料的垫层项目。如果是混凝土垫层，则参考"混凝土及钢筋混凝土工程"的相关定额条目。

【例5.17】某建筑物基础平面图及详图如图5.64所示，基础为 M5.0 的水泥砂浆砌筑标准砖。试计算砌筑砖基础、垫层的工程量及套定额项目。

【解】（1）砖基础

基础断面积：$S_{断面} = (0.24 \times 1.50 + 0.157\ 5 - 0.24 \times 0.24) = 0.46(m^2)$

注：查砖墙基础大放脚增加断面面积计算表可知4层大放脚增加面积为 $0.157\ 5\ m^2$。

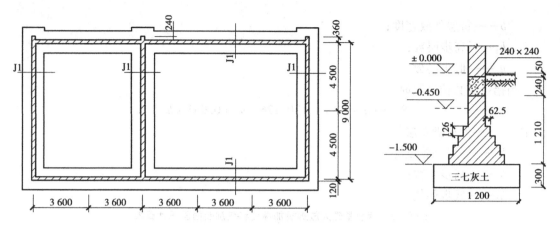

图 5.64 基础平面图及详图

外墙下基础长度:$L_{外} = (9 + 3.6 \times 5) \times 2 + 0.24 \times 3 = 54.72(m)$

内墙下基础长度:$L_{内} = 9 - 0.24 = 8.76(m)$

砖基础工程量 $V = 0.46 \times (54.72 + 8.76) = 29.19(m^3)$

套定额 A4-1(满足现拌砂浆砌筑砖基础)。

(2)三七灰土垫层

垫层断面面积 $S_{断面} = 1.2 \times 0.3 = 0.36(m^2)$

外墙下基础垫层长度:$L_{外} = (9 + 3.6 \times 5) \times 2 + 0.24 \times 3 = 54.72(m)$

内墙下基础垫层长度:$L_{内} = 9 - 0.24 = 8.76(m)$

垫层工程量 $V = 0.36 \times (54.72 + 8.76) = 22.85(m^3)$

套定额 A4-141 灰土垫层。

2)墙

(1)实砌墙

砖、砌块、石墙工程量计算规则一致。本书着重以砖墙为例进行墙体砌筑工程量的讲解。

在贵州 2016 版定额中,不分内、外墙、女儿墙等,仅根据使用材料和使用要求不同,分为(清水、混水)实砌墙、多孔砖墙、空心砖墙、空斗墙、空花墙、填充墙、贴砌砖等。

砖墙工程量计算规则:扣除门窗、洞口、嵌入墙内的钢筋混凝土柱、梁、圈梁、挑梁、过梁及凹进墙内的壁龛、管槽、暖气槽、消火栓箱所占体积,不扣除梁头、板头、檩头、垫木、木楞头、沿缘木、木砖、门窗框走头、砖墙内加固钢筋、木筋、铁件、钢管及单个面积 $\leq 0.3\ m^2$ 的孔洞所占的体积。不增加凸出墙面的压顶线、窗台线、虎头砖、门窗套、山墙泛水、附墙烟囱大放脚及三皮砖以内的腰线和挑檐等体积。凸出墙面的砖垛、三皮砖以上的腰线和挑檐并入所依附的墙体体积计算。

$$V = (L \times H - S_{洞}) \times B + V_{增} - V_{扣}$$

式中　L——墙长度,外墙按外墙中心线、内墙按内墙净长计算;

H——墙高度;

B——墙厚度。

墙高确定:外墙高度的下界起点为基础与墙身的分界线。其上界止点如下:

①斜(坡)屋面无檐口天棚者算至屋面板底,如图 5.65(a)所示;

②有屋架且室内外均有天棚者算至屋架下弦底另加 200 mm,如图 5.65(b)所示;

③有屋架无天棚者算至屋架下弦底另加 300 mm,出檐宽度超过 600 mm 时按实砌高度计算,如图 5.65(c)所示;

④有钢筋混凝土楼板隔层者算至板顶,平屋顶算至钢筋混凝土屋面板底,如图 5.66 所示。

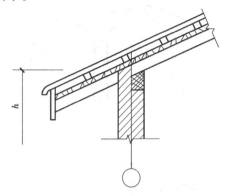

(a)斜(坡)屋面无檐口天棚的外墙高度

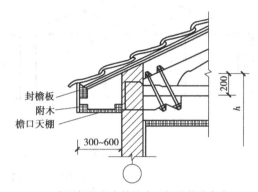

(b)有屋架且室内外均有天棚的外墙高度

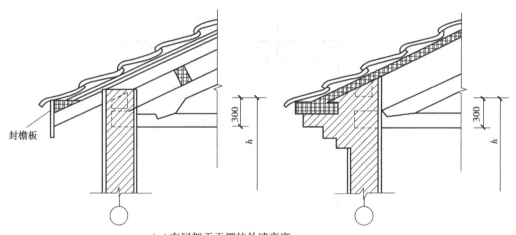

(c)有屋架无天棚的外墙高度

图 5.65　外墙高度示意图

图 5.66　平屋面外墙及女儿墙高度示意图

内墙高度的下界起点的底层与外墙身相同,二层及二层以上以楼板面为起点。其上止点如下:

①位于屋架下弦者,算至屋架下弦底,如图5.67(a)所示。

②无屋架者算至天棚底另加100 mm,有钢筋混凝土楼板隔层者算至楼板底,如图5.67(b)所示。

③有框架梁时算至梁底,如图5.67(c)所示。

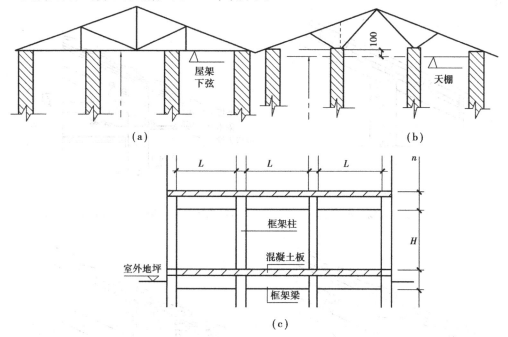

图5.67　内墙墙身高度

女儿墙:从屋面板上表面算至女儿墙顶面(如有混凝土压顶时算至压顶下表面)。

内、外山墙:按其平均高度计算。

墙厚度确定:

①标准砖以240 mm×115 mm×53 mm为准,其砌体计算厚度,按表5.13计算。

表5.13　标准砖砌体计算厚度表

砖数(厚度)	1/4	1/2	3/4	1	1 1/2	2	2 1/2
计算厚度(mm)	53	115	178	240	365	490	615

②使用非标准砖时,其砌体厚度应按砖实际规格和设计厚度计算,如设计厚度与实际规格不同时,按实际规格计算。

墙体砌筑工程其他说明:

①框架间墙:不分内外墙按墙体净尺寸以体积计算。

②围墙:高度算至压顶上表面(如有混凝土压顶时算至压顶下表面),围墙柱并入围墙体积内。

③加气混凝土墙、空心砌块墙,按设计图示尺寸以体积计算。设计规定需要镶嵌砖砌体部分另行计算,套墙体相应定额项目。

④多孔砖、空心砖按设计图示厚度以体积计算,不扣除其孔、空心部分体积。

【例5.18】某传达室的平面图及立体图如图5.68所示,用M2.5现拌混合砂浆砌筑混水烧结普通砖墙,M1为1 000 mm×2 400 mm,M2为900 mm×2 400 mm,C1为1 500 mm×1 500 mm,门窗上部均设过梁,断面为240 mm×180 mm,长度按门窗洞口宽度每边增加250 mm;外墙均设圈梁(内墙不设),断面为240 mm×240 mm,计算墙体工程量并套定额。

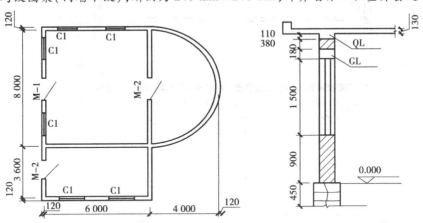

图5.68　传达室平面图及立面图

【解】(1)直形墙工程量

外墙工程量=[(6.00+3.60+6.00+3.60+8.00)×(0.90+1.50+0.18+0.38)−1.50×1.50×6−1.00×2.40−0.90×2.4]×0.24−0.24×0.18×2.00×6−0.24×0.18×1.50−0.24×0.18×1.4=(80.51−13.5−2.4−2.16)×0.24−0.52−0.06−0.04=14.37(m³)

内墙工程量=[(6.0−0.24+8.0−0.24)×(0.9+1.5+0.18+0.38+0.11)−0.9×2.4]×0.24−0.24×0.18×1.40=(41.51−2.16)×0.24−0.06=9.46(m³)

直形墙墙体工程量合计=14.37+9.46=23.83(m³)

套定额A4-7,并将定额中M5.0混合砂浆换算为M2.5强度混合砂浆。

(2)弧形墙工程量

半圆弧外墙工程量=4.00×3.14×(0.90+1.50+0.18+0.38)×0.24=8.92(m³)

套定额A4-7,并将定额中M5.0混合砂浆换算为M2.5强度混合砂浆;同时弧形砌体按相应定额项目人工乘以系数1.10,砖、砌块及石砌体及砂浆(黏结剂)用量乘以系数1.03。

【例5.19】某单层建筑物尺寸如图5.69所示,墙身用M5.0混合砂浆砌筑加气混凝土砌块,女儿墙砌筑煤矸石空心砖,混凝土压顶断面240 mm×60 mm,墙厚均为240 mm,内墙石膏空心条板墙80 mm厚。框架柱断面300 mm×300 mm到女儿墙顶,框架梁断面250 mm×400 mm,门窗洞口上均采用现浇钢筋混凝土过梁,断面240 mm×180 mm。M1:1 560 mm×2 700 mm,M2:1 000mm×2 700 mm,C1:1 800 mm×1 800 mm,C2:1 560 mm×1 800 mm。试计算墙体工程量。

【解】(1)加气混凝土砌块墙

V=[(11.34−0.3×4+10.44−0.3×4)×2×3.6−1.56×2.7−1.8×1.8×6−1.56×1.8]×0.24−(1.56×2+2.3×6)×0.25×0.18=26.38(m³)

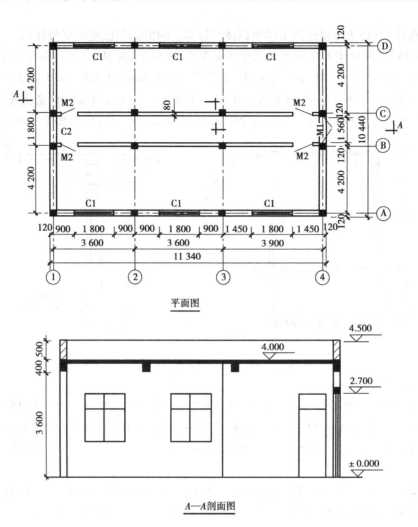

平面图

A—A剖面图

图 5.69　单层建筑物平面图及剖面图

（2）煤矸石空心砖女儿墙

$$V = (11.34 - 0.3 \times 4 + 10.44 - 0.3 \times 4) \times 2 \times (0.50 - 0.06) \times 0.24 = 3.59(\text{m}^3)$$

（3）石膏空心条板墙

$$V = [(11.34 - 0.3 \times 4) \times 3.6 - 1.00 \times 2.70 \times 2] \times 2 \times 0.08 = 5.00(\text{m}^3)$$

（2）空斗墙（图 5.70）

该项按设计图示尺寸以空斗墙外形体积计算。

①墙角、内外墙交接处、门窗洞口立边、窗台砖、屋檐处的实砌部分体积已包括在空斗墙体积内。

②空斗墙的窗间墙、窗台下、楼板下、梁头下等的实砌部分，应另行计算，套用零星砌体定额。

（3）空花墙（图 5.71）

该项按设计图示尺寸以空花部分外形体积计算，不扣除空花部分体积；半空花墙分别计算体积，实砌部分以体积计算，执行砖墙相应定额。

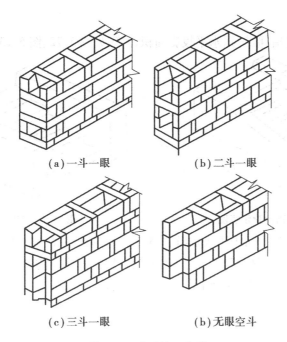

（a）一斗一眼　　　　　（b）二斗一眼

（c）三斗一眼　　　　　（b）无眼空斗

图 5.70　空斗墙示意图

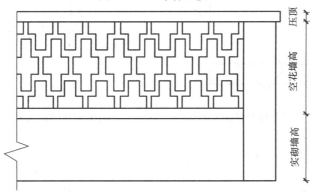

图 5.71　空花墙示意图

（4）填充墙

该项按设计图示尺寸以填充墙外形体积计算，其中实砌部分已包括在定额内，不另行计算。填充墙以填炉渣、炉渣混凝土为准，如设计与定额不同时可以换算，其余不变。

（5）附墙烟囱、通风道、垃圾道

该项按设计图示尺寸以实砌体积（扣除孔洞所占体积）计算，并入所依附的墙体体积内。设计规定孔洞内需抹灰时，另行计算套用相应定额。

（6）墙面加浆勾缝

该项按设计图示尺寸以面积计算。清水砖砌体均包括了原浆勾缝用工，设计需加浆勾缝时，另行计算。

3）其他砌筑砌体

（1）砖砌零星砌体

①砖砌锅台、炉灶，不分大小，按图示尺寸以实砌体积计算，不扣除各种空洞的所占

体积。

②砖砌台阶(不包括梯带)以水平投影面积计算,如图5.72、图5.73所示。

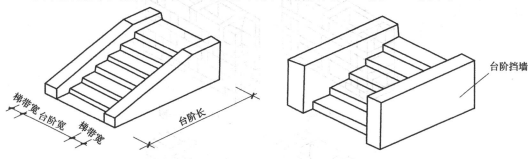

图5.72　砖砌台阶示意图　　　　　　　　图5.73　有挡墙台阶示意图

③厕所蹲台(图5.74)、水槽(池)腿(图5.75)、灯箱、垃圾箱、台阶挡墙或梯带、小型花台花池、支撑地楞的砖墩(图5.76)、房上烟囱、毛石墙的门窗立边、窗台虎头砖、屋面隔热层砖墩(图5.77)等实砌体积,以体积计算,套用零星砌体定额项目。

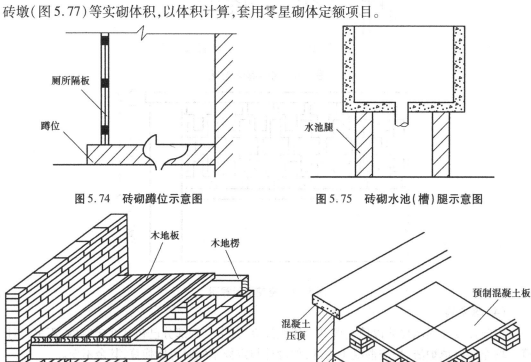

图5.74　砖砌蹲位示意图　　　　　　图5.75　砖砌水池(槽)腿示意图

图5.76　地垄墙及支撑地楞砖墩示意图　　　图5.77　屋面架空隔热层砖墩示意图

④检查井及化粪池不分壁厚均按实砌体积计算,洞口上的砖平拱等并入砌体体积内计算。

⑤砖砌地沟不分沟帮、沟底,其工程量合并以体积计算。

⑥砖碹(图5.78)按设计图示尺寸以体积计算。

（2）砖柱

该项按设计图示尺寸以体积计算,扣除混凝土及钢筋混凝土梁垫、梁头、板头所占体积。

（3）砖砌散水、地坪

砖砌的散水和地坪按设计图示尺寸以面积计算。

（4）其他石砌砌体

①石勒脚、石挡土墙、石护坡、石台阶,按设计图示尺寸以实砌体积计算。台阶两侧砌体体积另行计算。

②石地沟、石坡道,石地沟按设计图示尺寸以实砌体积计算;石坡道按设计图示尺寸以面积计算。

③石表面加工,石表面加工包括打荒、錾凿、剁斧等加工方式。按设计要求加工的外表面以面积计算。

（5）砌体设置导墙

该项按实砌体积计算。

（6）轻质砌块专用连接件

该项按设计数量计算。

图 5.78　砖碹示意图

4）构筑物砌筑工程

（1）砖烟囱、烟道

①砖烟囱筒身、烟囱内衬、烟道及烟道内衬均按图示尺寸以实砌体积计算。砖烟囱、烟道不分基础和筒身。

②设计采用楔形砖时,其加工数量按设计规定的数量另列项目计算,套砖加工定额项目。楔形砖为外购半成品时,不能套用砖加工定额,其半成品价格按合同约定。

③烟囱、烟道内表面涂抹隔绝层,按内壁面积计算,扣除单个面积 >0.3 m² 的孔洞面积。

④烟道与炉体的划分以第一道闸门为界,炉体内的烟道并入炉体工程量内。

（2）砖砌水塔、水箱

①水塔不分基础和塔身,按图示尺寸以实砌体积计算,并扣除门窗洞口和混凝土构件所占体积,砖平拱及砖出檐等并入塔身体积内计算,套水塔砌筑定额项目。

②砖水箱内外壁,不分厚度,按图示尺寸以实砌体积计算,套相应的砖墙定额项目。

5）砌体钢筋加固

砌体钢筋加固是指砌筑墙体中加入钢筋,然后继续砌筑,巩固砌体的抗压强度所采取的措施。常见的有墙与墙之间和构造柱与墙之间的拉结钢筋加固砌体钢筋。砖砌体钢筋加固的类型主要有以下 3 种:

①砖砌体钢筋加固,是指当砖砌体受压构件的截面尺寸受到限制时,为了提高砖砌体的承压能力,在砖砌体中加配钢筋网片的做法,这种砌体称为网状配筋砖砌体构件。

②砖砌体钢筋加固,是按《砌体结构设计规范》（GB 50003—2011）的构造要求在砌体中设置的拉结钢筋（又称锚拉筋）。如框架柱与后砌框架间墙交接处,砌块墙交接处、构造柱与墙体交接处（一般沿墙高@500 设置,每边伸入墙内长度≥1 m）、墙体转角处、纵横墙交接处等,如图 5.79 所示。

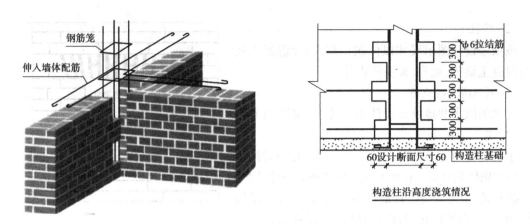

图 5.79　砖砌体中钢筋加固示意图

③砖砌体钢筋加固,是在施工中砖砌体的转角处和交接处不能同时砌筑而留斜槎又确实困难的临时间断处,可按《砌体结构工程施工质量验收规范》(GB 50203—2011)的规定留直阳槎,并加设拉结筋。这些钢筋在施工图纸中不标注,而需按施工组织设计的规定设置。

砌体内加固钢筋的钢筋工程量,按质量计算,套"混凝土及钢筋混凝土"工程中的钢筋相关定额子目。

5.7　混凝土及钢筋混凝土工程

本节定额包含混凝土(现浇、预制混凝土)、钢筋、模板、混凝土构件运输与安装四节。

5.7.1　混凝土工程

1)工程量计算前要解决的首要问题

(1)分清混凝土构件与构件之间的支撑关系

混凝土工程量计算前务必分清构件与构件之间的支撑关系,特别是梁、板、柱、剪力墙等结构构件之间的主次受力支撑关系。主构件按全高或全长计算,次构件按净长计算。

(2)确定混凝土品种、混凝土构件制备及浇筑施工方法

①定额中混凝土按预拌混凝土编制,预拌混凝土是指在混凝土厂集中搅拌、用混凝土罐车运输到施工现场的混凝土,其价格是运送到施工现场的价格(包括混凝土出厂价及运输费)。如采用现场搅拌时,执行相应的预拌混凝土定额项目,并将预拌混凝土调整为现拌混凝土,再执行现场搅拌混凝土调整费定额项目。

②确定现浇混凝土垂直运输时是否采用泵送,涉及泵送费和垂直运输费。如混凝土采用泵送,应按建筑物檐高和不同的泵送机械,另列项目计算混凝土泵送费。

(3)毛石混凝土定额

毛石混凝土定额均按毛石占毛石混凝土体积的20%编制,毛石混凝土墙定额按毛石占毛石混凝土体积的15%编制,设计要求不同时,毛石及混凝土用量可以换算。

(4)确定混凝土结构构件的实体积的最小几何尺寸

如果实体积的最小几何尺寸>1 m,且按规定需要进行温度控制的大体积混凝土,温度控制费用按专项施工方案另行计算。

（5）基础定额项目划分

独立桩承台[图5.80（a）]执行独立基础定额项目,带形桩承台[图5.80（b）]执行带形基础定额项目,与满堂基础相连的桩承台并入满堂基础定额项目计算。高杯基础杯口高度大于杯口大边长度3倍以上时,杯口高度部分执行柱定额项目,杯型基础部分执行独立基础定额项目。

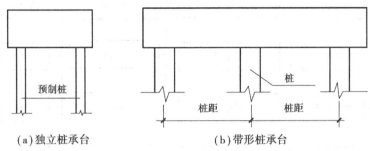

（a）独立桩承台　　　　（b）带形桩承台

图5.80　桩承台基础示意图

2）混凝土计算规则及主要说明

①混凝土工程量除另有规定者外,均按设计图示尺寸以体积计算。

②不扣除构件内钢筋、预埋铁件及墙、板中$\leqslant 0.3$ m^2的孔洞所占体积。

③型钢混凝土中型钢骨架所占体积按（密度7 850 kg/m^3）扣除。

3）现浇混凝土工程

现浇混凝土工程主要构件分为现浇混凝土基础、现浇混凝土柱、现浇混凝土梁、现浇混凝土墙、现浇混凝土板,如图5.81所示。

（1）基础混凝土

混凝土及钢筋混凝土常用的基础形式有带形基础、独立基础、杯形基础、满堂基础等。所有的基础混凝土工程量按设计图示尺寸以体积计算,不扣除伸入承台基础的桩头所占体积。

①带形基础,又称条形基础,如图5.82所示。其断面形式一般有梯形、阶梯形、矩形等。工程量计算分为有肋式（也称"有梁式"）与无肋式（也称"无梁式"）,均按带形基础,依据所使用材料不同分别计算实体积。

带形基础混凝土工程量计算公式为:

$$V = S_{断} L_{基} + \sum V_{搭}$$

式中　$S_{断}$——基础断面面积;

　　　$L_{基}$——带形基础长度（外墙基础按外墙带形基础中心线长度;内墙基础长度按内墙带形基础净长线长度）,如图5.83所示;

　　　$V_{搭}$——包括内墙与内墙条形基础搭接部分及内外墙条形基础搭接部分,如图5.84、图5.85所示。

根据图5.84内外墙条形基础搭接示意图（三）可知,

$$V_{搭} = V_1 + V_2 + V_3 = L_{搭} \times H \times b + 1/6 \times L_{搭} \times h_1(2b + B)$$

其中:$V_1 = L_{搭} \times H \times b$;

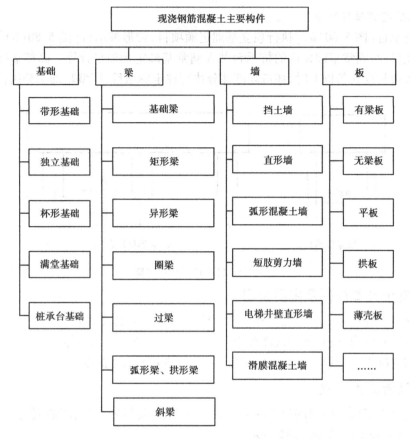

图 5.81　现浇钢筋混凝土构件分类示意图

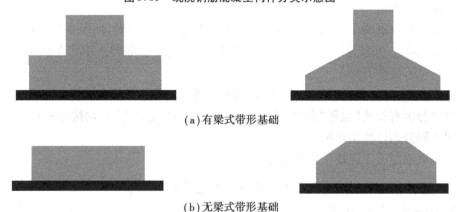

（a）有梁式带形基础

（b）无梁式带形基础

图 5.82　带形基础断面示意图

$$V_2 = \frac{1}{2} L_{搭} \times h_1 \times b;$$

$$V_3 = 2 \times \frac{1}{3} \left[h_1 \times \frac{B-b}{2} \times \frac{1}{2} \right] \times L_{搭}（两个棱锥体积之和）$$

另外注意,有肋式带形基础肋高 h（指基础扩大顶面至梁顶面的高）≤1.2 m 时,合并计算;肋高 >1.2 m 时,扩大顶面以下的基础部分,按无肋带形基础定额项目计算,扩大顶面以

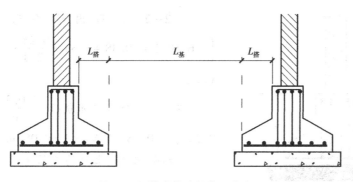

图 5.83　带形基础长度示意图

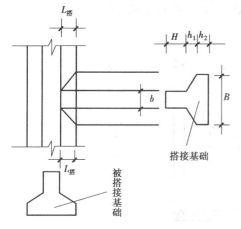

（a）内外墙条形基础搭接示意图（一）

（b）内外墙条形基础搭接示意图（二）

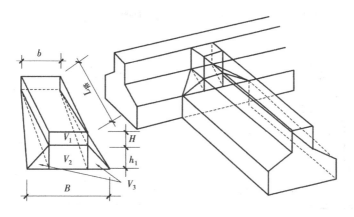

（c）内外墙条形基础搭接示意图（三）

图 5.84　内外墙条形基础搭接示意图

上部分,按墙定额项目计算。有肋式带形基础肋高如图 5.85 所示。

【例 5.20】某工程基础平面图及剖面图如图 5.86 所示。基础混凝土强度等级为 C20,预拌混凝土。计算图中带形基础混凝土工程量并套定额(带形基础垫层厚 100 mm)。

【解】1—1 剖面外墙条形基础:

$$V_{外} = \left[2 \times 0.1 + (0.48 + 2) \times \frac{0.2}{2} \right] \times (8 \times 3 + 10) \times 2 = 30.46(\text{m}^3)$$

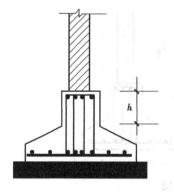

图 5.85 有肋式带形基础肋高示意图

2—2 剖面内墙条形基础：$V_{内}=$

$$\left[1.6\times0.1+(0.48+1.6)\times\frac{0.2}{2}\right]\times8\times2=5.89$$

(m^3)

内外墙 4 个搭接部分：$V_{搭}=\dfrac{0.2}{6}\times(1-0.24)\times$

$0.2\times(2\times0.48+1.6)\times4=0.05(\text{m}^3)$

条形基础混凝土总的工程量：$V=V_{外}+V_{内}+V_{搭}$

$=36.40(\text{m}^3)$

套定额 A5-4(满足带形基础，预拌混凝土)。

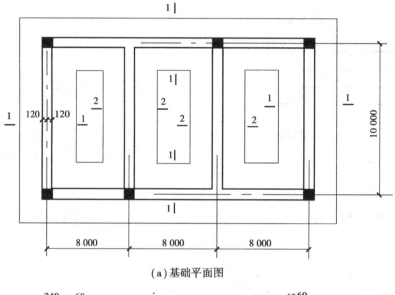

（a）基础平面图

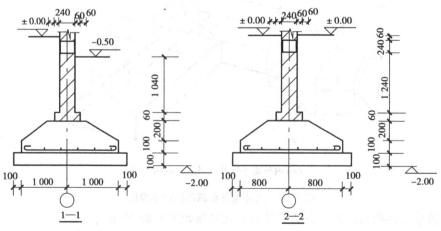

（b）基础剖面图

图 5.86 基础平面图及剖面图

②独立基础。独立基础按其外形一般分为矩形、阶梯形和棱台形三种，如图 5.87 所示。高度从垫层上表面至柱基上表面。

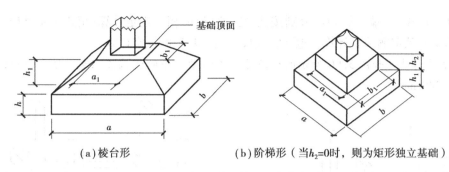

（a）棱台形　　　　　　（b）阶梯形（当 $h_2=0$ 时，则为矩形独立基础）

图 5.87　独立基础示意图

矩形、阶梯形独立基础的体积比较容易计算，只需按图示尺寸分别计算出每阶的立方体体积。

常见棱台形独立基础，其体积为：

$$V = V_{下部长方体体积} + V_{上部棱台体积} = a \times b \times h + \left[a \times b + (a + a_1) \times (b + b_1) + a_1 b_1 \right] \times \frac{h_1}{6}$$

式中　V——棱台形独立基础体积，m^3；

　　　a、b——棱台底边的长、宽，m；

　　　a_1、b_1——棱台上边的长、宽，m；

　　　h_1——棱台的高度，m。

③杯形基础。杯形基础又称为杯口基础，是混凝土独立基础上部中间留置一个杯形口，用于安装预制构件（主要是柱子），常见于预制排架结构的工业厂房和各种单层结构的厂房和支架。它是独立柱基础的一种特殊形式，独立基础与之相比较，其中间没有杯口，是整体现浇的，如图 5.88 所示。

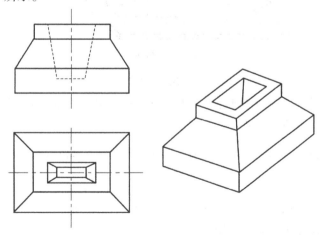

图 5.88　杯形基础示意图

注意：杯形基础中杯口二次灌浆工程量按实体体积计算，套用二次灌浆子目。

④满堂基础。贵州 2016 版定额项目中满堂基础分为无梁式、有梁式两个定额子项。

无梁式满堂基础［图 5.89（a）］有扩大或角锥形柱墩时，并入无梁式满堂基础内计算。有梁式满堂基础［图 5.89（b）］梁高（不含板厚）≤1.2 m 时，基础和梁合并计算；梁高 >1.2 m 时，底板按无梁式满堂基础定额项目计算，梁按混凝土墙定额项目计算。箱式满堂基础

[图5.89(c)]中柱、墙、梁、板应分别按柱、墙、梁、板的相关规定计算;箱式满堂基础底板按无梁式满堂基础定额项目计算。地下室底板按满堂基础的规定计算。

【例5.21】计算如图5.90所示的现浇无梁式满堂基础的浇捣工程量。图中柱子断面为240 mm×240 mm。

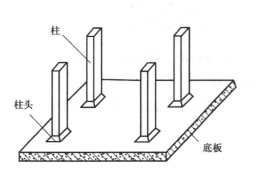
（a）无梁式满堂基础

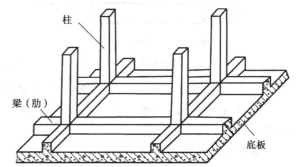
（b）有梁式满堂基础

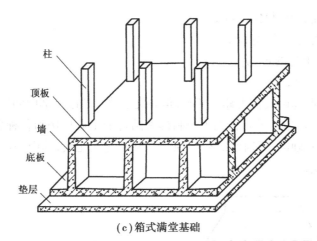
（c）箱式满堂基础

图5.89　满堂基础示意图

【解】无梁式满堂基础底板体积:$V_1 = 10 \times (31.5 + 2.0) \times 0.3 = 100.50(\text{m}^3)$

无梁式满堂基础柱墩体积:

$$V_2 = 30 \times [0.24 \times 0.24 + (0.24 + 0.44) \times (0.24 + 0.44) + 0.44 \times 0.44] \times \frac{0.1}{6}$$

$$= 0.36(\text{m}^3)$$

无梁式满堂基础中的柱墩体积要并入到无梁式满堂基础中,故无梁式满堂基础混凝土合计:$V = V_1 + V_2 = 100.50 + 0.36 = 100.86(\text{m}^3)$。

套定额A5-9无梁式满堂基础。

⑤设备基础。块体设备基础(指没有空间的实心混凝土形状部分)不分体积大小,按图示尺寸以实体积计算,不扣除地脚螺栓套孔所占混凝土体积。除块体设备基础以外,其他类型设备基础分别按基础、柱、墙、梁、板等有关规定计算。

（2）柱

现浇混凝土柱在定额中分为矩形柱、异形柱(指断面形状为L形、十字形、T形、Z形等的柱)、圆形柱、构造柱。

现浇混凝土柱的工程量按设计图示尺寸以体积计算,除构造柱外,其他柱混凝土工程量计算公式为:

$$V_{柱} = H \times S_{柱}$$

式中　H——柱子高度;

　　　$S_{柱}$——柱子的断面面积。

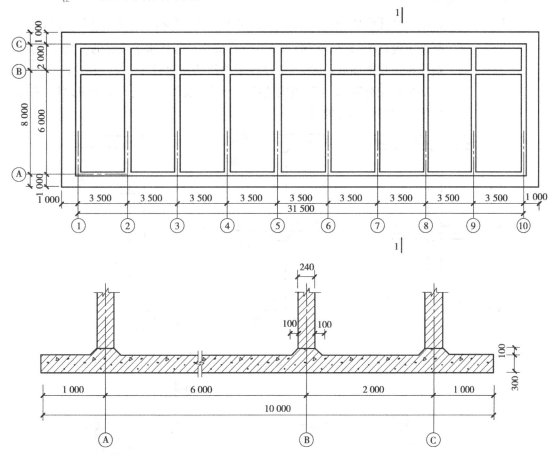

图 5.90　无梁式满堂基础平面图及剖面图

其中,柱子的高度依据以下规则进行确定:

①有梁板的柱高,应自柱基上表面(或楼板上表面)至上一层楼板上表面之间的高度计算,如图 5.91(a)所示。

②无梁板的柱高,应自柱基上表面(或楼板上表面)至柱帽下表面之间的高度计算,如图 5.91(b)所示。

③框架柱的柱高,应自柱基上表面至柱顶面高度计算,框架柱连续不断,穿通梁和板,如图 5.91(c)所示。

④构造柱(图 5.92)按全高计算(自地圈梁的顶部到构造柱的顶部),嵌接墙体部分(马牙槎)并入柱体积计算。

构造柱混凝土工程量仍按图示尺寸计算实体积,包括与砖墙咬接部分的马牙槎体积。

构造柱的马牙槎伸出宽度为 60 mm,高度为 ≤300 mm。在计算马牙槎断面面积时,马牙槎咬接宽按全高平均宽度 30 mm 计算,构造柱计算公式如下:

$$V = V_{柱} + V_{马牙槎} = \sum (abH + V_{马牙槎})$$

式中　a——构造柱断面长。

　　　b——构造柱断面宽。

　　　H——构造柱高。

　　　$V_{马牙槎}$——构造柱马牙槎体积 $\sum V_{马牙槎} = n \times 0.03 \times 墙厚 \times H$。其中"0.03"为马牙槎断面宽度($60 \div 2 = 30$ mm $= 0.03$ m)。n 为马牙槎水平投影的个数,即与构造柱相连接的墙肢数。当构造柱位于单片墙顶端时,$n = 1$;当构造柱位于 L 形墙体相交处时,$n = 2$;当构造柱位于 T 形墙体相交处时,$n = 3$;当构造柱位于十形墙体相交处时,$n = 4$。

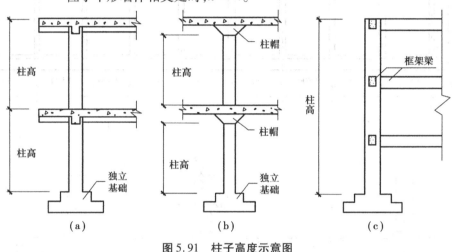

图 5.91　柱子高度示意图

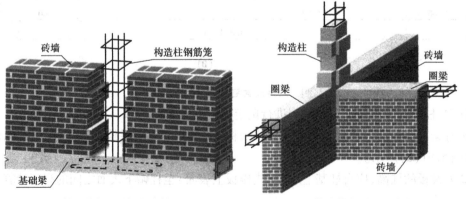

(a)构造柱与基础梁的连接　　　　　(b)构造柱与圈梁的连接

图 5.92　构造柱及其钢筋示意图

不同位置构造柱断面和构造柱马牙槎水平投影个数示意分别如图 5.93 和图 5.94 所示。

注意:a. 依附柱上的牛腿,并入柱体积计算。

b. 钢管混凝土柱以钢管高度乘以钢管净断面以体积计算。

c. 柱断面为弧形或弧形与异形组合时,执行圆柱定额项目。

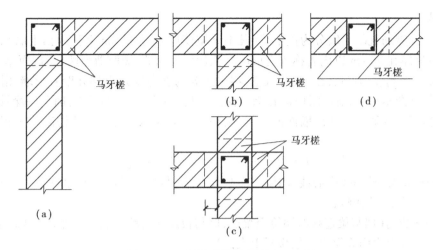

图 5.93 不同位置构造柱断面示意图

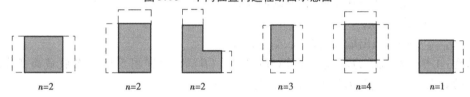

图 5.94 构造柱马牙槎水平投影的个数示意图

【例 5.22】某工程用带牛腿的钢筋混凝土柱 20 根(图 5.95),其下柱长 $l_1 = 6.5$ m、断面尺寸 600 mm×500 mm,上柱长 $l_2 = 2.5$ m、断面尺寸 400 mm×500 mm,牛腿参数:$h = 700$ mm、$c = 200$ mm、$a = 56°$,试计算该柱工程量。

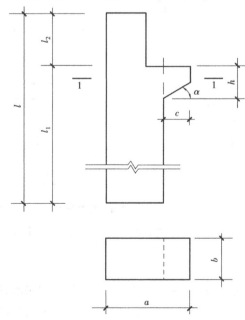

图 5.95 带牛腿钢筋混凝土柱

【解】$V = \{0.6 \times 0.5 \times 6.5 + 0.4 \times 0.5 \times 2.5 + [(0.7 - 0.2 \times \tan 56° + 0.7) \times 0.2 \div 2] \times 0.5\} \times 20 = 50.10 (\text{m}^3)$

（3）墙

混凝土及钢筋混凝土墙分为挡土墙（凡地下室墙厚超过 35 cm 者称为挡土墙）、直形墙（凡地下室墙厚在 35 cm 以内者称为直形墙）、弧形混凝土墙、短肢剪力墙（指截面厚度≤300 mm 且各肢截面高度与厚度之比的最大值>4 且≤8 的剪力墙）、电梯井壁直形墙、滑模混凝土墙。按设计图示尺寸以体积计算，扣除门窗洞口及>0.3 m² 孔洞所占体积，墙垛及凸出部分并入墙体积内计算。未凸出墙面的暗梁、暗柱并入墙体积计算。墙体混凝土工程量计算公式如下：

$$V = (L \times H - S_洞) \times 墙厚 + V_垛 + V_{暗柱暗梁}$$

式中　L——墙长（外墙按中心线、内墙按净长线计算，与柱连接时墙算至柱边，与板连接时板算至墙侧）；

　　　H——墙高（墙与梁连接时墙算至梁底，墙与板连接时墙的高度从基础（基础梁）或楼板上表面算至上一层楼板上表面）；

　　　$S_洞$——需扣除的>0.3 m² 孔洞的面积；

　　　$V_垛$——墙垛体积；

　　　$V_{暗柱暗梁}$——未凸出墙面的暗梁、暗柱体积。

注意：①根据短肢剪力墙截面高度（H）与厚度（B）的情况（图 5.96），各肢截面高度与厚度之比的最大值≤4 的剪力墙执行矩形柱定额项目。

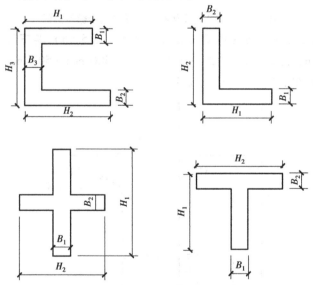

图 5.96　短肢剪力墙截面高度（H）与厚度（B）示意图

②屋面混凝土女儿墙高度>1.2 m 时，执行相应墙定额项目，高度≤1.2 m 时，执行相应栏板定额项目。

（4）梁

现浇梁按用途、形状和施工方法分为基础梁（独立基础间承受墙体荷载的梁，多用于工业厂房中）、矩形梁、异形梁（断面形状为 L 形、十字形、T 形、Z 形等的梁）、圈梁（指砌体结构中加强房屋刚度的封闭的梁）、过梁、弧形、拱形梁、斜梁。按设计图示尺寸以体积计算，伸入墙内的梁头、梁垫并入梁体积内。

梁工程量计算公式：$V_梁 = L_梁 \times S_梁 + V_{梁垫梁头}$

式中 $L_{梁}$ ——梁长;

   $S_{梁}$ ——梁断面面积;

   $V_{梁垫梁头}$ ——现浇梁垫、梁头体积。

梁长计算规定:梁与柱连接时,梁长算至柱侧面;主梁与次梁连接时,次梁长算至主梁侧面。主次梁及计算长度如图 5.97 所示。

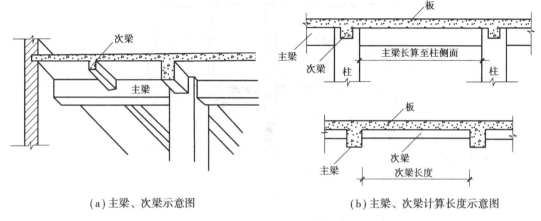

(a)主梁、次梁示意图   (b)主梁、次梁计算长度示意图

图 5.97 主次梁及计算长度示意图

注意:①套定额时,斜梁定额项目是按坡度 >10°且≤30°综合编制。斜梁坡度≤10°时执行梁相应项目;坡度 >30°且≤45°时人工乘以系数 1.05;坡度 >45°且≤60°时人工乘以系数 1.10;坡度 >60°时人工乘以系数 1.20。

②叠合梁(分两次浇捣混凝土的梁,第一次在预制场做成预制梁,第二次在施工现场浇捣预制梁上部混凝土使其连成整体)分别按梁相应定额项目执行。

③圈梁与过梁连接时(圈梁通过门窗洞口时,如图 5.98 所示),分别套用圈梁、过梁定额,设计没有规定时,过梁长度按门、窗洞口外围宽度两端共加 500 mm 计算,其余按圈梁计算。

④地圈梁是指 ±0.000 m 地面下的圈梁,不能称为基础梁。地圈梁按圈梁定额执行。

(5)板

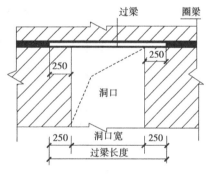

图 5.98 圈梁、过梁计算示意图

现浇板包括有梁板(指梁、板同时浇筑为一个整体的板)、无梁板(指直接由柱子支撑的板)、平板(指直接由墙支撑的板,如砖混结构中直接由砖墙支撑的板)、拱板、薄壳板、预应力空心楼板、非预应力空心楼板、斜板、栏板、飘窗板、挂、天沟板(屋面排水用的现浇钢筋混凝土天沟板)、挑檐板(指挑出外墙面的屋面檐口板)、雨篷板、悬挑板、阳台板等。现浇板混凝土工程量按设计图示尺寸以体积计算,不扣除单个面积≤0.3 m² 的柱、垛以及孔洞所占体积。其中:

①有梁板包括梁与板,按梁、板体积之和计算。现浇梁、板的区分如图 5.99 所示。

【例 5.23】 如图 5.100 所示,现浇钢筋混凝土有梁板四周搁置在圈梁上,轴线居墙中,圈梁的断面为 240 mm×300 mm,计算有梁板、圈梁的浇捣工程量,并按贵州省 2016 版定额确定定额编号。

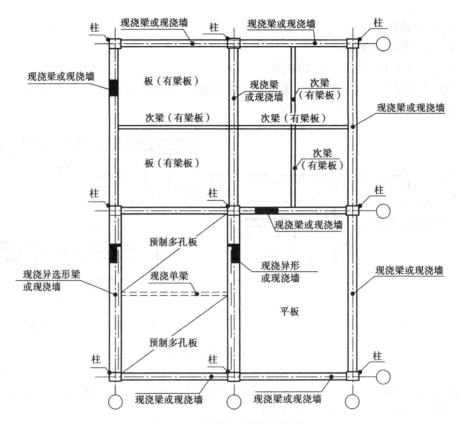

图 5.99　现浇梁、板区分示意图

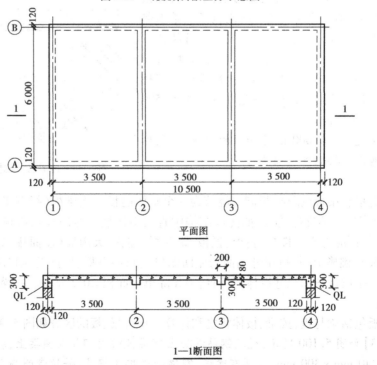

图 5.100　有梁板平面及断面示意图

【解】①板的体积:$V = (10.5 - 0.24) \times (6 - 0.24) \times 0.08 = 4.73(\mathrm{m}^3)$

有梁板中突出板底的梁的体积:$V = (6 - 0.24) \times 0.2 \times (0.3 - 0.08) \times 2 = 0.51(\mathrm{m}^3)$

有梁板体积合计:$V = 4.73 + 0.51 = 5.24(\mathrm{m}^3)$

套定额 A5-32。

②圈梁体积:$V = (10.5 + 6) \times 2 \times 0.24 \times 0.3 = 2.38(\mathrm{m}^3)$

套定额 A5-21。

②无梁板按板和柱帽体积之和计算。

③各类板伸入砖墙内的板头并入板体积内计算,薄壳板的肋、基础梁并入薄壳体积内计算。

④空心板按设计图示尺寸以体积(扣除空心部分)计算。

⑤栏板、扶手按设计图示尺寸以体积计算,伸入砖墙内的部分并入栏板、扶手体积。

⑥挑檐、天沟板按设计图示尺寸以挑出墙外部分体积计算。挑檐、天沟板与板(包括屋面板、楼板)连接时,以外墙外边线为分界线;与梁(包括圈梁等)连接时,以梁外边线为分界线;外墙外边线以外为挑檐、天沟,如图 5.101 所示。

注意:挑檐、天沟壁高度≤400 mm 时,执行挑檐定额项目;挑檐、天沟壁高度 >400 mm 时,按全高执行栏板定额项目。

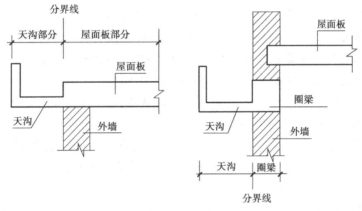

屋面板与天沟相连时的分界线示意图　　　圈梁与天沟相连时的分界线示意图

图 5.101　屋面板、圈梁与天沟相连时分界线示意图

【例 5.24】某工程天沟板如图 5.102 所示,混凝土强度等级 C25,计算天沟板现浇混凝土工程量。

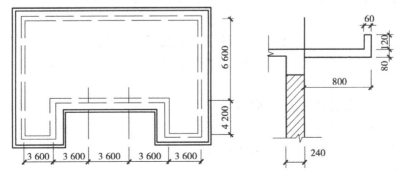

图 5.102　天沟板示意图

【解】天沟板中心线长度 $L_{天沟中} = [(3.6×5+0.12×2+0.4×2)+(4.2+6.6+0.12×2+0.4×2)+4.2]×2=70.16(m)$

天沟翻檐中心线长度 $L_{翻檐中} = L_{天沟中}+0.4×8-0.03×8=73.12(m)$

现浇混凝土天沟板工程量 $V=0.8×0.08×L_{天沟中}+0.06×0.12×L_{翻檐中}=5.02(m^3)$

⑦三面悬挑阳台,按梁、板工程量合并计算执行阳台定额项目;非三面悬挑的阳台,按梁、板规定计算;阳台栏板、压顶分别按栏板、压顶定额项目计算。

【例5.25】如图5.103所示的现浇混凝土阳台及栏板,栏板两端各伸入墙内60 mm,墙厚240 mm,混凝土强度等级C25,计算阳台及栏板现浇混凝土工程量。

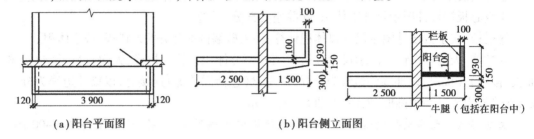

(a)阳台平面图　　　　　(b)阳台侧立面图

图5.103　阳台示意图

【解】①该阳台属于三面悬挑现浇混凝土有梁式阳台,其梁、板工程量合并计算,其中:

阳台板工程量 $V_板=(3.9+0.24)×1.5×0.1=0.62(m^3)$

阳台梁工程量 $V_梁=1/2×(0.15+0.45)×1.5×0.24×2=0.22(m^3)$

则阳台总的混凝土工程量:$V_{阳台}=0.62+0.22=0.84(m^3)$

②阳台栏板工程量 $V_{栏板}=0.1×(0.93-0.1)×[3.9+0.12×2-0.05×2+(1.5-0.05+0.06)×2]=0.083×7.06=0.59(m^3)$

⑧三面悬挑雨篷,按梁、板工程量合并以体积计算,高度≤400 mm的栏板并入雨篷体积内计算执行雨篷定额项目,栏板高度>400 mm时,按栏板全高计算执行栏板定额项目。

现浇板套定额时应注意的问题:

①斜板定额项目是按坡度>10°且≤30°综合编制。斜板坡度≤10°时执行板相应项目;坡度>30°且≤45°时人工乘以系数1.05;坡度>45°且≤60°时人工乘以系数1.10;坡度>60°时人工乘以系数1.20。

②现浇空心板执行平板定额项目,内模按相应定额项目执行。

③混凝土栏板(含压顶扶手及翻沿)按净高≤1.2 m编制,净高>1.2 m时执行相应墙额项目。

④现浇混凝土阳台板、雨篷板、悬挑板按三面悬挑形式编制,其中一面为弧形且半径≤9 m时,执行圆弧形阳台板、雨篷板、悬挑板定额项目;非三面悬挑形式的阳台板、雨篷板、悬挑板,则执行梁、板相应定额项目。

⑤预制板间补现浇板缝执行平板定额项目。

⑥现浇飘窗板、空调板执行悬挑板定额项目。

⑦压型钢板上浇捣混凝土板,执行平板定额项目,人工乘以系数1.10。

(6)楼梯

现浇混凝土楼梯(图5.104)包括直形楼梯和弧形楼梯(指一个自然层旋转弧度≤180°

的楼梯)、螺旋楼梯(指一个自然层旋转弧度 > 180°的楼梯)。现浇楼梯的工程量设计图示尺寸以水平投影面积计算,包括休息平台,平台梁、斜梁及楼梯与楼板的连接梁。不扣除宽度小于 500 mm 的楼梯井,伸入墙内部分也不增加。当整体楼梯与现浇楼板无梯梁连接时,以楼梯的最后一个踏步边缘加 300 mm 为界。

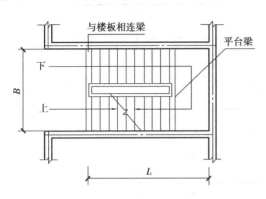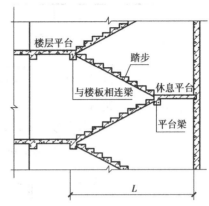

图 5.104 现浇混凝土楼梯示意图

注意:楼梯是按建筑物一个自然层双跑楼梯编制,单跑直行楼梯(一个自然层无休息平台)按相应定额项目乘以系数 1.20;三跑楼梯(一个自然层两个休息平台)按相应定额项目乘以系数 0.90;四跑楼梯(一个自然层 3 个休息平台)按相应定额项目乘以系数 0.75。剪刀楼梯执行单跑直行楼梯相应系数。

【例 5.26】某 5 层建筑物,双跑直形楼梯如图 5.105 所示,楼梯梯梁宽 240 mm,楼梯板厚 120 mm,混凝土强度等级 C20,计算楼梯现浇混凝土工程量。

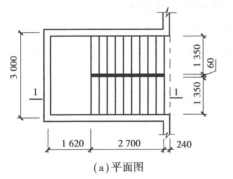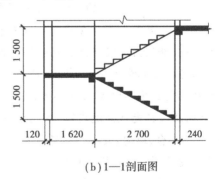

(a)平面图   (b)1—1剖面图

图 5.105 双跑楼梯示意图

【解】楼梯水平投影面积 $S = (1.62 + 2.7 + 0.24 - 0.12) \times (2.7 + 0.06) \times 5 = 4.44 \times 2.76 \times 5 = 12.25 \times 5 = 61.27(\text{m}^2)$

(7)散水、台阶

散水、台阶(图 5.106)按设计图示尺寸以水平投影面积计算。台阶与平台连接时其投影面积应以第一个踏步到最上层踏步边缘加 300 mm 计算。

【例 5.27】某房屋平面图及台阶示意图如图 5.107 所示,计算台阶混凝土工程量。

$$S_{台阶} = (3.0 + 0.3 \times 4) \times (1.2 + 0.3 \times 2) - (3 - 0.3 \times 2) \times (1.2 - 0.3)$$
$$= 4.2 \times 1.8 - 2.4 \times 0.9 = 5.4(\text{m}^2)$$

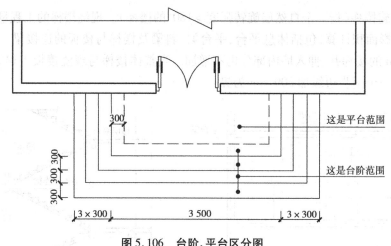

图 5.106　台阶、平台区分图

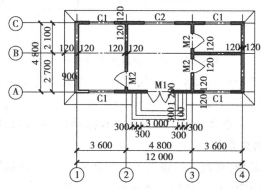

图 5.107　首层平面图散水与台阶示意图

注意:①台阶混凝土设计含量与定额含量不同时,混凝土消耗量可以调整,人工按相应的比例调整;台阶包括了混凝土浇筑及养护内容,不包括基础夯实、垫层及面层装饰内容,发生时执行本定额其他章节相应定额项目。

②散水混凝土按厚度60 mm编制,设计与定额不同时,材料可以换算;散水包括了混凝土浇筑、表面压实抹光及嵌缝内容,不包括基础夯实、垫层内容。

(8)场馆看台、地沟、混凝土后浇带

该项按设计图示尺寸以体积计算。

(9)二次灌浆、空心砖内灌注混凝土

该项按实际灌注混凝土体积计算。

(10)空心楼板筒芯、箱体安装

该项按空心楼板中的空心部分体积计算。

4)预制混凝土

预制混凝土包括预制桩、预制柱、预制梁、屋架、板等主要构件。按其制作地点不同,分为现场预制、加工厂预制。按制作工艺分为一般预制构件、预应力(先张法、后张法)预制构件。预制混凝土构件定额项目,仅适用在现场制作使用。

主要计算规则:

①预制混凝土(包括预制楼梯)均按设计图示尺寸以体积计算,不扣除构件内钢筋、铁件及≤0.3m²的孔洞所占体积。空心板及空心构件均应扣除其空心体积,按实体积计算。

【例 5.28】如图 5.108 所示,板厚 120 mm,求预制空心板工程量。

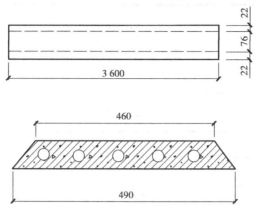

图 5.108　预制空心混凝板示意图

【解】空心板工程量 = [(0.46 + 0.49) × 0.12 ÷ 2] × 3.6 − π × 0.038² × 5 × 3.6 = 0.123(m³)

②小型池槽及单体体积≤0.05 m³ 未列定额项目的构件,按小型构件计算。

③混凝土构件接头灌缝,按预制混凝土构件体积计算。空心板堵头的人工、材料已含在定额内,不另计算。

5)构筑物混凝土

构筑物混凝土包括贮水(油)池、贮仓、水塔、倒锥壳水塔、烟囱、筒仓等。除另有规定者外,均按设计图示尺寸,扣除门窗洞口及 >0.1 m² 孔洞所占体积,以体积计算。

(1)水塔

①筒身与槽底以槽底连接的圈梁底为界,以上部分为槽底,以下部分为筒身。

②筒式塔身及依附于筒身的过梁、雨篷、挑檐等并入筒身体积计算,柱式塔身的柱梁与塔身合并计算。

(2)池槽

外形尺寸体积≤1 m³ 的独立池槽执行小型构件定额项目,>1 m³ 的独立池槽执行构筑物水(油)池相应定额项目;与建筑物相连的梁、板、墙结构式池槽,分别执行梁、板、墙相应定额项目。

5.7.2　钢筋工程

1)钢筋工程量计算原理

如图 5.109 所示,钢筋工程量计算的总体思路是:先按不同构件、不同规格、型号,分别计算钢筋的长度和根数,然后分规格汇总计算总长度,再根据钢筋每米长重量计算出不同规格的钢筋重量。

所以钢筋工程量的计算主要是钢筋长度和根数的计算,钢筋的根数和布筋范围和间距有关,按图纸设计要求计算即可:钢筋的单根长度与净长、锚固、搭接、弯钩有关,净长按图纸设计要求计算,弯钩与钢筋的受力情况和级别有关,锚固、搭接与混凝土标号、抗震等级以及钢筋级别有关,混凝土标号和钢筋级别按设计要求,抗震等级由工程的结构类型、抗震设防烈度和檐口高度决定,计算前必须将以上信息查清楚、弄明白。

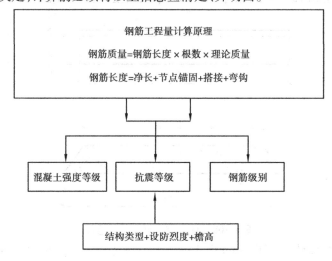

图 5.109　钢筋工程量计算原理图

预算钢筋长度是指钢筋的外包尺寸,不考虑因弯折所产生的量度差值,与施工现场计算钢筋的下料长度不同。

2)钢筋定额套用说明

①钢筋工程按钢筋的不同品种和规格以现浇构件、预制构件、预应力构件以及箍筋等分别列项,钢筋的品种、规格比例按常规工程设计综合编制。

②各类现浇构件钢筋定额项目均包含制作、运输、绑扎、安装、接头、固定等工作内容。当设计、规范要求钢筋接头采用机械连接或焊接连接时,按设计或施工组织设计规定计算,执行相应的钢筋连接定额项目。

③现浇构件冷拔钢丝按≤φ10 钢筋制安定额项目执行。

④型钢组合混凝土构件中,型钢骨架执行本定额"金属结构工程"的相应定额项目;钢筋执行现浇构件钢筋相应定额项目,其中人工乘以系数 1.50、机械乘以系数 1.15。

⑤弧形构件,其钢筋执行钢筋相应定额项目,人工乘以系数 1.05。

⑥现浇混凝土空心楼板(GBF 高强薄壁蜂巢芯板)中钢筋网片,执行现浇构件钢筋相应定额项目,人工乘以系数 1.30,机械乘以系数 1.15。

⑦预应力混凝土构件中的非预应力钢筋按钢筋相应定额项目执行。

⑧非预应力钢筋不包括冷加工,设计要求时,另行计算。

⑨预应力钢筋,设计要求人工时效处理时,另行计算。

⑩后张法钢筋的锚固是按钢筋帮条焊、U 型插垫编制的,采用其他方法锚固时,另行计算。

⑪预应力钢丝束、钢绞线定额项目综合了一端、两端张拉;锚具按单锚、群锚分别列项,单锚按单孔锚具列入,群锚按 3 孔列入。用于地面预制构件时,应扣除定额项目中张拉平台摊销费。

⑫表5.14中的构件,其钢筋人工、机械予以调整。

表5.14　混凝土构件钢筋调整系数

项目	现浇构件	预制构件	构筑物			
	小型构件	折线形屋架	烟囱	水塔	贮仓	
					矩形	圆形
人工、机械调整系数	2	1.16	1.7	1.7	1.25	1.50

⑬成型钢筋场外运输仅适用于30 km以内工厂制作的运输,按实际发生的运输量计算。运距超过30 km时,由承发包双方协商确定运输费用。

3)纵向钢筋长度计算

(1)单构件

单构件是指支座不是混凝土的构件,如过梁直接搭在砖墙或砌块墙上,此类构件不需考虑钢筋的锚固长度。

纵向钢筋计算长度 = 构件长度 - 保护层总厚度 + 弯起钢筋增加长度 + 弯钩增加值 + 搭接长度(采用搭接方式连接时考虑)。

(2)有混凝土支座的构件

纵向钢筋计算长度 = 构件净长 + 两端支座锚固长度 + 搭接长度(采用搭接方式连接时考虑) + 弯钩(一级钢) + 弯起增加长度(梁弯起钢筋)。

①钢筋保护厚度。钢筋保护厚度是指最外层钢筋外边沿到混凝土表面的距离,与混凝土标号、环境类别有关,按设计要求执行。如设计图纸无规定时,按规范执行。纵向受力钢筋的混凝土保护层最小厚度见表5.15。

表5.15　混凝土保护层的最小厚度　　　　　　　单位:mm

环境类别	板、墙	梁、柱
一	15	20
二 a	20	25
二 b	25	35
三 a	30	40
三 b	40	50

注:基础中纵向钢筋的混凝土保护层厚度不应小于40 mm;当无垫层时不应小于70 mm。

②弯钩的增加长度。钢筋弯钩形式有180°半圆弯钩、135°(45°)斜弯钩、90°直弯钩3种,如图5.110所示(平直段长度为3d)。

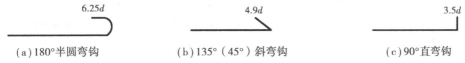

(a)180°半圆弯钩　　　　(b)135°(45°)斜弯钩　　　　(c)90°直弯钩

图5.110　钢筋弯钩示意图

钢筋弯钩增加长度为:180°半圆弯钩的增加长度为6.25d,135°(45°)斜弯钩的增加长度为4.9d,常用箍筋135°斜弯钩的增加长度为11.9d(平直段为10d),90°直弯钩的增加长度为3.5d。

③弯起钢筋长度增加值。弯起钢筋的弯起角度一般有30°、45°和60°3种,如图5.111所示。常用的弯起角度为30°、45°。当梁高大于80 cm时,宜用60°弯起。

弯起钢筋的增加长度按表5.16确定。

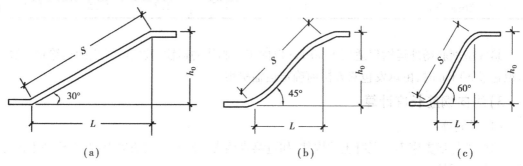

图5.111 弯起钢筋

表5.16 弯起钢筋弯起部分的增加长度

弯起角度	$a = 30°$	$a = 45°$	$a = 60°$
斜边长度 S	$2h_0$	$1.414h_0$	$1.15h_0$
底边长度 L	$1.73h_0$	h_0	$0.58h_0$
增加长度 $S - L$	$0.27h_0$	$0.414h_0$	$0.57h_0$

注:h_0 为弯起高度,h_0 = 构件断面高 $- 2 \times$ 保护层厚度

④钢筋的锚固长度L_a(抗震锚固长度L_{aE})。钢筋的锚固长度是指构件与构件交接处,钢筋锚入支座的长度。

对于钢筋锚固长度,设计图纸有规定的按设计规定计算,设计图纸未规定的按规范和标准图集计算。

钢筋的锚固形式有直锚和弯锚两种,构件支座支撑长度足够时,可直锚,锚固长度与混凝土强度等级、抗震等级、钢筋级别有关(钢筋最小锚固长度不应小于200 mm);构件支座支撑长度不够直锚时,应弯锚。弯锚长度按《混凝土结构施工图平面整体表示方法制图规则和构造详图(现浇混凝土框架、剪力墙、梁、板)》(16G101-1)标准图集要求计算,详见该图集的第57—58页。

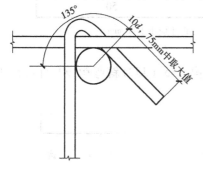

图5.112 箍筋的弯钩形式

4)箍筋计算

(1)单个箍筋弯钩计算

箍筋的弯钩形式如图5.112所示。

抗震地区,单个弯钩长度 = $1.9d + \max(75 \text{ mm}, 10d)$;

非抗震地区,单个弯钩长度 = $1.9d + \max(75 \text{ mm}, 5d)$。

（2）箍筋长度计算

①双肢箍。假设构件断面尺寸为 $b \times h$，保护层厚度为 c，箍筋直径为 d，则双肢箍箍筋长度 $= [(h-2c) + (b-2c)] \times 2 + 2$ 个弯钩长度 $= (h+b) \times 2 - 8c + 2$ 个弯钩长度。

②多肢箍方形内小箍筋：

小双肢箍箍筋长度 $= [(\text{间距} j \times n + \sum D_1 + 2 \times d) + (h-2c)] \times 2 + 2$ 个弯钩长度

主筋净间距 $j = (b - 2c - 2 \times d - \sum D) / \text{钢筋间隔数}$

式中　$\sum D$——大箍筋范围内主筋直径之和；

　　　$\sum D_1$——小箍筋范围内主筋直径之和。

③内菱形箍筋。

内菱形箍筋长度 $= (\text{构件断面外围周长} - 8 \text{个保护层厚度}) \times \dfrac{\sqrt{2}}{2} + \text{两个弯钩长度}$

④单支箍（同时勾住主筋和箍筋）。

单支箍（或拉箍）长度 $= (h - 2c + 2d) + \text{两个弯钩长度}$

⑤圆形箍筋。

圆形箍筋长度 $= (\text{构件外径} D - 2c) \times 3.14 + L_{\text{搭}} + \text{两个弯钩长度}$

⑥螺旋箍筋。

螺旋箍筋长度 $=$ 开始圈 $+$ 结束圈 $+$ 中间螺旋线

开始、结束圈 $= 1.5(D - 2c) \times 3.14$

中间螺旋线 $= N\sqrt{p^2 + (D-2C)^2} \times 3.14^2 + 2$ 个弯钩增加长度

式中　$N = L/p$；

　　　L——构件长；

　　　p——螺距；

　　　D——构件直径；

　　　C——保护层厚度。

（3）箍筋根数

$$\text{箍筋根数} N = \frac{\text{布筋范围}}{\text{箍筋间距}}(\text{向上取整}) + 1$$

注意：向上取整即计算箍筋根数时，只要有余数就增加一根箍筋。

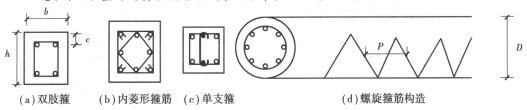

（a）双肢箍　　（b）内菱形箍筋　（c）单支箍　　　　　　　（d）螺旋箍筋构造

图5.113　箍筋类型

5）钢筋净用量

首先将不同构件同一规格的钢筋长度汇总，然后将其转化为重量，分别计算不同直径钢筋的净用量。其计算公式为：

$$钢筋净用量 = \sum 同一规格钢筋长度 \times 相应规格每米长度质量$$

$$钢筋每米长质量(kg) = 0.006\ 165d^2$$

式中 d——钢筋直径,mm。

钢筋净用量也可根据有关金属手册计算。

6)构件措施钢筋

清单钢筋工程量等于钢筋净用量,实际钢筋工程量应考虑措施钢筋用量。

现浇构件中固定位置的支撑钢筋、双层钢筋用的"铁马凳"等,按设计或施工组织设计以质量计算,执行现浇构件圆钢筋≤25 mm 的定额项目。

7)钢筋连接

钢筋连接方式有绑扎连接、焊接、机械连接3种方式。

钢筋绑扎搭接长度应按设计图示或规范要求计算;设计图示及规范要求未注明搭接长度的,不另计算搭接长度。钢筋的搭接(接头)数量应按设计图示或规范要求计算;设计图示及规范要求未标明的,按以下规定计算:

①ϕ10 以内的长钢筋按每 12 m 计算一个钢筋搭接(接头);

②ϕ10 以上的长钢筋按每 9 m 计算一个钢筋搭接(接头)。

若设计规定钢筋采用电渣压力焊、气压力焊、冷挤压钢筋连接、锥螺纹钢筋接头、直螺纹钢筋接头连接,应按不同的规格及连接方式以接头数量"个"计算,分别套用定额,同时不再计算钢筋的搭接量。

8)预埋铁件

混凝土内预埋铁件的(图5.114),应将钢筋与铁件工程量分别计算后合并计算(单位为t),套用铁件制安项目。

9)混凝土内植筋

二次结构填充墙与混凝土柱的拉结筋如采用打眼植筋(图5.115)的方法,植筋按设计或施工组织设计以数量计算,植入钢筋按植入和外露部分合计长度乘以单位理论质量计算,套用植筋定额项。

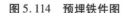

图 5.114　预埋铁件图　　　　　　　图 5.115　植筋图

定额中植筋不包括植入的钢筋制作、化学螺栓。钢筋制作执行现浇构件钢筋制安定额项目。使用化学螺栓,应扣除植筋胶的消耗量,螺栓另行计算。

10)钢筋工程量计算案例

【例5.29】某框架梁 KL2 配筋如图 5.116 所示,其混凝土强度等级为 C30,抗震等级一级,保护层25 mm厚,框架柱为500 mm×500 mm,依据工程量计算规范计算框架梁和钢筋工程量(计算中不考虑拉筋和钢筋的搭接长度)。

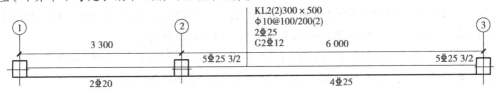

图5.116　KL2框架梁配筋图

【解】(1)计算Φ25钢筋

①通长钢筋20×2Φ25:

锚固长度$\max(0.4L_{aE},0.5h_c+5d)+15d=\max(0.4\times33\times25,0.5\times500+5\times25)+15\times25=750(\text{mm})$

$$[750+(9\,300-500)+750]\times2\times20=412\,000(\text{mm})$$

②第一排支座负筋20×1Φ25:

第二跨第一排左支座负筋:

$$(750+15\times25+5\,500/3)\times20=59\,167(\text{mm})$$

第二跨第一排右支座负筋:

$$(750+15\times25+5\,500/3)\times20=59\,167(\text{mm})$$

③第二派支座负筋20×2Φ25:

第二跨第二排左支座负筋:

$$(750+5\,500/4)\times40=85\,000(\text{mm})$$

第二跨第二排右支座负筋:

$$(750+5\,500/4)\times40=85\,000(\text{mm})$$

④下部非通长钢筋:

第二跨下部非通长钢筋20×4Φ25:

$$[(33\times25)+(600-500)+750]\times2\times20=283\,000(\text{mm})$$

⑤Φ25钢筋合计:长度$=975\,833(\text{mm})$

质量:$3.85\times975\,833/1\,000=3\,756.957\,1(\text{kg})=3.757(\text{t})$

(2)计算Φ12钢筋

侧面构造筋20×G2Φ12:

$$(8\,800+15\times12\times2)\times2\times20=366\,400(\text{mm})$$

质量:$0.888\times366\,400/1\,000=325.363\,2(\text{kg})=0.325(\text{t})$

(3)计算Φ20钢筋

第一跨下部非通长钢筋20×2Φ20:

右支座锚固长度$=33\times20$;左支座锚固长度$=\max(0.4L_{aE},0.5h_c+5d)+15d=650(\text{mm})$

$$[650+(6\,000-500)+(33\times20)]\times2\times20=272\,400(\text{mm})$$

质量:$2.466\times272\,400/1\,000=671.738\,4(\text{kg})=0.672(\text{t})$

(4)计算Φ10箍筋

①单根长度:

$(300+500)\times2-8\times25-4\times10+1.9\times10\times2+\max(10\times10,75)\times2=1\,598(\text{mm})$

②箍筋根数:

加密区 $=2h_b=2\times500=1\ 000(mm)$ (大于 500 mm)

第一跨左加密区 $(1\ 000-50)/100+1=11$ (根),第一跨右加密区 $(1\ 000-50)/100+1=11$ (根),第一跨非加密区 $800/200-1=3$ (根),第一跨合计 25 根;

第二跨左加密区 $(1\ 000-50)/100+1=11$ (根),第二跨右加密区 $(1\ 000-50)/100+1=11$ (根),第二跨非加密区 $3\ 500/200-1=17$ (根),第二跨合计 39 根;

箍筋总根数:$25+39=64$ (根)。

③Φ10 箍筋总长度:$1\ 598\times64=102\ 272(mm)$

Φ10 箍筋总质量:$0.617\times102\ 272/1\ 000=63.101\ 824(kg)=0.063(t)$

【例5.30】某现浇板配筋如图 5.117 所示,梁宽均为 300 mm 板厚 100 mm,分布筋Φ6.5@250,板保护层 15 mm,计算板中钢筋的工程量。(计算依据 16G101-1)

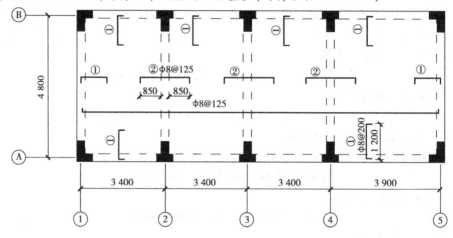

图 5.117　某现浇板钢筋图

【解】工程量计算过程如下:

①1、5 支座Φ8:$2\times\{[1.2+2\times(0.1-0.03)]\times(4.4\div0.2+1)\}\times0.395=24.345(kg)$

②2—4 支座Φ8:$3\times[(2\times0.85+0.3+2\times(0.1-0.03))\times(4.4\div0.125+1)]\times0.395=91.800(kg)$

③A、B 支座Φ8:$2\times[(1.2+2\times(0.1-0.03))\times(12.5\div0.2+1)]\times0.395=67.75(kg)$

纵向下部Φ8:$[(4.8+0.3-2\times0.015+2\times6.25\times0.008)\times(12.5\div0.2+1)]\times0.395=130.700(kg)$

横向下部Φ8:$[(3\times3.4+3.9+0.3-0.015\times2+2\times6.25\times0.008)\times(4.4\div0.125+1)]\times0.395=206.907(kg)$

④分布筋Φ6.5:$0.261\times[2\times(4.8+3\times3.4+3.9)\times(1.2\div0.25+1)]=59.195(kg)$

分布筋Φ6.5:$0.261\times[4.8\times2\times3\times(0.85\div0.25+1)]=30.067(kg)$

小计:钢筋Φ8 $=521.502(kg)$

钢筋Φ6.5 $=89.262(kg)$

5.7.3 模板工程

模板工程指新浇混凝土成型的模板以及支承模板的一整套构造体系。其中,接触混凝土并控制预定尺寸、形状、位置的构造部分称为模板,支持和固定模板的杆件、桁架、联结件、金属附件、工作便桥等构成支承体系。对于滑动模板,自升模板则增设提升动力以及提升架、平台等构成。模板工程在混凝土施工中是一种临时结构。

模板的分类有各种不同的分阶段类方法:按照形状分为平面模板和曲面模板两种;按受力条件分为承重和非承重模板(即承受混凝土的重量和混凝土的侧压力);按照材料分为木模板、钢模板、钢木组合模板、重力式混凝土模板、钢筋混凝土镶面模板、铝合金模板、塑料模板等;按照结构和使用特点分为拆移式、固定式两种;按其特种功能分为滑动模板、真空吸盘或真空软盘模板、保温模板、钢模台车等。

贵州 2016 版定额模板工程定额项目不分模板、支撑材质,综合编制,分为现浇混凝土模板、预制混凝土模板、构筑物混凝土模板三节内容。

1)主要问题说明

①模板定额项目不分模板、支撑材质,综合编制。

②弧形带形基础模板执行带形基础相应定额项目,人工、材料、机械乘以系数 1.15。

③地下室底板模板执行满堂基础定额项目,满堂基础模板已包括集水井模板杯壳。

④满堂基础下翻构件的砖胎膜砌体执行本定额"砌筑工程"砖基础相应定额项目。水平面抹灰执行本定额"楼地面装饰工程"相应定额项目,垂直面抹灰执行"墙柱面装饰与隔断幕墙工程"相应定额项目。

⑤独立桩承台执行独立基础定额项目,带形桩承台执行带形基础定额项目,与满堂基础相连的桩承台并入满堂基础定额项目计算。高杯基础杯口高度大于杯口大边长度 3 倍以上时,杯口高度部分执行柱定额项目,杯型基础部分执行独立基础定额项目。

⑥现浇混凝土柱(不含构造柱)、墙、梁(不含圈梁、过梁)、板定额项目是按支模高度(板面或地面、垫层面至上层板面的高度)3.6 m 综合编制。如遇斜板面结构时,柱分别按各柱的中心高度为准;墙按分段墙的平均高度为准;框架梁按每跨两端的支座平均高度为准;板(含有梁板)按高点与低点的平均高度为准。斜板或拱形结构按板顶平均高度确定支模高度,电梯井壁按建筑物自然层层高确定支模高度。

⑦支模高度 >3.6 m 且≤8 m 时(不含构造柱、圈梁和过梁),执行支撑超高定额项目;支模高度 >8 m、搭设跨度 >18 m、施工总荷载 >15 kN/m^2 或集中线荷载 >20 kN/m 的高大模板支撑系统,按批准的施工专项方案,另行计算,不再执行模板定额项目。

⑧外墙设计采用一次性摊销止水螺杆支模时,将定额项目中的对拉螺栓调整为止水螺杆,其消耗量按对拉螺栓数量乘以系数 12,取消塑料套管数量,其余不变。

柱、梁面对拉螺栓堵眼增加费,执行墙面相应定额项目。柱面螺栓堵眼人工、机械乘以系数 0.30,梁面螺栓堵眼人工、机械乘以系数 0.35。

⑨斜梁、斜板定额项目是按坡度 >10°且≤30°综合编制。斜梁、斜板坡度≤10°时执行梁、板相应项目;坡度 >30°且≤45°时人工乘以系数 1.05;坡度 >45°且≤60°时人工乘以系数 1.10;坡度 >60°时人工乘以系数 1.20。

⑩现浇空心板执行平板定额项目,内膜按相应定额项目执行。

⑪薄壳板模板不分筒式、球形、双曲形等,均执行同一定额项目。

⑫屋面混凝土女儿墙高度＞1.2 m 时,执行相应墙定额项目,高度≤1.2 m 时,执行相应栏板定额项目。

⑬混凝土栏板(含压顶扶手及翻沿)按净高≤1.2 m 编制,净高＞1.2 m 时执行相应墙定额项目。

⑭现浇混凝土阳台板、雨篷板、悬挑板按三面悬挑形式编制,其中一面为弧形且半径≤9 m 时,执行圆弧形阳台板、雨篷板、悬挑板定额项目;非三面悬挑形式的阳台板、雨篷板、悬挑板,则执行梁、板相应定额项目。

⑮挑檐、天沟壁高度≤400 mm 时,执行挑檐定额项目;挑檐、天沟壁高度＞400 mm 时,按全高执行栏板定额项目。混凝土构件单体体积≤0.1 m³ 时,执行小型构件项目。

⑯预制板间补现浇板缝执行平板定额项目。

⑰现浇飘窗板、空调板执行悬挑板定额项目。

⑱楼梯是按建筑物一个自然层双跑楼梯编制,单跑直行楼梯(一个自然层无休息平台)按相应定额项目乘以系数 1.20;三跑楼梯(一个自然层两个休息平台)按相应定额项目乘以系数 0.90;四跑楼梯(一个自然层三个休息平台)按相应定额项目乘以系数 0.75。剪刀楼梯执行单跑直行楼梯相应系数。

⑲弧形楼梯是指一个自然层旋转弧度≤180°的楼梯,螺旋楼梯是指一个自然层旋转弧度＞180°的楼梯。

⑳厨房、卫生间墙体下部的现浇混凝土翻边执行圈梁相应定额项目。

㉑散水模板执行垫层相应定额项目。

㉒凸出混凝土柱、梁、墙面的线条,其面积并入相应构件内计算,再按凸出的线条道数执行模板增加费定额项目;但窗台板、栏板扶手、墙上压顶的单阶挑沿不另计算模板增加费;其他单阶线条凸出宽度＞200 mm 的执行挑檐定额项目。

㉓外形尺寸体积≤1 m³ 的独立池槽执行小型构件定额项目,＞1 m³ 的独立池槽执行构筑物水(油)池相应定额项目;与建筑物相连的梁、板、墙结构式水池,分别执行梁、板、墙相应定额项目。

㉔小型构件是指单件体积≤0.1 m³ 的未列项目的构件。

㉕设计要求为清水混凝土模板时,执行相应模板定额项目,模板材料调整为镜面胶合板,人工按表5.17增加工日,机械不变。

表 5.17　清水混凝土模板增加工日　　　　　　　　　　　单位:100 m²

项目	柱			梁			墙			有梁板、无梁板、平板
	矩形柱	圆形柱	异形柱	矩形梁	异形梁	弧形、拱形梁	直型墙、弧形墙、电梯井壁墙		短肢剪力墙	
工日	4	5.2	6.2	5	5.2	5.8	3		2.4	4

㉖预制构件地模的摊销已包括在预制构件的模板中。

㉗用钢滑升模板施工的烟囱、水塔及贮仓是按无井架施工计算的,并综合了操作平台,

不再计算脚手架及竖井架。

㉘倒锥壳水塔筒身液压滑升钢模定额项目,适用于一般水塔塔身滑升模板工程。

㉙烟囱液压滑升钢模定额项目均已包括烟囱筒身、牛腿、烟道口;水塔模板均已包括直筒、门窗洞口等模板消耗量。

2)现浇混凝土构件模板计算规则

现浇混凝土的模板工程量,除另有规定外,均按混凝土与模板的接触面积以平方米计算,扣除后浇带所占面积。不扣除 0.3 m² 以内的空洞所占的面积,洞口侧壁也不增加。

注意:除了底面有垫层、构件(侧面有构件)及上表面不需支撑模板外,其余各个方向的面均应计算模板接触面积。

(1)基础

①有肋式带形基础,肋高(指基础扩大顶面至梁顶面的高)≤1.2 m 时,合并计算;肋高 >1.2 m 时,基础底板模板按无肋带形基础定额项目计算,扩大顶面以上部分模板按混凝土墙定额项目计算。

②独立基础:高度从垫层上表面至柱基上表面,如图 5.118 所示。

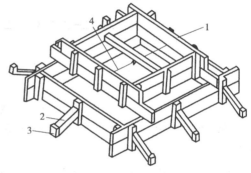

1—拼板;2—斜撑;3—木桩;4—铁丝

图 5.118　阶梯形独立基础模板示意图

③满堂基础:无梁式满堂基础有扩大或角锥形柱墩时,并入无梁式满堂基础内计算。有梁式满堂基础梁高(不含板厚)≤1.2 m 时,基础和梁合并计算;梁高 >1.2 m 时,底板按无梁式满堂基础模板项目计算,梁按混凝土墙模板定额项目计算。箱式满堂基础应分别按无梁式满堂基础、柱、墙、梁、板的有关规定计算。地下室底板按满堂基础规定计算。

④设备基础:块体设备基础按不同体积,分别计算模板工程量。框架设备基础应分别按基础、柱以及墙的相应定额项目计算;楼层面上的设备基础并入梁、板定额项目计算,同一设备基础中部分为块体,部分为框架时,应分别计算。框架设备基础的柱模板高度由底板面或柱基的上表面算至板的下表面;梁的长度按净长计算,梁的悬臂部分并入梁内计算。

注意:设备基础地脚螺栓按不同深度以个数计算。

(2)柱模板

①现浇混凝土柱模板工程量,按混凝土与模板的接触面积计算。按柱周长乘以柱高计算,牛腿的模板面积并入柱模板工程量中,扣减梁柱墙接头部分的面积。

$$柱模板工程量 = 柱截面周长 \times 柱高$$

其中柱高:首层柱高是从柱基上表面计算至板底,二层及以上楼层柱高是从下层板面计算至上层板底。

②构造柱应按图示外露部分计算模板面积。带马牙槎构造柱的宽度按马牙槎处的宽度计算。

【例5.31】某单层建筑砖混结构工程,平面图如图5.119所示,现浇混凝土构造柱马牙槎宽度60 mm。该工程墙体厚度为240 mm,构造柱高为3 m,求其模板工程量。

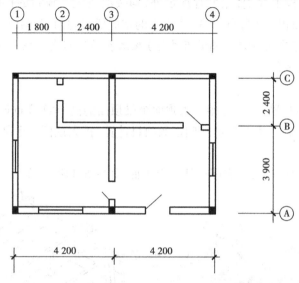

图5.119 某单层建筑砖混结构工程示例

【解】图中构造柱有4根布置在直角转角处,2根布置在T形转角处,构造柱模板工程量:

位于直角转角处:$3 \times (0.24 \times 2 + 0.06 \times 4) \times 4$ 根 $= 8.64 (\text{m}^2)$

位于T形转角处:$3 \times (0.24 + 0.06 \times 6) \times 2$ 根 $= 3.6 (\text{m}^2)$

(3)现浇混凝土梁模板

现浇混凝土梁模板工程量按展开面积计算,梁侧的出沿按展开面积并入梁模板工程量中。

现浇混凝土梁模板工程量,按混凝土与模板的接触面积计算。

$$梁模板 = (梁宽 + 梁高 \times 2) \times 梁长$$

其中,梁高:不带板的梁其梁高为全高,从梁底面计算到梁顶面;带板的梁其高是从梁底面计算至板底。

梁长:梁与柱连接时,梁长算至柱内侧面;主梁与次梁连接时,次梁长算至主梁内侧面;挑檐、天沟与梁连接时,以梁外边线为分界线。

(4)现浇混凝土墙模板

墙模板的工程量按图示长度乘以墙高以平方米计算,现浇混凝土墙上单孔面积≤0.3 m²的孔洞,不予扣除,洞侧壁模板亦不增加;单孔面积在0.3 m²以外的孔洞应扣除,洞口侧壁面积并入模板工程量中。附墙柱突出墙面部分按柱工程量计算,暗梁、暗柱并入墙体工程量计算。

(5)现浇混凝土板模板

①楼板的模板工程量按图示尺寸以平方米计算;现浇混凝土板上单孔面积≤0.3 m² 的孔洞,不予扣除,洞侧壁模板也不增加;扣除梁、柱帽以及单孔面积在 0.3 m² 以外孔洞所占的面积,洞口侧壁模板面积并入楼板的模板工程量中。

注意:a.无梁楼板的柱帽按展开面积计算,并入楼板工程量中;有梁板的模板,按板和梁合并计算,套有梁板模板定额。

b.施工组织设计采用对拉螺栓固定模板,堵眼增加费按墙面、柱面、梁面模板接触面积分别计算工程量。

②挑檐、天沟与板(包括屋面板、楼板)连接时,以外墙外边线为分界线;与梁(包括圈梁等)连接时,以梁外边线为分界线;外墙外边线以外或梁外边线以外为挑檐、天沟。

③现浇混凝土悬挑板、雨篷、阳台按图示外挑部分尺寸的水平投影面积计算。挑出墙外的悬臂梁及板边不另计算。

【例 5.32】如图 5.120 所示,现浇钢筋混凝土单层房屋,屋面板顶面标高 3.0 m;柱基础顶面标高 -0.5 m;柱截面尺寸为:Z3 = 300 mm × 400 mm,Z4 = 400 mm × 500 mm,Z5 = 300 mm × 400 mm。求现浇混凝土工程模板工程的工程量及确定定额项目(不计基础部分)(注:柱中心线与轴线重合,且屋面四周的梁外侧与柱边重合)。

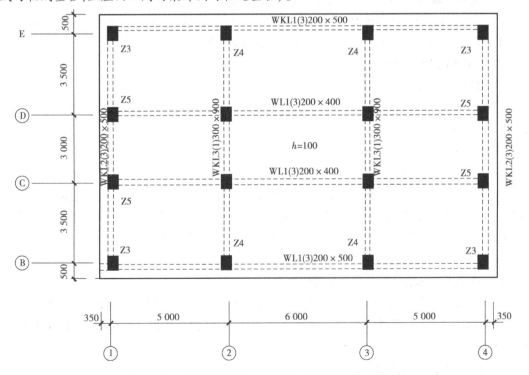

图 5.120 现浇钢筋混凝土单层房屋屋面板结构示意图

【解】本题模板工程包括混凝土柱模板、屋面梁模板、板模板和挑檐模板等。

(1)混凝土柱模板工程量(柱高:3.0 + 0.5 = 3.5 m)

Z3:$[(0.3 + 0.4) \times 2 \times (3 + 0.5) - 0.2 \times 0.5 \times 2] \times 4 = (4.9 - 0.2) \times 4 = 18.8 (m^2)$

Z4:$[(0.4 + 0.5) \times 2 \times (3 + 0.5) - 0.2 \times 0.5 \times 2 - 0.3 \times 0.9] \times 4 = (6.84 - 0.2 - $

$0.27) \times 4 = 25.48(\text{m}^2)$

Z5：$[(0.3 + 0.4) \times 2 \times (3 + 0.5) - 0.2 \times 0.5 \times 2 - 0.2 \times 0.4] \times 4 = (4.9 - 0.2 - 0.08) \times 4 = 18.48(\text{m}^2)$

小计：$62.76(\text{m}^2)$

套定额 A5-254 现浇混凝土矩形柱模板。

（2）混凝土屋面梁模板

$\begin{aligned}(1 \sim 4 \times B \text{与} 1 \sim 4 \times E)\text{WKL}_1：&(16 - 0.15 \times 2 - 0.4 \times 2) \times (0.2 + 0.4 \times 2) \times 2 \\ &= 29.80(\text{m}^2)\end{aligned}$

$\begin{aligned}(1 \sim 4 \times C \text{与} 1 \sim 4 \times D)\text{WL}_1：&(16 - 0.15 \times 2 - 0.3 \times 2) \times (0.2 + 0.3 \times 2) \times 2 \\ &= 24.16(\text{m}^2)\end{aligned}$

$\begin{aligned}(B \sim E \times 1 \text{与} B \sim E \times 4)\text{WKL}_2：&(10 - 0.2 \times 2 - 0.4 \times 2) \times (0.2 + 0.4 \times 2) \times 2 \\ &= 17.60(\text{m}^2)\end{aligned}$

$(B \sim E \times 2 \text{与} B \sim E \times 3)\text{WKL}_3：(10 - 0.25 \times 2) \times (0.3 + 0.8 \times 2) \times 2 = 36.10(\text{m}^2)$

小计 $107.66(\text{m}^2)$。

套定额 A5-250 矩形梁模板。

（3）屋面混凝土板模板：混凝土板模板＝板面积－梁柱面积

$(10 + 0.2 \times 2) \times (16 + 0.15 \times 2) - 0.3 \times 0.4 \times 8 - 0.4 \times 0.45 \times 4 - (14.9 \times 0.2 \times 2) - (15.1 \times 0.2 \times 2) - 8.8 \times 0.2 \times 2 - 9.5 \times 0.3 \times 2 = 146.62(\text{m}^2)$

套定额 A5-279 平板模板。

（4）混凝土挑檐模板

$[(0.5 - 0.2) \times (16 + 0.35 \times 2)] + [(0.35 - 0.15) \times (11 - 0.3 \times 2)] + [(16.7 + 11) \times 2 \times 0.1] = 12.63(\text{m}^2)$

套定额 A5-292 挑檐模板。

（6）现浇混凝土楼梯模板

现浇混凝土楼梯（包括休息平台、平台梁、斜梁和楼层板的连接梁）模板工程量按设计图示尺寸的水平投影面积计算。不扣除宽度小于 500 mm 楼梯井所占面积，楼梯的踏步、踏步板、平台梁等侧面模板不另行计算。当整体楼梯与现浇楼板无梯梁连接时，以楼梯的最后一个踏步边缘加 300 mm 为界。

（7）现浇混凝土台阶、场馆看台模板

现浇混凝土台阶不包括梯带，按设计图示尺寸的水平投影面积计算，台阶端头两侧不另计算模板面积；架空式混凝土台阶按现浇楼梯计算；场馆看台按设计图示尺寸，以水平投影面积计算。

3）预制混凝土构件模板

预制混凝土模板，除地模按模板与混凝土的接触面积计算外，其余构件均按设计图示尺寸以混凝土构件体积计算。

4）构筑物混凝土模板

①贮水（油）池、贮仓、水塔按模板与混凝土构件的接触面积计算。

②池槽等分别按基础、柱、墙、梁等有关规定计算。

③液压滑升钢模板施工的烟筒、水塔塔身、筒仓等,均按混凝土体积计算。

5.7.4　构件运输及安装工程

1)预制混凝土构件分类

预制混凝土构件分类见表 5.18。

表 5.18　预制混凝土构件分类表

类别	项　目
1	桩、柱、梁、板、墙单件体积≤1 m^3,面积≤4 m^2,长度≤5 m
2	桩、柱、梁、板、墙单件体积>1 m^3,面积>4^2,5 m<长度<6 m
3	6 m 以上至 14 m 的桩、柱、梁、板、屋架、桁架、托架(14 m 以上另行处理)
4	天窗架、侧板、端壁板、天窗上下档及小型构件

注:表中 1、2 类构件的单体体积、面积、长度 3 个指标中,以符合其中一项指标为准。

2)预制混凝土构件运输与安装计算规则

①预制混凝土构件运输及安装除另有规定外,均按构件设计图示尺寸,以体积计算。

②预制混凝土构件制作、运输及安装损耗,按表 5.19 规定计算后并入构件工程量内。

表 5.19　预制混凝土构件制作、运输及安装损耗表

名　称	制作损耗	运输堆放损耗	安装(打桩)损耗
各类预制构件	0.2%	0.8%	0.5%
预制混凝土桩	0.1%	0.4%	1.5%

③预制混凝土构件安装:

a.预制混凝土矩形柱、工形柱、双肢柱、空格柱、管道支架等安装,均按柱安装定额项目计算。

b.组合屋架安装,按混凝土部分体积计算,钢杆件部分不另计算。

c.预制板安装,扣除空心板空洞体积及单个面积>0.3 m^2 的孔洞所占体积。

5.8　金属结构工程

本节定额包括金属结构制作安装、金属结构楼(墙)面板及其他、金属结构运输三小节。

5.8.1　定额主要说明

1)金属结构制作、安装

①钢结构构件制作定额项目适用于现场或施工企业附属加工厂制作的钢构件。住宅钢结构工程发生的钢构件现场制作或施工企业附属加工厂制作,执行厂(库)房钢结构制作相应定额项目。

②构件制作定额项目钢材的损耗量已包括了切割和制作损耗,对于设计有特殊要求的,消耗量可以调整。

③构件制作定额已包括施工企业附属加工厂预装配所需的人工、材料、机械台班用量及预拼装平台摊销费用。

④钢网架制作、安装定额项目按平面网格结构编制,设计为筒壳、球壳及其他曲面结构的,制作定额项目人工、机械乘以系数1.30,安装定额项目人工、机械乘以系数1.20。

⑤钢桁架制作、安装定额项目按直线形桁架编制,设计为曲线、折线桁架,制作定额项目人工、机械乘以系数1.30,安装定额项目人工、机械乘以系数1.20。

⑥构件制作定额项目焊接H型构件均按钢板加工焊接编制,实际采用成品H型钢的,钢板部分未计价材按成品H型钢价格计入,人工、机械及其他材料(未计价材除外)乘以系数0.60。

⑦轻钢屋架是指单榀质量≤1t,且用角钢或圆钢、管材作为支撑、拉杆的钢屋架。

⑧焊接实腹钢柱是指箱形、T形、L形、十字形等;空腹钢柱是指格构型。

⑨柱间、梁间、屋架间H形或箱形钢支撑,套用相应的钢柱或钢梁制作、安装定额项目;墙架柱、墙架梁和相配套连接杆件套用钢墙架相应定额项目。

⑩型钢混凝土组合结构中的钢构件套用本章相应定额项目,制作定额项目人工、机械乘以系数1.15。

⑪钢栏杆(钢护栏)定额项目仅适用于钢楼梯、钢平台及钢走道板等与金属结构相连接的栏杆,其他部位的栏杆、扶手应套用贵州2016版定额"其他装饰工程"相应定额项目。

2)金属结构楼(墙)面板及其他

①金属结构楼面板和墙面板按成品板编制。

②压型楼面板的收边板未包括在楼面板定额项目内,发生时另行计算。

③楼面板定额项目未包括楼板栓钉、固定支架等费用。发生时,按设计或施工组织设计执行相应定额项目。

3)金属结构运输

①金属结构构件运输适用于钢构件加工厂至施工现场,且运距≤30 km的运输,运距>30 km的构件运输,不适用本定额。

②金属结构构件运输按表5.20分为3类,套用相应定额项目。

表5.20 金属结构构件分类表

类别	构件名称
一	钢柱、屋架、托架、桁架、吊车梁、网架、钢架桥
二	钢梁、檩条、支撑、拉条、栏杆、钢平台、钢走道、钢楼梯、零星构件
三	墙架、挡风架、天窗架、轻钢屋架、其他构件

③构件运输过程中,如遇路桥限载(高)而发生的加固、拓宽,或发生的管线、路灯迁移等费用,或公交管理部门要求的措施等费用,另行计算。

5.8.2　工程量计算规则

1）金属构件制作安装

①金属构件工程量按设计图示尺寸以理论质量计算。

②金属构件计算工程量时,不扣除单个面积≤0.3 m² 的孔洞质量,焊缝、铆钉、螺栓等不另增加。

③焊接空心球网架工程量包括连接钢管杆件,连接球和支托等零件,螺栓球节点网架工程量包括连接钢管杆件(含高强螺栓、销子、套筒、锥头或封板)、螺栓球和支托等零件。

④依附在钢柱上的牛腿、悬臂梁、柱脚板、加劲板、柱顶板、隔板和肋板等并入钢柱工程量。

⑤钢平台工程量包括钢平台柱、梁、板、斜撑等的质量,依附于钢平台上的钢扶梯及平台栏杆,应按相应构件另行列项计算。

⑥钢楼梯的工程量包括楼梯平台、楼梯梁、楼梯踏步等。钢楼梯上的扶手、栏杆另行列项计算。

⑦钢栏杆与钢扶手工程量合并计算,套用钢栏杆定额项目。

2）金属结构楼（墙）面板及其他

①楼面板按设计图示尺寸以铺设面积计算,不扣除单个面积≤0.3 m² 柱、垛及孔洞所占面积。

②墙面板按设计图示尺寸以铺挂面积计算,不扣除单个面积≤0.3 m² 的梁、孔洞所占面积。

③钢板天沟按设计图示尺寸以质量计算,依附天沟的型钢并入天沟的质量内计算;不锈钢天沟、彩钢板天沟按设计图示尺寸以长度计算。

④金属构件安装使用的高强螺栓、花篮螺栓和剪力栓钉按设计数量以套计算。

⑤槽铝檐口端面封边包角、混凝土浇捣收边板高度按150 mm 编制,工程量按设计图示尺寸以长度计算,其他材料的封边包角、混凝土浇捣收边板按设计图示尺寸以展开面积计算。

⑥屋脊盖板内已包括屋脊托板含量,屋脊托板使用其他材料时,含量可以调整,其他不变。

3）金属结构运输

钢构件运输工程量同制作工程量。

5.9 木结构工程

本节定额包括木屋架、木构件、屋面木基层三小节。

5.9.1 定额主要说明

1)木屋架及屋面木基层构造

常用的木屋架是方木和圆木连接的木屋架,一般分为三角形、梯形、折线形、拱形等多种屋架形式,其中三角形屋架如图 5.121 所示。

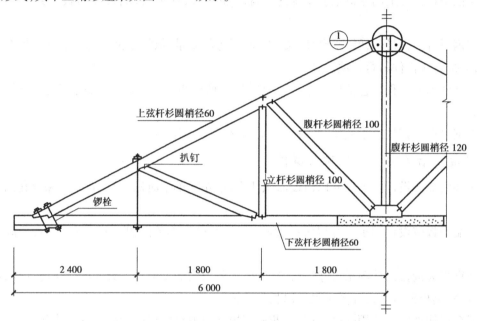

图 5.121 三角形木屋架示意图

屋架跨度是指屋架两端上、下弦中心线交点之间的距离。

屋面木基层是屋面瓦与屋架之间的构件。它分为平瓦屋面木基层与青瓦屋面木基层。平瓦屋面的木基层一般由檩条、屋面板(望板)、油毡防水层、顺水条、挂瓦条等组成,其上铺挂平瓦;也可做成冷摊瓦(又称干挂瓦,即瓦下无屋面板),在椽子上钉挂瓦条后直接挂瓦。青瓦屋面的木基层,由檩条、椽、苇箔、麦草泥等组成,其上扣卧青瓦。也可在椽上铺置木望板或望砖以代替苇箔。还可不抹麦草泥,而用板条或网状的粗制竹席代替苇箔,在其上铺青瓦。檩条是屋顶中由上弦支撑并支承着椽子的材料。椽子装于屋顶以支撑屋顶盖的材料。

2)定额编制及使用说明

①木材木种均以杉和松杂综合取定,设计与定额不同时,材料可以调整,人工、机械不变。

②定额取定的材积均以毛料为准。设计断面或厚度为净料时,增加刨光损耗:方木单面刨光加 3 mm,双面刨光加 5 mm;原木直径加 5 mm。

③木屋架、钢木屋架定额项目中的钢板、型钢、圆钢,设计用量不同时,可以调整,其他不变。

④屋面板制作定额项目,设计厚度与定额不同时,材料可以调整,人工、机械不变。

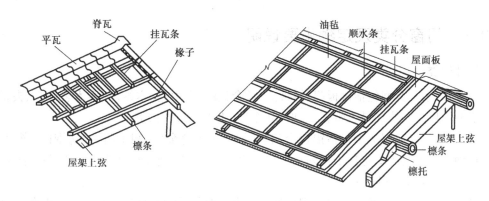

图 5.122　屋面木基层示意图

⑤定额中木材以自然干燥条件下含水率为准编制,采取其他干燥方式时,费用另行计算。

5.9.2　工程量计算规则

1)木屋架

①木屋架、檩条按设计图示尺寸以体积计算,附属于其上的木夹板、垫木、风撑、挑檐木、檩条三角条均按木料体积并入木屋架、檩条内。单独挑檐木并入檩条内。檩托木、檩垫木已包括在相应定额项目内,不另计算。

②钢木屋架按设计图示尺寸以体积计算。定额内已包括钢构件的用量,不另行计算。

③带气楼的屋架,气楼并入所依附屋架内计算。

④屋架的马尾、折角和正交部分半屋架,并入相连屋架内计算。

2)木构件

①木柱、木梁按设计图示尺寸以体积计算。

②木楼梯、钢木楼梯按设计图示尺寸以水平投影面积计算,不扣除宽度≤300 mm 的楼梯井,伸入墙内部分亦不计算。

③木地楞按设计图示尺寸以体积计算。定额内已包括平撑、剪刀撑、沿油木的用量,不另行计算。

3)屋面木基层

①屋面椽子、屋面板、挂瓦条、竹帘子按设计图示尺寸以屋面斜面面积计算,不扣除屋面烟囱、风帽底座、风道、小气窗及斜沟等所占面积。小气窗的出檐部分也不增加。

②封檐板按设计图示檐口外围长度计算。博风板按斜长计算,每个大刀头增加长度 0.50 m。

5.10　门窗工程

本节定额包括木门,金属门,金属卷帘门,厂库房大门,特种门,其他门,木窗,金属窗,门窗套,窗台板,窗帘盒、轨,门窗五金 12 小节。

5.10.1 门窗分类及定额主要说明

1)门分类

①木门。木门类型包括镶板门、拼板门、胶合板门、自由门、木纱门、实木装饰门、夹板装饰门;定额子目列项依据是否带亮子、玻璃(全玻、半玻)情况分别列项。

②金属门。金属门类型包括铝合金门、断桥隔热铝合金门、塑钢门、普通钢门、彩板门、防盗门、钢制防火门等。定额子目列项依据开启方式(推拉、平开、弹簧)、是否带亮子、门扇数量(单、双、四扇)分别列项。

③金属卷帘门。金属卷帘门类型包括铝合金卷帘、不锈钢格栅卷帘门、防火卷帘门。

④厂库房大门。厂库房大门类型包括木板大门、钢木大门、钢木折叠门、全板钢大门、铁花(铁艺)大门,定额子目依据开启方式分别列项。

⑤特种门。特种门类型包括隔音门、保温门、冷藏库门、冷藏间冻结门、变电室门、射线防护门、人防门。

⑥其他门。其他门包括全玻门、电子感应门、全玻转门、不锈钢电动伸缩门、不锈钢电子对讲门。

2)窗分类

①木窗分木质平开窗、木质推拉窗、木百叶窗(矩形、异形)、木组合窗、木天窗、木固定窗。

②金属窗分铝合金窗、金属成品窗。

3)定额主要说明

①本定额是按机械和手工操作综合编制,不论实际采取何种操作方法,均不调整。

②定额取定的材积均以毛料为准。设计断面或厚度为净料时,增加刨光损耗:单面刨光加 3 mm;双面刨光加 0.05 mm;圆木每立方米加 0.05 m^3。

③定额项目中的小五金费,包括普通铰链、插销、风钩的材料价格。

④门窗五金:

a.成品木门(扇)安装定额项目中五金配件的安装仅包括合页安装人工费和合页材料费,设计要求的其他五金另按本章"门窗五金"一节中门特殊五金相应定额项目执行。

b.成品金属门窗、金属卷帘、特种门、其他门安装项目包括五金安装人工,五金材料费包括在成品门窗价格中。铝合金门窗制作、安装定额项目中未含五金配件,五金配件按本章附表选用。

c.厂库房大门项目均包括五金件安装人工,五金铁件材料费另执行"厂库房大门、特种门五金配件表"一节中相应定额项目,当设计与定额不同时,可以换算。

5.10.2 工程量计算规则

1)门窗

①各类门窗制作、安装除有注明外,均按设计图示门窗洞口面积计算。各种门带窗应分别计算,以门窗之间的门框外边缘为分界线。上部带有半圆形的木窗,应分别计算,以普通窗和半圆窗之间横框上的裁口线为分界线。

②厂库房大门、特种门安装,有框的按框外围面积计算,无框的按扇外围面积计算。

③木门扇包不锈钢板、皮制隔音层、饰面板隔音层、镀锌铁皮按门扇单面面积计算,设计为双面时,定额乘以系数2.00。纱扇制作安装按扇外围面积计算。

④钢门窗安玻璃,按玻璃安装面积计算。

⑤电子感应门及转门、不锈钢自动伸缩门安装以樘计算。

⑥卷帘门安装,按设计图示高度(包括卷帘箱高度)乘以宽度以面积计算。电动装置安装按设计图示套数计算,小门安装以扇计算,小门面积不扣除。

2)门窗套

门窗套由门窗贴脸和门窗筒子板两部分构成。垂直门窗的,在洞口侧面的装饰,称为筒子板。平行门窗的,墙面的,盖住筒子板和墙面缝隙的,称为贴脸。门窗贴脸主要是为了遮住门窗框与墙面之间的明显缝口。

门窗套定额子项包括门窗木贴脸、硬木筒子板、饰面板门窗套、不锈钢板窗套、石材门套,工程量计算除了门窗木贴脸按设计图示尺寸以延长米计算外,其余按设计图示尺寸以展开面积计算。

3)窗台板

窗台板包括木质和石材窗台板,工程量按设计图示尺寸以实铺面积计算。

4)窗帘盒、窗帘轨(杆)

窗帘盒[图5.123(a)]是收纳轨道,起到美观作用的。窗帘轨(杆)[图5.123(b)]是承载窗帘,让窗帘实现开合的配件。窗帘盒包括细木工板、硬木、塑料窗帘盒,窗帘轨(杆)包括不锈钢管、铝合金、硬木、钢筋窗帘杆双轨。窗帘盒、窗帘轨/杆工程量按设计图示尺寸以延长米计算。

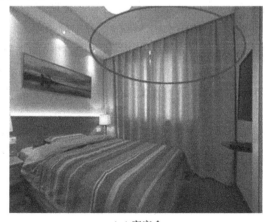

| (a)窗帘盒 | (b)窗帘杆 |

图5.123 窗帘盒与窗帘杆示意图

5)特殊五金安装

特殊五金包括吊装滑动门轨、L形执手杆锁、球形执手锁、地锁、门轧头、防盗门扣、门眼(猫眼)、高档门拉手、电子锁、弹子锁、上下暗插销、门碰头、铁搭扣、自由门弹簧安装等,特殊五金安装按设计图示数量计算。

5.11 屋面及防水工程

本节定额包括瓦型材及其他屋面、防水工程、屋面排水、变形缝与止水带四小节。

5.11.1 定额主要说明

1)屋面工程

①贵州省 2016 版定额中屋面工程定额子项包括瓦型材及其他屋面、金属板屋面、采光屋面、膜结构屋面。其中瓦型材及其他屋面包括水泥瓦、普通黏土瓦、小青瓦、玻璃钢瓦、混凝土彩玻瓦、沥青瓦;金属板屋面包括钢(木)檩条上铺镀锌瓦垄铁皮、单层彩钢板、彩钢夹芯板;采光屋面包括阳光板屋面、玻璃采光顶屋面。

②本节中瓦屋面、金属板屋面、采光板屋面设计与定额项目不同时,相应项目材料可以换算,人工、机械不变。

③屋面按坡度≤15%编制,15% <坡度≤25%时,按相应定额项目人工乘以系数 1.18;25% <坡度≤45%或为人字形、锯齿形、弧形等时,相应定额项目人工乘以系数 1.30;坡度 >45%时,相应定额项目人工乘系数 1.43。

2)防水工程

①防水工程适用于楼地面、墙基、墙身、构筑物、水池、水塔及室内卫生间、浴室等防水、防潮工程。贵州省 2016 版定额中防水工程分项包括卷材防水、涂膜防水、板材防水、刚性防水四种方式。其中卷材防水包括玻璃纤维布防水卷材、改性沥青防水卷材、高分子防水卷材;涂膜防水包括改性沥青防水涂料、高分子防水涂料、冷底子油、石油沥青及其他;板材防水包括塑料防水板、金属防水板;刚性防水包括细石混凝土、防水砂浆、聚合物水泥防水砂浆。防水工程结合材料、施工工艺不同分为平面和立面防水,不依防水构造部位划分定额子项。

②卷材防水、涂膜防水定额项目中的卷材、涂料,设计与定额不同时,可根据材料的类别按相应定额项目换算,人工、机械不变。

③涂膜防水中"二布三涂"或"一布二涂"项目,其涂数是指涂料构成防水层数,并非涂刷遍数。

④防水卷材的搭接、拼缝、压边、留槎,找平层的嵌缝、冷底子油、底胶剂已包含在定额项目内,不另计算。卷材防水附加层套用卷材防水相应定额项目。

3)屋面排水

①屋面排水方式分有组织排水、无组织排水,其中有组织排水又分为檐沟外排水、女儿墙外排水、檐沟女儿墙外排水、内排水四种方式。

②塑料排水管屋面排水定额项目按 PVC 材质水落管、水斗、水口和弯头编制,设计与定额不同时,相应项目材料可以换算,人工、机械不变。

③设计采用不锈钢水落管排水时,执行镀锌钢管定额项目,相应项目材料可以换算,人工乘以系数 1.10。

④种植屋面排水定额项目包含屋面滤水层和排(蓄)水层,找平层、保温层等执行其他章

节相应定额项目,防水层按相应定额项目计算。

4)变形缝与止水带

①变形缝嵌填缝定额项目中,设计断面与定额不同时,相应项目材料可以换算,人工、机械不变。

②沥青砂浆填缝,设计与定额不同时,材料可以换算,其他不变。

③变形缝盖板定额项目,变形缝盖板设计与定额不同时,材料可以换算,其他不变。

5.11.2 工程量计算规则

1)屋面工程

(1)瓦屋面及金属板屋面

屋面(包括挑檐)均按设计图示尺寸以面积计算(斜屋面按斜面面积计算),不扣除屋面烟囱、风帽底座、风道、屋面小气窗、斜沟和脊瓦等所占面积,小气窗的出檐部分也不增加。波形瓦屋面的正斜脊瓦、檐口线,按设计图示尺寸以长度计算。瓦面上设计要求安装饰件时,另行计算。

$$斜屋面工程量 = 屋面水平投影面积 × 屋面坡度系数$$

式中,屋面水平投影面积=水平投影长度×水平投影宽度。

屋面坡度系数也称为延迟系数,用"C"表示。计算公式如下:

①已知水平面与斜面相交的夹角 α(图5.124),屋面坡度系数 $C = 1/\cos \alpha$。

②已知矢跨比($B/2A$),屋面坡度系数 $C = \left[\frac{1}{2}(A^2 + B^2)\right]/A$。

将计算结果制作成屋面坡度系数表,以备查用,见表5.21。

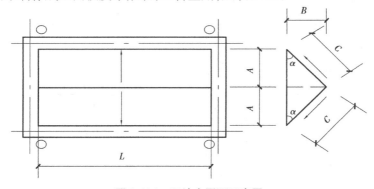

图5.124 两坡水屋面示意图

屋面坡度系数:$K = \dfrac{C}{A} = \dfrac{\sqrt{A^2 + B^2}}{A} = \sqrt{1 + \left(\dfrac{B}{A}\right)^2} = \sqrt{1 + i^2}$。

屋面斜面积 $= L \times C \times 2 = L \times K \times A \times 2 = K \times 水平投影面积$。

四坡水屋面斜面积 = 偶延尺系数 × 屋面坡工系数。

四坡水屋面斜脊长度 $= A \times D$(当 $S = D$ 时)。

注意:$A = A'$ 且 $S = 0$ 时,为等两坡屋面;$A = A' = S$ 时,为等四坡屋面(图5.125);等两坡屋面山墙泛水斜长:$A \times C$;等四坡屋面的单面斜脊长度 $= A \times D$,式中 D 为隔延尺系数,$D = (1 + C^2)^{\frac{1}{2}}$。

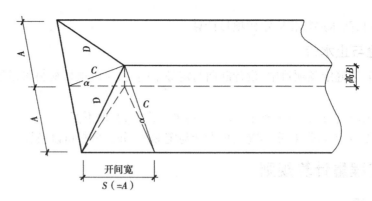

图 5.125 等四坡屋面示意图

表 5.21 屋面坡度系数表

坡度 $B(A=1)$	坡度 $B/2A$	坡度角度(α)	延尺系数 $C(A=1)$	隔延尺系数 $D(A)=1$
1	1/2	45°	1.414 2	1.732 1
0.75		36°52′	1.250 0	1.600 8
0.70		35°	1.220 7	1.577 9
0.666	1/3	33°40′	1.201 5	1.562 0
0.65		33°01′	1.192 6	1.556 4
0.60		30°58′	1.166 2	1.536 2
0.577		30°	1.154 7	1.527 0
0.55		28°49′	1.141 3	1.517 0
0.50	1/4	26°34′	1.118 0	1.500 0
0.45		24°14′	1.096 6	1.483 9
0.40	1/5	21°48′	1.077 0	1.469 7
0.35		19°17′	1.059 4	1.456 9
0.30		16°42′	1.044 0	1.445 7
0.25		14°02′	1.030 8	1.436 2
0.20	1/10	11°19′	1.019 8	1.428 3
0.15		8°32′	1.011 2	1.422 1
0.125		7°8′	1.007 8	1.419 1
0.100	1/20	5°42′	1.005 0	1.417 7
0.083		4°45′	1.003 5	1.416 6
0.066	1/30	3°49′	1.002 2	1.415 7

【例 5.33】如图 5.126 所示的某四坡屋面平面图,设计屋面坡度 =0.5(即 $\alpha=26°34′$,坡度比例 =1/4)。应用屋面坡度系数计算以下数值:①屋面斜面积;②四坡屋面斜脊长度;③全部屋脊长度。

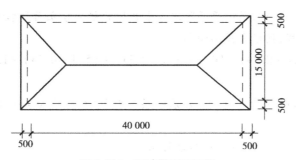

图 5.126　四坡屋面平面图

【解】①查表 5.20，$C = 1.118$，可求得

$$屋面斜面积 = (40.0 + 0.5 \times 2) \times (15.0 + 0.5 \times 2) \times 1.118 (\text{m}^2)$$
$$= 41 \times 16 \times 1.118 (\text{m}^2)$$
$$= 733.41 (\text{m}^2)$$

②查表 5.20，$D = 1.5$，四坡屋面斜脊长度 $= AD = 8 \times 1.5 = 12 (\text{m})$；

③全部屋脊长度 $= 12 \times 2 \times 2 + 41 - 8 \times 2 = 48 + 25 = 73 (\text{m})$。

（2）采光屋面

按设计图示尺寸以面积计算，不扣除单个面积 ≤ 0.3 m² 孔洞所占面积。

（3）膜结构屋面

按设计图示尺寸以水平投影面积计算，设计与定额不同时，相应项目材料可以换算，人工、机械不变。

2）防水工程

①屋面防水按设计图示尺寸以面积计算（斜屋面按斜面面积计算），不扣除屋面烟囱、风帽底座、风道、屋面小气窗、斜沟等所占面积，屋面的女儿墙、伸缩缝和天窗等处的弯起部分，按设计图示尺寸以面积计算；设计无规定时，伸缩缝、女儿墙和天窗的弯起部分按 500 mm 计算，并入立面工程量内。

【例 5.34】如图 5.127 所示尺寸，计算屋面卷材防水工程量并套定额。女儿墙卷材弯起高度为 250 mm。卷材采用改性沥青防水卷材，冷粘法施工，铺贴两层。

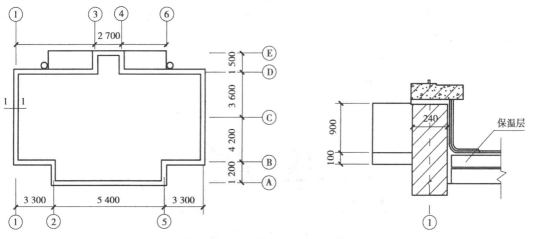

图 5.127　屋面水平图及剖面详图

【解】屋面卷材防水分为屋面平面防水及女儿墙弯起部分立面防水两部分。

（1）平面防水工程，按水平投影面积计算

$S_1 = (3.3 \times 2 + 5.4 - 0.24) \times (4.2 + 3.6 - 0.24) + (5.4 - 0.24) \times 1.2 + (2.7 - 0.24) \times 1.5 = 98.79(\text{m}^2)$

套定额 A9-38（改性沥青卷材　冷粘法一层　平面）和定额 A9-40（改性沥青卷材　冷粘法每增一层　平面）。

（2）立面防水工程即女儿墙弯起部分面积

$S_2 = [(11.76 + 7.56) \times 2 + 1.2 \times 2 + 1.5 \times 2] \times 0.25 = 11.01(\text{m}^2)$

套定额 A9-38 加定额 A9-40。

②楼地面防水、防潮层按设计图示尺寸以主墙间净面积计算，扣除凸出地面的构筑物、设备基础等所占面积，不扣除间壁墙及单个面积≤0.3 m² 柱、垛、烟囱和孔洞所占面积，平面与立面交接处，上翻高度≤300 mm 时，按展开面积并入平面工程量内计算，高度 >300 mm 时，按立面防水层计算。

③墙基水平防水、防潮层，外墙按外墙中心线长度、内墙按墙体净长度乘以宽度以面积计算。

④墙的立面防水、防潮层，不论内墙、外墙，均按设计图示尺寸以面积计算。

⑤基础底板的防水、防潮层按设计图示尺寸以面积计算，不扣除桩头所占面积。

⑥卷材附加层按设计图示尺寸以面积计算。

3）屋面排水

①水落管、镀锌铁皮天沟、檐沟按设计图示尺寸以长度计算。

注：a. 屋面排水管、水落管定额项目已包含雨水口、落水斗、落水弯头等零配件，不另计算。

　　b. 铁皮屋面及铁皮排水定额项目已包含铁皮咬口、卷边和搭接等，不另行计算。

②种植屋面排水包括土工布过滤层、凹凸型排水板、网状交织排水层、陶粒排水层。按设计图示尺寸以铺设排水层面积计算，不扣除屋面烟囱、风帽底座、风道、屋面小气窗、斜沟、脊瓦以及单个面积≤0.3 m² 的孔洞所占面积，屋面小气窗的出檐部分不增加。

③阳台、雨篷短管，虹吸式雨水斗按设计图示数量以个计算。

4）变形缝与止水带

变形缝包括温度伸缩缝、沉降缝和防震缝 3 种。变形缝与止水带（图 5.128）按设计图示尺寸，以长度计算。

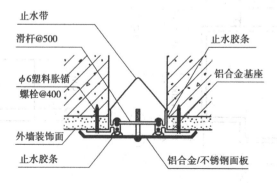

图 5.128　外墙变形缝及止水带

5.12　保温、隔热、防腐工程

本节定额包括保温、隔热工程及防腐工程二小节。

5.12.1　定额主要说明

1)保温、隔热工程

①保温、隔热定额项目只包括保温隔热材料的铺贴,不包括隔气防潮、保护层或衬墙等。

②保温层的保温材料配合比、材质、厚度,设计与定额不同时,可以换算。弧形墙墙面保温隔热层,按相应定额项目人工乘以系数 1.10。

③与无保温墙体相连的柱、梁面保温,按墙面保温定额项目人工乘以系数 1.19、材料乘以系数 1.04。

④墙、柱面保温装饰一体板定额项目,采用钢骨架时,执行"墙柱面装饰与隔断幕墙工程"中相应定额项目。

⑤抗裂保护层采用塑料膨胀螺栓固定时,每 1 m² 增加人工 0.03 工日,塑料膨胀螺栓6.12套。

2)防腐工程

①整体面层、隔离层适用于平面、立面的防腐耐酸工程,包括沟、坑、槽。

②各种砂浆、胶泥、混凝土材料的种类,配合比及各种整体面层的厚度,设计与定额不同时,可以换算。

③花岗岩板以六面剁斧的板材为准,底面为毛面者,水玻璃砂浆增加 0.38 m³;耐酸沥青砂浆增加 0.44 m³。

④防腐卷材接缝、附加层、收头等人工、材料,已包含在相应定额项目内,不另行计算。

⑤块料防腐中面层材料的规格,设计与定额不同时,可以换算。块料面层的结合层配合比,设计与定额不同时,可以换算。

⑥防腐面层工程的各种面层,除软聚氯乙烯板地面外,均不包括踢脚板。

⑦整体面层踢脚板按整体面层相应定额项目执行,块料面层踢脚板按相应定额项目执行。

5.12.2　工程量计算规则

1)保温隔热工程

①屋面保温隔热层区别不同保温隔热材料除另有规定者外均按设计图示尺寸以体积计算,扣除单个面积 >0.3 m² 孔洞所占工程量。

②天棚保温隔热工程按设计图示尺寸以面积计算。扣除单个面积 >0.3 m² 的柱、垛、孔洞所占面积,与天棚相连的梁按展开面积,并入天棚工程量内。混凝土板下(带龙骨)铺贴隔热层以面积计算,不扣除木框架及木龙骨的面积。

注意:柱帽保温隔热层,并入天棚保温隔热层工程量内。

③墙面保温隔热工程按设计图示尺寸以面积计算。扣除门窗洞口及单个面积 > 0.3 m^2 梁、孔洞所占面积;门窗洞口侧壁、单个面积 > 0.3 m^2 孔洞侧壁以及与墙相连的柱及室外梁面,并入保温墙体工程量内。墙体(带龙骨)铺贴隔热层以面积计算,不扣除木框架及木龙骨的面积。外墙隔热层按中心线长度计算,内墙隔热层按净长计算。

④柱、梁保温隔热工程按设计图示尺寸以面积计算。柱按设计图示柱断面保温层中心线展开长度乘以高度以面积计算,扣除单个面积 > 0.3 m^2 梁所占面积。梁按设计图示梁断面保温层中心线展开长度乘保温层长度以面积计算。

⑤楼地面保温隔热工程按设计图示尺寸以面积计算。扣除单个面积 > 0.3 m^2 的柱、垛、孔洞所占面积,门洞、空圈、暖气包槽、壁龛的开口部分也不增加。

⑥保温层排气管按设计图示尺寸以长度计算,不扣除管件所占长度,保温层排气孔按不同材料以数量计算。

⑦其他保温隔热。按设计图示尺寸以展开面积计算。扣除单个面积 > 0.3 m^2 孔洞及所占面积。

⑧防火隔离带按设计图示尺寸以面积计算。

2)防腐工程

①防腐工程基本计算规则:防腐工程面层、隔离层及防腐油漆均按设计图示尺寸以面积计算。

②平面防腐工程计算应扣除凸出地面的构筑物、设备基础以及单个面积 > 0.3 m^2 孔洞、柱、垛等所占面积,门洞、空圈、暖气包槽、壁龛的开口部分也不增加。

③立面防腐工程计算应扣除门、窗以及单个面积 > 0.3 m^2 孔洞、梁所占面积,门、窗、洞口侧壁、垛凸出部分按展开面积并入墙面工程量内。

④池、沟、槽块料防腐面层按设计图示尺寸以展开面积计算。

⑤砌筑沥青浸渍砖按设计图示尺寸以面积计算。

⑥踢脚板按设计图示尺寸以面积计算,扣除门洞所占面积,增加侧壁展开面积。

⑦混凝土面及抹灰面油漆防腐按设计图示尺寸以面积计算。

5.13　楼地面装饰工程

本节定额包括找平层及整体面层、涂层面层、块料面层、橡塑面层、其他材料面层、踢脚线、楼梯装饰、台阶装饰、零星装饰九小节。

5.13.1　定额主要说明

1)楼地面定义

楼地面是指构成的基层(楼板、夯实土基)、垫层(承受地面荷载并均匀传递给基层的构造层)、填充层(在建筑楼地面上起隔音、保温、找坡或敷设暗管、暗线等作用的构造层)、隔离层(起防水、防潮作用的构造层)、找平层(在垫层、楼板上或填充层上起找平、找坡或加强作用的构造层)、结合层(面层与下层相结合的中间层)、面层(直接承受各种荷载作用的表面层)等。

2)面层分类

定额中面层分类主要包括整体面层、块料面层、橡塑面层及其他材料面层。

①整体面层是指现场作业时现浇为一个整体的楼地面做法,定额上按照材料分类包括水泥砂浆、预拌细石混凝土、水泥豆石、水泥石屑面层。

②块料面层是指用一定规格的块状材料,采用水泥砂浆结合层或者相应的黏结剂镶铺而成的面层,块料面层分为石材(大理石、花岗岩、青石板)、陶瓷面层(陶瓷地砖、激光玻璃、幻影玻璃地砖、缸砖、陶瓷锦砖、广场砖)。

③其他面层主要包括一些直接铺在经过水泥砂浆找平以后铺设的面层或架空后进行铺设的面层,如竹板面层、橡胶面层、地毯面层、条形实木地板、条形复合地板、钛金不锈钢复合地砖、铝合金防静电活动地板等。

3)定额套用注意事项

①设计的楼地面垫层混凝土强度等级如与定额规定的不同时,允许换算。

②定额水泥砂浆按干混预拌砂浆编制,采用现拌砂浆时,按每立方米砂浆增加人工0.382工日,扣减用水0.3 m^3,并将干混砂浆罐式搅拌机调整为200 L的灰浆搅拌机,台班用量不变。采用湿拌预拌砂浆,按每立方米砂浆减少人工0.20工日,用水量扣除方式同现拌砂浆,再扣除干混砂浆罐式搅拌机台班消耗量

③镶贴块料定额项目需现场倒角、磨边的,按本定额"其他装饰工程"相应定额项目执行。

5.13.2　工程量计算规则及定额套用

1)楼地面找平层及整体面层

楼地面找平层及整体面层按设计图示尺寸以面积计算。扣除凸出地面构筑物、设备基础、室内铁件、地沟等所占面积,不扣除间壁墙(即没有基础,自地面上做起的墙体)及单个面积≤0.3 m^2 柱、垛、附墙烟囱及孔洞所占面积。门洞、空圈、暖气包槽、壁龛的开口部分也不增加。

找平层及整体面层计算公式:

$$S = S_{主墙间净面积} - S_{构件、设备基础及0.3 m^2以外孔洞}$$

2)块料面层、橡塑面层、其他材料面层

块料面层、橡塑面层、其他材料面层按实铺面积计算。

$$S_{实铺} = S_{主墙间净面积} - S_{构件、设备基础} + S_{门、洞、空圈}$$

【例5.35】某建筑单层平面图如图5.129所示:内外砖墙厚为240 mm,门M1:1 800 mm × 2 400 mm,窗C-1:1 500 mm×1 800 mm,柱Z断面为300 mm×300 mm。混凝土垫层上作1:3水泥砂浆找平层15 mm厚,干混地面砂浆铺贴600 mm×600 mm陶瓷地砖面层,包括门洞开口部分亦铺贴陶瓷地砖面层。试计算:①找平层工程量;②陶瓷地砖面层工程量,确定定额项目。

【解】① 找平层工程量 $S = (8.4 - 0.24) \times (6.6 - 0.24) + (8.4 - 0.24) \times (6.2 - 0.12) + 3.14/2 \times (4.2 - 0.12)^2$

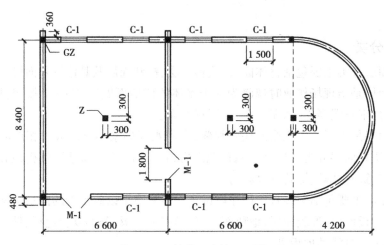

图 5.129　某单层建筑平面图

$$= 8.16 \times 6.36 + 8.16 \times 6.48 + 3.14/2 \times 4.08^{2}$$

$$= 130.90(\text{m}^{2})$$

②陶瓷地砖面层工程量

$$S = (8.4 - 0.24) \times (6.6 - 0.24) + (8.4 - 0.24) \times (6.6 - 0.12) + \frac{1}{2} \times 3.14 \times$$

$$(4.2 - 0.12)^{2} + 1.8 \times 0.24 \times 2 - 0.3 \times 0.3 \times 3 = 131.49(\text{m}^{2})$$

套用定额 A11-39(陶瓷地砖块料面层,周长在 2 400 mm 以内)(未含主材),定额综合单价 $= 4\ 140.46$ 元$/100\ \text{m}^{2}$。

3)石材拼花

石材拼花按最大外围尺寸以矩形面积计算,如图 5.130 所示算至图案外边线,即铺贴图案所影响规格块料的最大范围。图案外边线以内周边异形块料的铺贴,套用相应块料面层铺贴项目及图案周边异形块料加工项目。

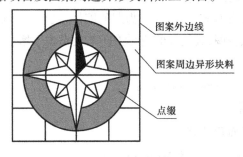

图 5.130　石材拼花

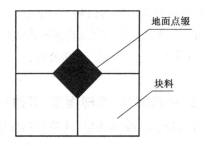

图 5.131　楼地面点缀

4)点缀

楼地面点缀是一种简单的楼地面块料拼铺方式,即在主体块料四角相交处各切去一个角,另镶一小块其他颜色块料,起到点缀作用,如图 5.131 所示。注意点缀与分色小方整块料(不需加工主体块料)的区别,也要注意点缀与"分格调色"的区别。点缀按个计算。计算铺贴地面面积时,点缀所占的面积不扣除。

注意:镶嵌规格≤100 mm×100 mm 的石材执行点缀定额项目

5)地面垫层

地面垫层工程量按室内主墙(厚度≥180 mm 的砖墙、砌块墙或厚度≥100 mm 的钢筋混凝土剪力墙)间净空面积乘以设计厚度以体积计算;应扣除凸出地面的构筑物、设备基础、室内铁道、地沟等所占体积。不扣除柱、垛、间壁墙、附墙烟囱及面积在 0.3 m² 以内孔洞所占体积。

6)楼梯面层及防滑条

①楼梯面层(包括踏步、休息平台以及宽度≤500 mm 的楼梯井)按水平投影面积计算。楼梯与楼地面相连时,算至梯口梁外侧边沿;无梯口梁者,算至最上一层踏步边沿加 300 mm。

②楼梯及台阶面层防滑条,按设计图示尺寸以延长米计算。设计未注明时,按楼梯踏步两端距离各减 150 mm 以延长米计算。

设计无规定时:$L_{防滑条} = (L_{踏步长度} - 0.15) \times 踏步数量$

7)踢脚线

踢脚线按设计图示长度乘以高度以面积计算。楼梯靠墙踢脚线(含锯齿形部分)贴块料按设计图示尺寸以面积计算。其中:

$$整体踢脚线:S = (L_{周长} + L_{柱、垛侧面}) \times h$$
$$块料踢脚板:S = L_{实贴} \times h = (L_{周长} - L_{洞} + L_{侧} 面) \times h$$

按黏结材料(水泥砂浆、黏结剂)不同分别计算套定额。

【例5.36】如例题5.35中平面图所示,踢脚板采用干混砂浆粘贴陶瓷块料,高 150 mm。试计算踢脚板工程量,确定定额项目。

【解】直线形踢脚板工程量 = 直墙 $0.15 \times [(8.4 - 0.24) \times 3 + (6.6 - 0.24) \times 2 + (6.6 - 0.12) \times 2] -$ 门口 $0.15 \times 1.8 \times 3 +$ 门口侧壁 $0.15 \times (0.24 - 0.08) \times 4 +$ 柱脚 $0.15 \times 0.3 \times 4 \times 3 = 7.524 - 0.81 + 0.096 + 0.54 = 7.35(m^2)$

弧形踢脚板工程量 = 弧墙 $0.15 \times \pi \times (4.2 - 0.12) = 1.923(m^2)$

干混砂浆粘贴陶瓷地砖踢脚板:

①直线形部分套 A11-85,(未含主材)定额综合单价 = 8 038.02 元/100(m²),合价 = $\frac{7.35}{100} \times 8\,038.02 = 590.79(元)$。

②弧形部分套 A11-86,(未含主材)定额综合单价 = 9 233.57 元/100 m²,合价 = $\frac{1.923}{100} \times 9\,233.57 = 177.56(元)$。

8)台阶

台阶面层按设计图示尺寸(第一个踏步算至最后一个踏步边沿加 300 mm)以水平投影面积计算。

9)零星项目

适用于楼梯和台阶的牵边(指楼梯、台阶踏步的端部为防止流水直接从踏步端部凸出的构造做法)、侧面、池槽、蹲台等项目。零星项目按面积计算。

5.13.3 楼地面工程综合案例

【例5.37】某一层建筑平面图如图5.132所示,室内地坪标高 ±0.00,室外地坪标高

-0.45 m,土方堆积地距离房屋 150 m。该地面做法:1:2 水泥砂浆面层 20 mm,现拌 C15 混凝土垫层 80 mm,干铺碎石垫层 100 mm,夯填地面土;踢脚线:120 mm 高水泥砂浆踢脚线;柱子 Z:300 mm×300 mm;M1:1 200 mm×2 000 mm;台阶:干铺 100 mm 厚碎石垫层,每级踏步宽 300 mm,1:2 水泥砂浆面层;散水:C15 混凝土 600 mm 宽、80 mm 厚。求地面部分工程量、综合单价和合价。

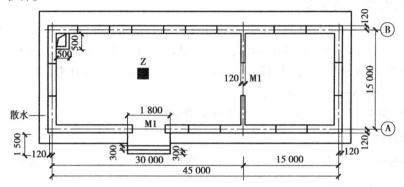

图 5.132 建筑平面图

【解】(1)列项目

碎石垫层(A4-152)、混凝土垫层(A5-2)、水泥砂浆地面(A11-9)、水泥砂浆踢脚线(A11-80)、台阶碎石垫层(A4-152)、台阶面层(A11-111)、混凝土散水(A11-13 + A11-14 ×2)。

(2)计算工程量

①100 mm 厚碎石垫层:

$$\{(45 - 0.24) \times (15 - 0.24) + 0.6 \times 1.8\} \times 0.1 = 66.17(m^3)$$

②80 mm 厚 C15 混凝土垫层:

$$\{(45 - 0.24) \times (15 - 0.24) + 0.6 \times 1.8\} \times 0.08 = 52.94(m^3)$$

③20 mm 厚 1:2 水泥砂浆地面:

$$(45 - 0.24) \times (15 - 0.24) + 0.6 \times 1.8 = 661.7(m^2)$$

④120 mm 高水泥砂浆踢脚线:

$$\{(45 - 0.24 - 0.12) \times 2 + (15 - 0.24) \times 4\} \times 0.12 = 17.80(m^2)$$

⑤100 mm 厚台阶碎石垫层:$1.62 \times 0.1 = 0.16(m^3)$

⑥1:2 水泥砂浆台阶面层:$1.8 \times 0.9 = 1.62(m^2)$

⑦C15 混凝土散水:

$$\{(45.24 + 0.6 + 15.24 + 0.6) \times 2 - 1.8\} \times 0.6 = 72.91(m^2)$$

(3)计算汇总及套定额(表 5.22)

表 5.22 计算汇总表

序号	定额编号	项目名称	计量单位	工程量	(含主材)综合单价(元)	合价(元)
1	A4-152	碎石垫层	10 m³	66.17	1 841.32	121 840.14
2	A5-2 换	C15 混凝土垫层	10 m³	52.94	3 771.32	199 653.68
3	A11-9 换	水泥砂浆地面厚 20 mm	100 m²	661.7	2 495.86	1 651 510.56

续表

序号	定额编号	项目名称	计量单位	工程量	(含主材)综合单价(元)	合价(元)
4	A11-80 换	水泥砂浆踢脚线高 120 mm	100 m²	17.80	7 051.87	125 523.29
5	A4-152	台阶碎石垫层	10 m³	0.16	1 841.32	294.61
6	A11-111 换	台阶粉水泥砂浆	100 m²	1.62	3 541.98	5 738.01
7	A11-13 + A11-14 ×2 换	C15 混凝土散水厚 80 mm	100 m²	72.91	5 639.25	411 157.72
合计						2 515 718.01

5.14　墙、柱面装饰与隔断、幕墙工程

本节定额包括墙面抹灰、柱(梁)面抹灰、零星抹灰、墙面块料面层、柱(梁)面镶贴块料、镶贴零星块料、墙饰面、柱(梁)饰面、幕墙工程及隔断十小节。

5.14.1　定额及主要说明

1)套定额前应掌握的主要知识

墙面砂浆抹灰分二遍、三遍、四遍成活,其标准如下:

①二遍:一遍底层,一遍面层。

②三遍:一遍底层,一遍中层,一遍面层。

③四遍:一遍底层,一遍中层,二遍面层。

抹灰等级与遍数、工序、外观质量的对应关系见表 5.23。

表 5.23　抹灰等级与遍数、工序、外观质量的对应关系

名称	普通抹灰	中级抹灰	高级抹灰
遍数	二遍	三遍	四遍
厚度不大于	18 mm	20 mm	25 mm
主要工序	分层找平、修整、表面压光	阳角找方、设置标筋、分层找平、修整、表面压光	阳角找方、设置标筋、分层找平、修整、表面压光
外观质量	表面光滑、洁净、接槎平整	表面光滑、洁净、接槎平整,灰缝清晰顺直	表面光滑、洁净、颜色均匀,无抹纹灰线平直方正、清晰

2)定额主要说明

①本节所有子目使用时按设计饰面做法和不同材质墙体,分别执行相应定额子目。

②定额石灰砂浆按现拌砂浆编制;水泥砂浆、水泥石灰砂浆按干混预拌砂浆编制。采用现拌砂浆时,按每立方米砂浆增加人工 0.382 工日,水泥砂浆抹灰及块料粘贴按每立方米水

泥砂浆扣减用水 0.3 m³,水泥石灰砂浆抹灰及块料粘贴按每立方米水泥石灰砂浆扣减用水 0.6 m³,并将干混砂浆罐式搅拌机调整为 200 L 的灰浆搅拌机,台班用量不变。采用湿拌预拌砂浆,按每立方米砂浆减少人工 0.20 工日,用水量扣除方式同现拌砂浆,再扣除干混砂浆罐式搅拌机台班消耗量。预拌砂浆换为现拌砂浆厚度取定见表 5.24。

表 5.24 预拌砂浆换为现拌砂浆厚度取定表

定额编号	项目		砂浆	厚度（mm）
A14-1	墙面、墙裙抹石灰砂浆	砖、混凝土墙面	石灰砂浆 1:2.5	15
			纸筋石灰浆	2
A14-2		钢板网墙面	石灰砂浆 1:3	18
			纸筋石灰浆	2
A14-7	墙面、墙裙抹水泥石灰砂浆	砖、混凝土内墙面	水泥石灰砂浆 1:1:6	16
			水泥石灰砂浆 1:0.3:2.5	5
A14-8		砖、混凝土外墙面	水泥石灰砂浆 1:1:6	9
			水泥石灰砂浆 1:0.5:5	8
A14-10		钢板网墙面	水泥石灰砂浆 1:1:6	15
			水泥石灰砂浆 1:0.3:3	5
A14-9		毛石墙面	水泥石灰砂浆 1:1:4	12
			水泥石灰砂浆 1:0.5:2.5	8
			水泥石灰砂浆 1:0.3:3	5
A14-3	墙面、墙裙抹水泥砂浆	砖、混凝土内墙面	水泥砂浆 1:3	13
			水泥砂浆 1:2.5	5
A14-4		砖、混凝土外墙面	水泥砂浆 1:3	14
			水泥砂浆 1:2.5	6
A14-6		钢板网墙面	水泥砂浆 1:3	14
			水泥砂浆 1:2.5	6
A14-5		毛石墙面	水泥砂浆 1:3	24
			水泥砂浆 1:2.5	6
A14-11	墙面、墙裙抹石膏砂浆	砖、混凝土墙面	石膏砂浆	8
			素石膏浆	2
A14-12	墙面、墙裙抹珍珠岩浆	砖、混凝土墙面	水泥珍珠岩浆 1:8	23
			纸筋石灰浆	2
A14-14	水刷白石子	砖、混凝土墙面	水泥砂浆 1:3	15
			水泥白石子浆 1:1.5	10

续表

定额编号	项目		砂浆	厚度（mm）
A14-15	干粘白石子	砖、混凝土墙面	水泥砂浆 1:3	25
A14-16	水泥小豆石	砖墙面	水泥砂浆 1:3	14
			水泥小豆石浆 1:2.5	10
A14-17	水泥石屑	砖墙面	水泥砂浆 1:3	14
			水泥石屑浆 1:2.5	8
A14-18	斩假石	砖、混凝土墙面	水泥砂浆 1:3	19
			水泥白石子浆 1:2.5	11

③抹灰面层工程定额相关规定：

a.抹灰定额项目中砂浆配合比、抹灰厚度与设计不同时，可以调整。

b.抹灰工程的装饰线条适用于窗台线、门窗套、挑檐、腰线、压顶、遮阳板、楼梯边梁、宣传栏边框等项目的抹灰，以及突出墙面且展开宽度≤300 mm 的竖横线条抹灰。线条展开宽度 >300 mm 且≤400 mm 的，按相应项目乘以系数 1.33；展开宽度 >400 mm 且≤500 mm 的，按相应项目乘以系数 1.67。展开宽度 >500 mm 时，按展开面积并入所依附墙面内。

c.墙面基层设计有界面剂时，按相应定额项目执行。

④块料面层工程定额相关规定：

a.墙面贴块料、饰面高度≤300 mm 时，按踢脚线定额项目执行。

b.勾缝镶贴面砖定额项目，面砖消耗量分别按缝宽 5 mm 和 10 mm 编制，设计图示灰缝宽度与定额不同时，块料及砂浆用量允许调整。

c.瓷板厚度按≤7 mm 编制，厚度 >7 mm 时按面砖相应定额项目执行。

d.除已列有挂贴石材柱帽、柱墩定额项目外，其他项目的柱帽、柱墩并入相应柱面积内，每个柱帽或柱墩另增加人工：抹灰 0.25 工日，块料 0.38 工日，饰面 0.50 工日。

e.木龙骨基层是按双向编制的，设计为单向时，相应定额项目乘以系数 0.55。金属龙骨定额项目中规格和间距与设计不同时可以调整。

⑤隔断、幕墙工程定额相关规定：

a.玻璃幕墙中的玻璃按成品玻璃编制，幕墙工程已包含避雷装置。型钢、挂件用量设计与定额不同时，可以调整。

b.干挂石材、铝（塑）板及玻璃幕墙型钢骨架，均按钢骨架定额项目执行。预埋铁件按本定额"混凝土及钢筋混凝土工程"铁件制作安装定额项目执行。

c.隔墙（间壁）、隔断（护壁）、幕墙等定额项目中龙骨间距、规格设计与定额不同时，允许调整，人工、机械不变。

5.14.2 工程量计算规则

1)抹灰

抹灰包括墙面、柱面的一般抹灰、装饰抹灰、勾缝。

①外墙一般抹灰(图5.133)按外墙面的垂直投影面积计算,扣除门窗洞口、单个面积 > 0.3 m² 孔洞所占面积;门窗洞口及孔洞周边侧壁面积也不增加。附墙垛、梁、柱侧面、飘窗凸出外墙面增加的抹灰面积并入外墙、墙裙抹灰工程量计算。墙面和墙裙抹灰种类相同的,工程量合并计算。栏板、栏杆、窗台线、门窗套、扶手、压顶、挑檐、遮阳板、突出墙外的腰线等,另按相应规定计算。

外墙抹灰工程量 = 外墙面长度 × 墙面高度 − 门窗等面积 + 垛梁柱的侧面抹灰面积

式中　外墙面长度——外墙外边线长度;

　　　墙面高度——外墙面抹灰高度,自室外地坪或勒脚以上至女儿墙顶或挑檐底,计算时以具体工程的设计为准。

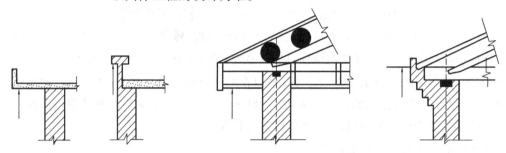

图5.133　外墙抹灰高度

②内墙、墙裙抹灰按设计图示尺寸以面积计算。扣除门窗洞口和空圈所占面积,不扣除踢脚线、挂镜线、单个面积 ≤ 0.3 m² 孔洞和墙与构件交接处的面积,门窗洞口及孔洞周边侧壁也不增加。附墙垛、梁、柱侧面和附墙烟囱侧壁面积并入内墙、墙裙抹灰工程量计算。

内墙/墙裙抹灰工程量 = 主墙间净长度 × 墙面高度 − 门窗等面积 + 垛的侧面抹灰面积

其中:内墙面抹灰长度按主墙间的图示净长尺寸计算。

内墙面抹灰高度确定如下:

a.无墙裙的,其墙面高度按室内地面或楼面至天棚底面净高计算。

b.有墙裙的,墙面抹灰面积应扣除墙裙抹灰面积,即墙面抹灰高度按墙裙顶至顶棚地面之间距离计算;墙面和墙裙抹灰种类相同的,工程量合并计算。

c.有吊顶天棚的内墙面抹灰,高度按室内地面或楼面至天棚底面净高另加 100 mm 计算。

注意:内外墙面抹灰工程量应扣除零星抹灰所占面积,不扣除各种装饰线条所占面积。

【例5.38】某建筑平面剖面图分别如图5.134所示,图中砖墙厚240 mm,门窗框厚80 mm,居墙中。建筑物层高2.900 m。M-1:1 800 × 2 400;M-2:900 × 2 100;C-1:1 500 × 1 800,窗台离楼地面高为900 mm。装饰做法:内墙面为1:2水泥砂浆打底,1:3石灰砂浆找平,抹面厚度共20 mm;内墙裙做法为1:3水泥砂浆打底18 mm,1:2.5 水泥砂浆面层5 mm。试计算内墙面、内墙裙抹灰工程量,确定定额项目。

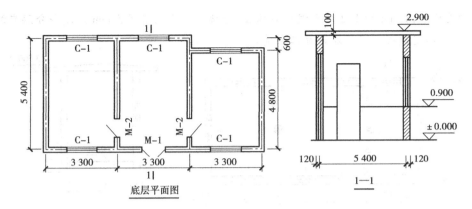

图 5.134　建筑平面及剖面图

【解】(1)内墙面抹灰面积

$$S = \left[(3.3 - 0.24) + (5.4 - 0.24)\right] \times 2 \times (2.9 - 0.1 - 0.9) \times 2 + \left[(3.3 - 0.24) + \right.$$
$$\left.(4.8 - 0.24)\right] \times 2 \times (2.9 - 0.1 - 0.9) - \left[1.5 \times 1.8 \times 5 + 1.8 \times \right.$$
$$\left.(2.4 - 0.9) + 0.9 \times (2.1 - 0.9) \times 4\right]$$
$$= 62.47 + 28.96 - 20.52 = 70.91(\text{m}^2)$$

套用定额 A12-1 墙面二遍,砖墙,厚 17 mm,石灰砂浆。

定额综合单价 = 2 936.58 元/100 m²。

再套定额 A12-21 抹 1:3 石灰砂浆每增减 1 mm,需增加 3 mm。

定额综合单价 = 77.09 × 3 = 231.27 元/100 m²。

(2)内墙裙抹灰面积

$$S = \left\{(3.3 - 0.24) + (5.4 - 0.24)\right\} \times 2 \times 0.9 \times 2 + \left\{(3.3 - 0.24) + (4.8 - 0.24)\right\} \times$$
$$2 \times 0.9 - (1.8 \times 0.9 + 0.9 \times 0.9 \times 4) = 29.59 + 13.72 - 4.86$$
$$= 38.45(\text{m}^2)$$

套用定额 A12-3 墙面二遍,砖墙,厚 18 mm,水泥砂浆。

定额综合单价 = 2 599.53 元/100 m²。

再套定额 A12-22 抹 1:3 水泥砂浆每增减 1 mm,需增加 5 mm。

综合单价 = 68.76 × 5 = 343.80 元/100 m²。

③栏杆、花格(不含压顶)需抹灰的,按垂直投影面积乘以系数 1.50 执行相应定额项目。

④女儿墙(包括泛水、挑砖)内侧、阳台栏板(不扣除花格所占孔洞面积)内侧与阳台栏板外侧抹灰工程量按垂直投影面积计算,块料面层按展开面积计算;女儿墙外侧抹灰并入外墙工程量计算。

⑤独立柱(梁)面抹灰按设计图示尺寸以柱断面周长乘以高度以面积计算,独立梁面抹灰,按设计图示尺寸以梁断面周长乘以长度以面积计算。

柱装饰抹灰工程量 = 柱结构断面周长 × 设计柱抹灰高度

梁装饰抹灰工程量 = 梁结构断面周长 × 梁长度

【例 5.39】某一层建筑如图 5.135 所示,圆柱 Z 直径为 600 mm,M1 洞口尺寸为 1 200 mm × 2 000 mm(内平),C1 尺寸为 1 200 mm × 1 500 mm × 80 mm,砖墙厚 240 mm,墙内部采用 15 mm 的 1:1:6 混合砂浆找平,5 mm 的 1:0.3:3 混合砂浆抹面,外部墙面和柱采用 12 mm 的 1:

3水泥砂浆找平,8 mm的1:2.5水泥砂浆抹面,外墙抹灰面内采用5 mm玻璃条分隔嵌缝,查找定额编号和定额综合单价及计算工程量。

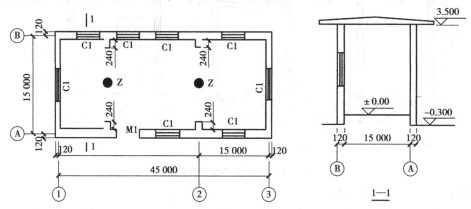

图5.135 一层建筑平面图及剖面图

【解】(1)定额编号和综合单价

外墙内侧抹灰(A12-7)(综合单价2 555.08元/100 m²)、柱面抹灰(A12-36)(综合单价4 495.46元/100 m²)、外墙外侧抹灰(A12-4)(综合单价3 616.90元/100 m²)。

(2)计算工程量

外墙内表面抹混合砂浆:

$\{(45-0.24+15-0.24)\times 2+8\times 0.24\}\times 3.5-1.2\times 1.5\times 8-1.2\times 2=467.04(m^2)$

柱面抹水泥砂浆:$3.14\times 0.6\times 3.5\times 2=13.19(m^2)$

外墙外表面抹水泥砂浆:

$(45+0.24+15+0.24)\times 2\times 3.8-1.2\times 1.5\times 8-1.2\times 2=442.85(m^2)$

2)块料面层

①镶贴、挂贴、干挂块料面层,按设计图示尺寸以实贴面积计算。

②挂贴石材柱墩、柱帽按最大外围周长计算;其他类型的柱帽、柱墩按设计图示尺寸以展开面积计算。

③干挂石材钢骨架按设计图示尺寸以质量计算。

【例5.40】某单层建筑外墙面尺寸如图5.136所示。M:1 500 mm×2 000 mm;C1:1 500 mm×1 500 mm;C2:1 200 mm×800 mm;门和窗的侧壁宽度为100 mm,外墙干混砂浆粘贴规格194 mm×94 mm外墙面砖,灰缝5 mm,计算工程量,确定定额项目。

【解】外墙面砖工程量 $=(6.24+3.90)\times 2\times 4.20-(1.50\times 2.00)-(1.50\times 1.50)-(1.20\times 0.80)\times 4+[1.50+2.00\times 2+1.50\times 4+(1.20+0.80)\times 2\times 4]\times 0.1=78.84(m^2)$,外墙面干混砂浆粘贴面砖,周长$(194+94)\times 2=576 mm\leqslant 600 mm$,灰缝$\leqslant 5 mm$;套定额A12-77,综合单价7 429.60元/100 m²,合价$=78.84/100\times 7 429.60=5 857.50$(元)。

3)饰面

①墙饰面的龙骨、基层、面层按设计图示饰面尺寸以面积计算,扣除门窗洞口及单个面积$>0.3 m^2$的空圈所占面积,不扣除单个面积$\leqslant 0.3 m^2$的孔洞所占面积,门窗洞口及孔洞侧壁面积也不增加。

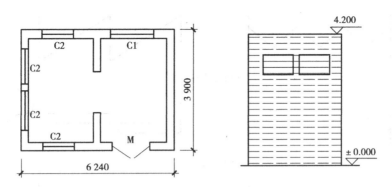

图 5.136　某单层建筑的平面及立面图

②柱(梁)饰面的龙骨、基层、面层按设计图示饰面尺寸以面积计算,柱帽、柱墩并入相应柱面积计算。

4)幕墙、隔断

①玻璃幕墙、铝板幕墙以外围面积计算;玻璃隔断、全玻幕墙有加强肋的,按其展开面积计算;幕墙的封边、封顶另行计算。

注意:玻璃幕墙设计带有平、推拉窗时,并入幕墙面积计算,窗的型材、五金用量可以调整。

②隔断按设计图示框外围尺寸以面积计算,扣除门窗洞口及单个面积 >0.3 m² 的孔洞所占面积。隔断门与隔断的材质相同时,门的面积并入隔断计算。

5.15　天棚工程

本节定额包括天棚抹灰、天棚吊顶、天棚其他装饰三小节。

5.15.1　定额主要说明

1)天棚抹灰

①天棚抹灰砂浆的干混预拌砂浆换算与墙柱面抹灰砂浆的干混预拌砂浆换算方法相同。

②天棚抹灰定额项目已注明砂浆配合比和厚度,设计与定额不同时,材料可以换算,人工、机械不变。

③天棚抹灰从抹灰材料可分为石灰麻刀灰浆、水泥麻刀砂浆等;从天棚基层可分为混凝土基层、板条基层和钢丝网基层抹灰。

2)天棚吊顶

①天棚吊顶定额项主要分为吊顶天棚和格栅吊顶。吊顶天棚依据其面层高差不同又分为普通吊顶天棚与艺术造型吊顶天棚。其中普通吊顶天棚包括了面层在同一标高的平面天棚与面层不在同一标高的跌级天棚。艺术造型吊顶天棚是指按用户的要求设计,通过各弧线、拱形的艺术造型来表现一定视觉效果的装饰天棚,分为锯齿形、阶梯形、吊挂形、藻井形四种,如图 5.137 所示。通常艺术造型天棚还包括灯光槽的制作安装。

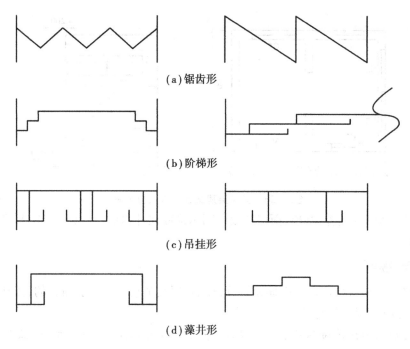

(a)锯齿形

(b)阶梯形

(c)吊挂形

(d)藻井形

图5.137　艺术造型天棚

吊顶天棚构造包括龙骨、基层、面层。定额编制时,除格栅吊顶外,其余吊顶天棚是按天棚龙骨、基层、面层分别列项编制。定额项中格栅吊顶细分为烤漆龙骨天棚、格栅吊顶、吊筒吊顶、藤条造型悬挂吊顶、织物软雕吊顶、装饰网架吊顶定额项目,是按龙骨、基层、面层合并列项编制。

②吊顶天棚中的龙骨、基层、面层是按常用材料和常用做法编制,设计不同时,材料可以调整,人工、机械不变。

a.吊顶天棚龙骨常用的种类主要有对剖圆木楞、方木楞、轻钢龙骨(图5.138)、铝合金龙骨(图5.139)。轻钢龙骨、铝合金龙骨定额项目按双层双向(次龙骨紧贴主龙骨底面吊挂)编制,设计为单层龙骨(主、次龙骨底面在同一水平面上)时,人工乘以系数0.85。

b.常见的天棚吊顶基层种类主要有胶合板天棚基层和石膏板天棚基层。

c.吊顶天棚面层常采用的有板条、漏风条、胶合板、水泥木丝板、薄板、胶压刨花木屑板、埃特板、玻璃纤维板、宝丽板、塑料板、钢板网、铝板网、铝塑板、矿棉板、硅酸钙板、石膏板、玻岩板、竹片、不锈钢板、镜面玲珑胶板、阻燃聚丙烯板、真空镀膜仿金装饰板、空腹PVC扣板、木质装饰板、吸音板、铝合金板、不锈钢镜面板、镜面玻璃、激光玻璃、有机胶片、金属烤漆板、不锈钢格栅等。

③天棚面层不在同一标高,高差≤400 mm或跌级≤三级的平面天棚按跌级天棚相应定额项目执行;跌级天棚面层按相应定额项目人工乘以系数1.10。高差>400 mm或跌级>三级,以及天棚呈圆弧形、拱形等造型天棚按吊顶天棚中的艺术造型天棚相应定额项目执行。

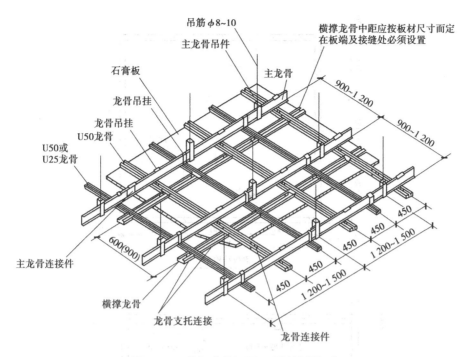

图 5.138 轻钢龙骨纸面石膏板吊顶组成

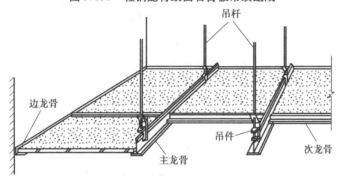

图 5.139 铝合金 T 形龙骨吊顶

5.15.2 工程量计算规则

1)天棚抹灰

①天棚抹灰按设计图示尺寸以水平投影面积计算,不扣除间壁墙、垛、柱、附墙烟囱、检查口和管道所占的面积,带梁天棚的梁两侧抹灰面积并入天棚抹灰面积内。

【**例** 5.41】一带有主次梁的有梁板,其结构平面图、剖面图如图 5.140 所示,现浇板底用干混水泥石灰砂浆抹面,试计算顶棚抹灰工程量并确定定额项目。

【**解**】板抹灰工程量 $= (3.3 \times 3 - 0.24) \times (2.7 \times 3 - 0.24) = 75.93(m^2)$

主梁侧面抹灰工程量 $= (2.7 \times 3 - 0.24) \times (0.6 - 0.13) \times 2 \times 2 - (0.3 - 0.13) \times$

$$0.2 \times 8$$

$$= 14.78 - 0.27 = 14.51(m^2)$$

次梁侧面抹灰工程量 $= (9.9 - 0.24 - 0.3 \times 2) \times (0.3 - 0.13) \times 2 \times 2 = 6.16(m^2)$

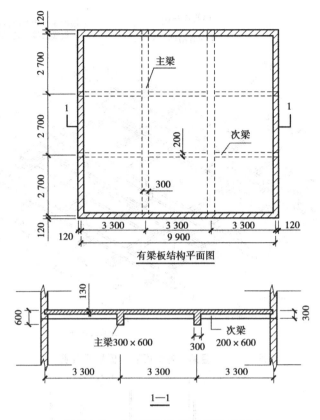

图 5.140　有梁板结构平面图及剖面图

天棚抹灰工程量 = 75.93 + 14.51 + 6.16 = 96.6(m²)

套用定额 A13-5 混凝土天棚抹灰,干混水泥石灰砂浆,现浇板。

(未含主材)定额综合单价:2 442.91 元/100 m²。

②密肋梁和井字梁(每个井内面积 ≤ 5 m²)天棚抹灰面积,按展开面积计算。

③板式楼梯底面抹灰按斜面面积计算,梁式楼梯、锯齿形楼梯底面抹灰按展开面积计算。

④天棚抹灰带有装饰线时,装饰线按设计图示尺寸以延长米另行计算。装饰线抹灰所占面积不扣除。

⑤檐口天棚的抹灰面积,并入相同的天棚抹灰面积内。

⑥阳台、雨篷的底面抹灰按水平投影面积计算,并入相应的天棚抹灰面积内。阳台、雨篷带悬臂梁者,按展开面积计算。

2)天棚吊顶

①各种天棚吊顶龙骨按主墙间水平投影面积计算,斜面龙骨按斜面面积计算。不扣除间壁墙、垛、柱、附墙烟囱、检查口和管道所占面积,应扣除单个面积 > 0.3 m² 的孔洞、独立柱及与天棚相连的窗帘盒所占面积。天棚吊顶中的灯槽及跌级、锯齿形、吊挂式、藻井式天棚不按展开面积计算。

②天棚吊顶的基层板按展开面积计算。

③天棚吊顶装饰面层按设计图示尺寸以实铺面积计算。不扣除间壁墙、垛、柱、附墙烟

囱、检查口和管道所占面积,应扣除单个面积 > 0.3m² 孔洞、独立柱及与天棚相连的窗帘盒所占面积。

④楼梯底面的装饰饰面按实铺面积计算。

⑤格栅吊顶、藤条造型悬挂吊顶、织物软雕吊顶和装饰网架吊顶,按设计图示尺寸以水平投影面积计算。吊筒吊顶以最大外围水平投影尺寸,以外接矩形面积计算。

3)天棚其他装饰

①灯带(槽)按设计图示尺寸以框外围面积计算。

②灯光孔按设计图示数量计算,格栅灯带按设计图示尺寸以延长米计算。

5.16　油漆、涂料、裱糊工程

本节定额包括木门油漆、木窗油漆、木扶手及其他板条线条油漆、其他木材面油漆、金属面油漆、抹灰面油漆、喷刷涂料和裱糊八小节。

5.16.1　定额主要说明

1)油漆、涂料工程总说明

①喷、涂、刷遍数设计与定额取定不同时,按本节相应每增加一遍定额项目进行调整。

②油漆、涂料定额项目中均包含刮泥子。抹灰面喷刷油漆、涂料设计与定额取定的刮泥子遍数不同时,按本节刮泥子每增减一遍定额项目进行调整。满刮泥子定额项目仅适用于单独刮泥子工程。瓷粉定额项目可作为基层泥子或面层使用,按实际做法进行套用。

③附着在同材质装饰面上的木线条、石膏线条等油漆、涂料,与装饰面同色的,并入装饰面计算;与装饰面分色者,单独计算,按线条相应定额项目执行。

④门窗套、窗台板、腰线、压顶等抹灰面刷油漆、涂料,与整体墙面同色者,并入墙面计算;与整体墙面分色者,单独计算,按墙面定额项目执行,人工乘以系数1.43。

⑤纸面石膏板等装饰板材面刮泥子喷刷油漆、涂料,按抹灰面刮泥子喷刷油漆、涂料相应定额项目执行。

⑥附墙柱抹灰面喷刷油漆、涂料,按墙面相应定额项目执行;独立柱抹灰面喷刷油漆、涂料,按墙面相应定额项目执行,人工乘以系数1.20。

2)油漆特殊说明

①油漆定额项目已包含各种颜色,颜色不同时,不另调整。

②定额项目综合了在同一平面上的分色,美术图案另行计算。

③木材面硝基清漆中每增硝基清漆一遍定额项目和每增加刷理漆片一遍定额项目均适用于三遍以内。

④木材面聚酯清漆、聚酯色漆定额项目,设计与定额取定的底漆遍数不同时,可按每增加聚酯清漆(或聚酯色漆)一遍定额项目进行调整,其中聚酯清漆(或聚酯色漆)调整为聚酯底漆,消耗量不变。

⑤木材面刷底油一遍、清油一遍可按相应底油一遍、熟桐油一遍定额项目执行,其中熟

桐油调整为清油,消耗量不变。

⑥单层木门刷油漆是按双面刷油漆编制的,采用单面刷油漆,按相应定额项目乘以系数0.49,木门窗油漆定额项目中已包括贴脸油漆。

⑦设计要求金属面刷两遍防锈漆时,按金属面刷防锈漆一遍定额项目执行,人工乘以系数1.74,材料均乘以系数1.90。

⑧金属面油漆定额项目均包含手工除锈内容,设计或施工组织设计为机械除锈,执行"金属结构工程"相应定额项目,油漆定额项目中的手工除锈用工量也不扣除。

⑨墙面真石漆、氟碳漆定额项目不包括分格嵌缝,设计要求做分格缝时,按设计图示尺寸以延长米计算,分格嵌缝条(施工损耗率5%)另行计算,每100 m嵌缝人工增加2.86工日。

3)涂料工程特殊说明

①木龙骨刷防火涂料定额项目按四面涂刷编制,木龙骨刷防腐涂料定额项目按一面(接触结构基层面)编制。

②金属面防火涂料定额项目按防火涂料密度0.5 t/m³和注明的涂刷厚度编制,设计与定额取定的涂料密度、涂刷厚度不同时,防火涂料消耗量可以调整。

5.16.2 工程量计算规则

1)木门油漆

执行单层木门油漆的定额项目,工程量计算规则及系数见表5.25。

表5.25 木门工程量计算规则及系数表

	项目	系数	工程量计算规则(设计图示尺寸)
1	单层木门	1.00	门单面洞口面积
2	单层半玻门	0.85	
3	单层全玻门	0.75	
4	半截百叶门	1.50	
5	全百叶门	1.70	
6	厂库房大门	1.10	
7	纱门扇	0.80	
8	特种门(包括冷藏门)	1.00	
9	装饰门扇	0.90	扇外围尺寸面积
10	间壁、隔断	1.00	单面外围面积
11	玻璃间壁露明墙筋	0.80	
12	木栅栏、木栏杆(带扶手)	0.90	

2) 木窗油漆

执行单层木窗油漆的定额项目,工程量计算规则及系数见表5.26。

表5.26　木窗工程量计算规则及系数表

	项目	系数	工程量计算规则(设计图示尺寸)
1	单层木窗	1.00	窗单面洞口面积
	双层木窗(包括一玻一纱窗)	1.60	
	木百叶窗	2.20	
	单层组合窗	0.92	
	双层组合窗	1.29	
	单层木固定窗	0.27	

3) 木扶手、木线条油漆

①执行木扶手(不带托板)油漆定额项目,工程量计算规则及系数见表5.27。

表5.27　木扶手工程量计算规则及系数表

	项目	系数	工程量计算规则(设计图示尺寸)
1	木扶手(不带托板)	1.00	延长米
2	木扶手(带托板)	2.50	
3	封檐板、搏风板	1.70	
4	黑板框、生活园地框	0.50	

②木线条油漆按设计图示尺寸以长度计算。

4) 其他木材面油漆

执行其他木材面油漆的定额项目,工程量计算规则及系数见表5.28。

表5.28　其他木材面工程量计算规则及系数表

	项目	系数	工程量计算规则(设计图示尺寸)
1	木板、胶合板天棚	1.00	展开面积
2	屋面板带檩条	1.10	展开面积
3	清水板条檐口天棚	1.10	展开面积
4	吸音板(墙面或天棚)	0.87	
5	鱼鳞板墙	2.40	
6	木护墙、木墙裙、木踢脚	0.83	
7	窗台板、窗帘盒	0.83	
8	出入口盖板、检查口	0.87	

续表

	项目	系数	工程量计算规则（设计图示尺寸）
9	壁橱	0.83	按实刷展开面积
10	木屋架	1.77	跨度（长）×高×1/2
11	以上未包括的其余木材面油漆	0.83	展开面积

5)金属面油漆

①执行金属面油漆、涂料定额项目,按设计图示尺寸以展开面积计算,质量≤500 kg 的单个金属构件,将质量按表 5.29 折算为面积,执行相应的油漆定额项目。

表 5.29　质量折算面积参考系数表

	项目	质量（t）	换算面积（m²）
1	钢栅栏门、栏杆、窗栅	1	64.98
2	钢爬梯	1	44.84
3	踏步式钢扶梯	1	39.90
4	轻型屋架	1	53.20
5	零星铁件	1	58.00

②平板屋面、瓦垄板屋面等刷油漆时,工程量计算规则及相应的系数见表 5.30。

表 5.30　平板屋面及其他工程量计算规则和系数表

	项目	系数	工程量计算规则（设计图示尺寸）
1	平板屋面	1.00	斜长×宽
2	瓦垄板屋面	1.20	
3	排水、伸缩缝盖板	1.05	展开面积
4	吸气罩	2.20	水平投影面积
5	包镀锌薄钢板门	2.20	门窗洞口面积

6)抹灰面油漆、涂料工程

①抹灰面油漆、涂料(另有说明的除外)按设计图示以面积计算。

②踢脚线刷耐磨漆按设计图示尺寸长度计算。

③槽型底板、混凝土折瓦板、有梁板底、密肋梁板底、井字梁板底刷油漆、涂料按设计图示尺寸展开面积计算。

④墙面及天棚面刷石灰油浆、白水泥、石灰浆、石灰大白浆、普通水泥浆、可赛银浆、大白浆等涂料其工程量按抹灰面积工程量计算规则。

⑤混凝土花格窗、栏杆花饰刷（喷）油漆、涂料按设计图示洞口面积计算。

⑥天棚、墙、柱面基层板缝胶带纸按相应天棚、墙、柱面基层板面积计算。

【例5.42】某工程如图5.141所示尺寸，地面刷过氯乙烯涂料，三合板木墙裙上润油粉，刷硝基清漆六遍，墙面、顶棚刷乳胶漆三遍（光面），计算工程量，确定定额项目。（不增加门侧壁）

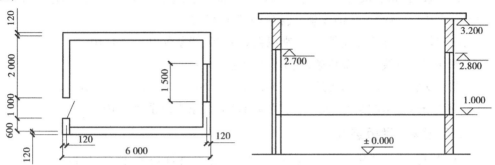

图5.141　某工程平面图及立面图

【解】（1）计算工程量

①地面刷涂料工程量 $= (6.00 - 0.24) \times (3.60 - 0.24) = 19.35 (m^2)$；

②墙裙刷硝基清漆工程量 $= \{(6.00 - 0.24 + 3.60 - 0.24) \times 2 - 1.00\} \times 1.00 = (18.24 - 1.00) \times 1.00 = 17.24 (m^2)$；

③顶棚刷乳胶漆工程量 $= 5.76 \times 3.36 = 19.35 (m^2)$；

④墙面刷乳胶漆工程量 $= (5.76 + 3.36) \times 2 \times 2.20 - 1.00 \times (2.70 - 1.00) - 1.50 \times 1.80 = 35.73 (m^2)$。

（2）确定定额子目

①地面刷涂料（A14-220）；

②墙裙刷硝基清漆（A14-128）；

③顶棚刷乳胶漆（A14-226）；

④墙面刷乳胶漆（A14-225）。

5.17　其他工程

本节定额包括柜类、货架，压条、装饰线，扶手、栏杆、栏板装饰，暖气罩，浴厕配件，雨篷、旗杆，招牌、灯箱，美术字，石材、瓷砖加工等九小节。

5.17.1　定额主要说明

1）柜台、货架

①柜、台、架以现场加工，按常用规格编制。设计与定额不同时，可以调整。

②柜、台、架定额已包括一般五金配件，设计有特殊要求者，可另行计算。定额未考虑压板拼花及饰面板上贴其他材料的花饰、艺术造型等，发生时另行计算。

③木质柜、台、架定额中板材按胶合板考虑,如设计为其他板材时,材料可以换算,人工、机械不变。

2)压条、装饰线

①压条、装饰线均按成品安装编制。

②装饰线条(顶角装饰线除外)按直线形在墙面安装编制。墙面安装圆弧形装饰线条、天棚面安装直线形、圆弧形装饰线条,按相应定额项目乘下列系数:

a. 墙面安装圆弧形装饰线条,人工乘以系数 1.20、线条乘以系数 1.10。

b. 天棚面安装直线形装饰线条,人工乘以系数 1.34。

c. 天棚面安装圆弧形装饰线条,人工乘以系数 1.60、线条乘以系数 1.10。

d. 装饰线条做艺术图案时,人工乘以系数 1.80、线条乘以系数 1.10。

3)扶手、栏杆、栏板装饰

①扶手、栏杆、栏板适用于楼梯、走廊、回廊及其他装饰性扶手、栏杆、栏板。扶手、栏杆、栏板的造型见附图,扶手、栏杆、栏板设计造型与附图不同时,材料可以换算,人工、机械不变。

②弧形扶手、栏杆、栏板是指一个自然层旋转弧度 ≤180° 的扶手、栏杆、栏板,螺旋扶手、栏杆是指一个自然层旋转弧度 >180° 的扶手、栏杆。

4)浴厕配件

①浴厕配件按成品安装编制。

②石材洗漱台定额项目未包括磨边、倒角、开面盆洞口内容,现场实际发生时,执行本章相应定额项目。

5)雨篷、旗杆

①点支式、托架式雨篷的型钢、爪件的规格、数量是按常用做法编制的,设计与定额不同时,材料可以调整,人工、机械不变。托架式雨篷的斜拉杆费用,另行计算。

②旗杆定额项目未包括旗杆基础、台座和饰面内容,现场实际发生时,另行计算。

6)石材、瓷砖加工

石材、瓷砖加工定额项目适用于现场加工的倒角、磨制圆边、开槽、开孔等,成品单价已包括的,不再执行。

5.17.2 工程量计算规则

1)柜台、货架

柜台、货架按各定额项目计量单位计算,以面积为计量单位的,按正立面的高(不扣除柜脚高度)乘以宽计算。

2)压条、装饰线

①压条、装饰线安装按线条中心线长度计算。

②压条、装饰线带 45° 割角的,按线条外边线长度计算。

3)扶手、栏杆、栏板装饰

①扶手、栏杆、栏板按设计图示尺寸以中心线长度计算,不扣除弯头长度。

②弯头按设计图示数量计算。

4)浴厕配件

①石材洗漱台按设计图示尺寸以展开面积计算,墙挡水板及台面裙板面积并入其中,不扣除孔洞、挖弯、削角所占面积。

②盥洗室台镜(带框)、盥洗室木镜箱按边框外围面积计算。

③盥洗室塑料镜箱、毛巾杆、毛巾环、浴帘杆、浴缸拉手、肥皂盒、卫生纸盒、晒衣架、晾衣绳等按设计图示数量计算。

5)雨篷、旗杆

①雨篷按设计图示尺寸水平投影面积计算。

②不锈钢旗杆按数量计算,其高度指台座顶至旗杆顶。

6)石材、瓷砖加工

①石材、瓷砖倒角按块料设计倒角长度计算。

②石材磨边按成型圆边长度计算。

③石材开槽按块料成型开槽长度计算。

④石材、瓷砖开孔按成型孔洞数量计算。

5.18　脚手架工程

本节定额包括综合脚手架、单项脚手架及其他脚手架三小节。

5.18.1　定额主要说明

①脚手架工程指施工需要的脚手架搭、拆、运输的脚手架摊销。定额搭设材料按钢管式脚手架编制。

②建筑物檐高为设计室外地坪至檐口滴水(平屋顶系指屋面板底标高,斜屋面系指外墙外边线与屋面板底的交点)的高度。突出主体建筑屋顶的楼梯间、电梯间、水箱间、屋面天窗等不计入檐口高度之内。

③设计室外地坪不在同一标高时,按建筑物外墙外边线与相对应的地坪标高加权平均后为计算的设计室外地坪标高。

④同一建筑物有不同檐高时,按建筑物的不同檐高作竖向切割,分别计算建筑面积,并按各自檐高执行相应定额项目。

⑤综合脚手架。

a.单层建筑执行单层建筑综合脚手架定额项目,二层及二层以上建筑执行多层建筑综合脚手架定额项目,地下室部分执行地下室综合脚手架定额项目。

b.房间地坪面低于室外地坪面高度≥房间净高 1/2 的,该层建筑面积套用地下室综合脚手架相应定额子目。房间地坪面低于室外地坪面高度＜房间净高1/2的,该层建筑面积套用上部综合脚手架相应定额项目。

c.单层建筑综合脚手架适用于檐高≤20 m的单层建筑。单层建筑物内设有局部楼层时,局部楼层部分作竖向切割,计算建筑面积,执行多层建筑综合脚手架相应定额项目。

d.综合脚手架已包括外架、内外墙砌筑、内外墙装饰、混凝土浇筑、天棚装饰、综合斜道、上料平台、临边洞口防护、交叉高处作业防护及外架全封闭等工作内容。

e.执行多层综合脚手架,层高＞3.6 m者,应另计层高超高脚手架增加费,每超过0.6 m时,该层超高增加费按相应定额项目增加12%,超过部分不足0.6 m,按0.6 m计算。

f.执行综合脚手架的建筑物,按照建筑面积计算规划,规定未计建筑面积部分,但施工过程中需搭设脚手架的施工部位,可另执行单项脚手架。

g.凡不适宜使用综合脚手架的项目,可按相应的单项脚手架定额项目执行。

⑥单项脚手架。

a.建筑物外墙脚手架,檐高≤15 m的,执行单排脚手架定额项目,檐高＞15 m或檐高≤15 m且外墙门窗洞口面积≥60%的外墙表面积时,执行双排脚手架定额项目。

b.建筑物内墙脚手架,设计室内地坪至板底(或山墙高度的1/2处)的砌筑高度≤3.6 m时,执行里脚手架定额项目;砌筑高度＞3.6 m时,执行单排脚手架定额项目。

c.围墙脚手架,室外地坪至围墙顶面的砌筑高度＞1.2 m且≤3.6 m时,执行里脚手架定额项目;砌筑高度＞3.6 m时,执行单排外脚手架定额项目。

d.独立柱、现浇混凝土单(连续)梁、现浇混凝土墙执行双排外脚手架定额项目。

e.高度＞3.6 m的天棚装饰,执行满堂脚手架定额项目,墙面装饰不再执行墙面粉刷脚手架定额项目,只按每100 m² 墙面垂直投影面积,增加改架用工1.28工日。

f.砌筑高度＞1.2 m的管沟墙及砖基础,执行里脚手架定额项目。

⑦水平防护架和垂直防护架系指外脚手架以外搭设的,用于车辆通道、人行通道、临街封闭施工,防止物体跌落伤及行人、车辆等的防护。

⑧外架全封闭材料按密目式安全网编制,采用封闭材料不同时,材料可以换算,人工不变。

5.18.2　工程量计算规则

1)综合脚手架

综合脚手架按设计图示尺寸以建筑面积计算。

2)单项脚手架

①计算内、外墙脚手架时,均不扣除门、窗、洞口、空圈等所占面积。同一建筑物高度不同时,按不同高度分别计算。

②外脚手架、整体提升架按外墙外边线长度(有阳台及突出外墙＞240 mm墙垛及附墙井道等按展开长度)乘以搭设高度以面积计算。不扣除门、窗洞口所占面积。

③建筑物内墙砌筑按墙面垂直投影面积计算。

④独立柱按设计图示尺寸,以结构外围周长另加 3.6 m 乘以高度以面积计算。

⑤现浇钢筋混凝土单梁按地(楼)面至梁顶面的高度乘以梁净长以面积计算。

⑥现浇钢筋混凝土墙按地(楼)面至楼板底间的高度乘以墙净长以面积计算。

⑦满堂脚手架按室内净面积计算,层高高度 >3.6 m 且 ≤5.2 m 计算基本层,层高 >5.2 m 时,每增室内净高超过 3.6 m 时,方可计算满堂脚手架。室内净高超过 5.2 m 时,方可计算增加层,如图 5.142 所示。增加层计算公式为:

满堂脚手架增加层 =(室内净高度 - 5.2 m)÷ 1.2m/ 层(计算结果 0.5 以内舍去)

加 0.6 m 至 1.2 m 按一个增加层计算,不足 0.6 m 的不计。

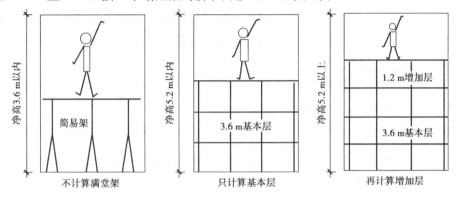

图 5.142　满堂脚手架示意图

⑧内墙面粉饰脚手架按内墙垂直投影面积计算,不扣除门窗洞口所占面积。

⑨水平防护架,按水平投影面积计算。

⑩垂直防护架,按自然地坪至最上一层横杆之间的搭设高度乘以搭设长度,以面积计算。

⑪建筑物垂直封闭按封闭面的垂直投影面积计算。

5.19　其余措施工程

5.19.1　垂直运输

本节定额包括单层工业厂房、建筑物、构筑物三小节。

1)定额主要说明

①垂直运输工作内容,包括单位工程在合理工期内完成全部工程项目所需的垂直运输机械台班,不包括机械的场外往返运输,一次安拆及路基铺垫和轨道铺拆等的费用。

②同一建筑物有不同檐高时,按建筑物的不同檐高做竖向切割,分别计算建筑面积,套用不同檐高定额项目。

③檐高 ≤3.6 m 的单层建筑,不计算垂直运输机械费用。

④建筑物定额项目按 3.6 m 层高编制,层高 >3.6 m 时,该层应另计超高垂直运输增加费,每超过 0.6 m 时,该层按相应定额项目增加 5%,超高不足 0.6 m 按 0.6 m 计算。

⑤檐高为设计室外地坪至檐口滴水(平屋顶系指屋面板底标高,斜屋面系指外墙外边线与屋面板底的交点)的高度。

⑥室外地坪不在同一标高时,以主要材料起吊地坪标高为计算檐高的设计室外地坪标高。

2)工程量计算规则

①垂直运输按设计图示尺寸以建筑面积计算。建筑物地下室建筑面积另行计算,执行地下室垂直运输定额项目。

②垂直运输按泵送混凝土编制,采用非泵送混凝土时,垂直运输调整如下:建筑物檐口高度≤30 m时,相应定额项目机械乘以系数1.06;建筑物檐口高度>30 m时,相应定额项目机械乘以系数1.08;地下室按相应定额项目机械乘以系数1.10。

5.19.2 超高施工增加

本节定额包括建筑物一小节。

1)定额主要说明

①檐高为设计室外地坪至檐口滴水(平屋顶系指屋面板底标高,斜屋面系指外墙外边线与屋面板底的交点)的高度。

②室外地坪有不同标高时,以主要材料起吊地坪标高为计算檐高的设计室外地坪标高。

③建筑物超高增加指单层建筑物檐口高度>20 m,多层建筑物层数>6层或檐口高度>20 m的工程项目。

④多层建筑物计算层数时,地下室不计入计算层数。

⑤建筑物定额项目按3.6 m层高编制,层高>3.6 m,每超过0.6 m时,该层超高增加费,按相应定额项目增加3%,超高不足0.6 m按0.6 m计算。

2)工程量计算规则

①建筑物超高施工增加按设计图示尺寸以建筑面积计算。

②单层建筑物超高施工增加按单层建筑面积计算。

③多层建筑物超高施工增加按超过部分的建筑面积计算。

④同一建筑物有不同檐高时,按建筑物的不同檐高做竖向切割,分别计算建筑面积,执行相应定额项目。

5.19.3 大型机械进出场及安拆

本节定额包括塔式起重机及施工电梯基础、大型施工机械设备安拆、大型施工机械设备进出场三小节。

1)定额主要说明

①固定式基础按施工机械出厂说明书规定选择基础进行计算。

②固定式基础不包括基础以下的地基处理、桩基础等,发生时另行计算。

③大型施工机械设备安拆。

a.施工机械安装拆卸费用是指特、大型机械在施工现场进行安装、拆卸所需的人工、材料、机械等费用之和的一次性包干费用。

b.安拆费中已包括了机械安装完毕后本机试运转费用。

c.自升式塔式起重机安拆费用以塔高45 m编制,塔高 >45 m且≤200 m时,每增高10 m,按相应定额项目增加10%,不足10 m按10 m计算。

④大型施工机械设备进出场。

a.施工机械场外运输费用是指施工机械整体或分体自停放场地运至施工现场和竣工后运回停放地点的来回一次性包干费用。

b.场外运输费用运距按≤30 km编制,超出该运距上限的场外运输费用,不适用本定额。

c.单位工程之间机械转移,运距≤500 m,按相应机械场外运输费用定额项目乘以系数0.80;运距 >500 m仍执行该定额项目。

d.自升式塔式起重机场外运输费用是以塔高45 m编制的,塔高 >45 m且≤200 m时,每增高10 m,按相应定额项目增加10%,不足10 m按10 m计算。

2）工程量计算规则

①固定式基础以体积计算。
②轨道式基础(双轨)按实际铺轨中心线长度计算。
③大型施工机械设备安拆费用按台次计算。
④大型施工机械设备进出场费用按台次计算。

5.20　建筑和装饰装修工程量计算实例

为了便于理解和掌握依据定额计算规则,进行工程量计算的基本知识和方法,下面以"××××商住楼"项目为例,介绍定额计算工程量。

××××商住楼建筑面积1 977.80 m²(商业625.10 m²),地上4层(1层商业),总高度12.150 m,底框—抗震墙结构。

5.20.1　工程图纸

"××××商住楼"项目工程图纸包括建施1至建施14、结施1至结施14,详见附录。

5.20.2　工程量计算

根据图纸及《贵州省建筑与装饰工程计价定额》(2016版)中的计算规则进行各分项工程计算。

(1)××××商住楼工程量计算式(表5.31)

表5.31　××××商住楼工程量计算式

			工程量计算表达式	
序号	项目名称	单位	计算式	工程量
一	建筑面积			
	首层	m²	47.9×13	622.70
	二、三、四层	m²	$[(10.12 \times 21.8 + 2.1 \times 3.8 \times 2 + 1.5 \times 4.2/2 - 6 \times 0.9)] \times 2 - 2.8 \times 1.6 \times 4 - 5.9 \times 1.4) \times 3$	1 327.42
	出屋面楼梯间	m²	$5.4 \times 2.8 \times 2$	30.24
	合计	m²		1 980.36
二	场地整平	m²	47.9×13	622.70
三	基础土石方			
1	独基土方			
	DJJ01	m³	$(0.5 + 0.8 + 0.2)^2 \times (0.6 + 0.1) \times 18$	28.35
	DJJ02	m³	$(0.65 + 0.65 + 0.2) \times (0.55 + 0.75 + 0.2) \times (0.7 + 0.1) \times 3$	5.40
	合计	m³		33.75
2	孔桩土方			
	ZH1	m³	$3.14 \times (0.9 + 0.275)^2 \times 8 \times 6$	208.09
	ZH3	m³	$3.14 \times (1 + 0.275)^2 \times 7.4 \times 3$	113.32
	合计	m³		321.41
3	孔桩石方			
	ZH1	m³	$3.14 \times 0.45 \times 0.45 \times 0.6 \times 6$	2.29
	ZH3	m³	$[(1/3 \times 3.14 \times 0.3 \times (0.5 \times 0.5 + 0.6 \times 0.6 + 0.5 \times 0.6) + 3.14 \times 0.6 \times 0.6 \times 0.3 + 1/24 \times 3.14 \times 0.15 \times (3 \times 1.2 \times 1.2 + 4 \times 0.15 \times 0.15)] \times 3$	2.13
	合计	m³		4.42
4	承台土方			
	ZH1	m³	$[(0.9 + 0.3 \times 2)^2 - 3.14 \times 0.587\ 5 \times 0.587\ 5)] \times 1.1 \times 6$	7.70
	ZH3	m³	$[(1 + 0.3 \times 2)^2 - 3.14 \times 0.637\ 5 \times 0.637\ 5)] \times 1.1 \times 3$	4.24
	合计	m³		11.93
四	C15混凝土垫层			
1	独基			

续表

			工程量计算表达式	
序号	项目名称	单位	计算式	工程量
	DJJ01	m³	$(0.5+0.8+0.2)^2 \times 0.1 \times 18$	4.05
	DJJ02	m³	$(0.65+0.65+0.2) \times (0.55+0.75+0.2) \times 0.1 \times 3$	0.68
	合计	m³		4.73
2	孔桩承台			
	ZH1	m³	$[(0.9+0.2+0.1)^2 - 0.9/2 \times 0.9/2 \times 3.14)] \times 0.1 \times 6$	0.48
	ZH3	m³	$[(1+0.2+0.1)^2 - 1/2 \times 1/2 \times 3.14)] \times 0.1 \times 3$	0.27
	合计	m³		0.75
五	基础			
1	C30 混凝土独立基础			
	DJJ01	m³	$(0.5+0.8)^2 \times 0.6 \times 18$	18.25
	DJJ02	m³	$(0.65+0.65) \times (0.55+0.75) \times 0.7 \times 3$	3.55
	合计	m³		21.80
2	C30 混凝土孔桩护壁			
	ZH1	m³	$3.14 \times (0.587\,5 \times 0.587\,5 - 0.45 \times 0.45)^2 \times 8 \times 6$	3.07
	ZH3	m³	$3.14 \times (0.637\,5 \times 0.637\,5 - 0.5 \times 0.5)^2 \times 7.4 \times 3$	1.71
	合计	m³		4.77
3	C30 混凝土孔桩填芯			
	ZH1	m³	$0.9/2 \times 0.9/2 \times 3.14 \times 8 \times 6$	30.52
	ZH3	m³	$[1/2 \times 1/2 \times 3.14 \times (8-0.3-0.3) + 1/3 \times 3.14 \times 0.3 \times (0.5 \times 0.5 + 0.6 \times 0.6 + 0.5 \times 0.6) + 3.14 \times 0.6 \times 0.6 \times 0.3 + 1/24 \times 3.14 \times 0.15 \times (3 \times 1.2 \times 1.2 + 4 \times 0.15 \times 0.15)] \times 3$	19.56
	合计	m³		50.08
六	C35 混凝土承台			
	ZH1	m³	$(0.9+0.4)^2 \times 1 \times 6$	10.14
	ZH3	m³	$(1+0.4)^2 \times 1 \times 3$	5.88
	合计	m³		16.02
七	回填			
1	独立基础			
	DJJ01	m³	$28.35 - 4.05 - 18.25$	6.05

续表

<table>
<tr><th colspan="5">工程量计算表达式</th></tr>
<tr><th>序号</th><th>项目名称</th><th>单位</th><th>计算式</th><th>工程量</th></tr>
<tr><td></td><td>DJJ02</td><td>m³</td><td>$5.04 - 0.68 - 3.55$</td><td>0.81</td></tr>
<tr><td></td><td>合计</td><td>m³</td><td></td><td>6.86</td></tr>
<tr><td>2</td><td>承台</td><td></td><td></td><td></td></tr>
<tr><td></td><td>ZH1</td><td>m³</td><td>$[(0.9 + 0.3 \times 2) \times (0.9 + 0.3 \times 2) - (0.9 + 0.2 \times 2) \times (0.9 + 0.2 \times 2)] \times 1.1 \times 6 - 0.48$</td><td>3.22</td></tr>
<tr><td></td><td>ZH3</td><td>m³</td><td>$[(1 + 0.3 \times 2) \times (1 + 0.3 \times 2) - (1 + 0.2 \times 2) \times (1 + 0.2 \times 2)] \times 1.1 \times 3 - 0.27$</td><td>1.71</td></tr>
<tr><td></td><td>合计</td><td>m³</td><td></td><td>4.93</td></tr>
<tr><td>八</td><td>房心回填</td><td></td><td></td><td></td></tr>
<tr><td></td><td>1-C ~ 1-E</td><td>m³</td><td>$(6.9 - 0.12) \times (47.7 - 0.24) \times (0.15 - 0.1 - 0.02)$</td><td>9.65</td></tr>
<tr><td></td><td>1-A ~ 1-C</td><td>m³</td><td>$(5.9 - 0.12) \times (47.7 - 0.24) \times (0.15 - 0.1 - 0.02)$</td><td>8.23</td></tr>
<tr><td></td><td>合计</td><td>m³</td><td></td><td>17.88</td></tr>
<tr><td>九</td><td>地梁</td><td></td><td></td><td></td></tr>
<tr><td>1</td><td>基槽土石方</td><td></td><td></td><td></td></tr>
<tr><td></td><td>DKL1</td><td>m³</td><td>$(0.25 + 0.2) \times (0.5 + 0.3 + 0.1) \times (6.9 - 0.75 - 0.8) + (0.4 + 0.2) \times (0.6 + 0.3 + 0.1) \times (5.9 - 0.8 - 0.55)$</td><td>4.90</td></tr>
<tr><td></td><td>DKL2</td><td>m³</td><td>$(0.25 + 0.2) \times (0.5 + 0.3 + 0.1) \times (6.9 - 0.75 - 0.15) \times 2$</td><td>4.86</td></tr>
<tr><td></td><td>DKL3</td><td>m³</td><td>$(0.25 + 0.2) \times (0.5 + 0.3 + 0.1) \times (5.9 - 0.8 - 0.13)$</td><td>2.01</td></tr>
<tr><td></td><td>DKL4</td><td>m³</td><td>$(0.25 + 0.2) \times (0.5 + 0.3 + 0.1) \times [(6.9 - 0.8 - 0.83) + (5.9 - 0.83 - 0.6)] \times 3$</td><td>11.83</td></tr>
<tr><td></td><td>DKL5</td><td>m³</td><td>$(0.25 + 0.2) \times (0.5 + 0.3 + 0.1) \times (5.9 - 0.83 - 0.13) \times 4$</td><td>8.00</td></tr>
<tr><td></td><td>DKL6</td><td>m³</td><td>$(0.25 + 0.2) \times (0.5 + 0.3 + 0.1) \times (6.9 - 0.8 - 0.83) \times 2$</td><td>4.27</td></tr>
<tr><td></td><td>DKL7</td><td>m³</td><td>$(0.25 + 0.2) \times (0.5 + 0.3 + 0.1) \times [(6.9 - 0.8 - 0.83) + (5.9 - 0.83 - 0.6)]$</td><td>3.94</td></tr>
<tr><td></td><td>DKL8</td><td>m³</td><td>$(0.25 + 0.2) \times (0.5 + 0.3 + 0.1) \times (6.9 - 0.75 - 0.8) + (0.4 + 0.2) \times (0.6 + 0.3 + 0.1) \times (5.9 - 0.8 - 0.55)$</td><td>4.90</td></tr>
</table>

工程量计算表达式				
序号	项目名称	单位	计算式	工程量
	DKL9	m³	$(0.4+0.2) \times (0.6+0.3+0.1) \times (47.7-1.3 \times 9 - 1.1-0.78)$	20.47
	DKL10	m³	$(0.25+0.2) \times (0.5+0.3+0.1) \times (47.7-1.3 \times 8 - 1.1-0.78)$	13.82
	DKL11	m³	$(0.25+0.2) \times (0.5+0.3+0.1) \times (47.7-1.3 \times 7 - 1.1-0.78)$	14.87
	DL1	m³	$(0.25+0.2) \times (0.45+0.3+0.1) \times (5.9-0.3 - 0.13)$	2.09
	DL2	m³	$(0.2+0.2) \times (0.4+0.3+0.1) \times [3.3-0.25+ (3.3-0.3-0.13)]$	1.89
	合计	m³		97.87
2	垫层 C15			
	DKL1	m³	$(0.25+0.2) \times 0.1 \times (6.9-0.75-0.8)+(0.4+ 0.2) \times 0.1 \times (5.9-0.8-0.55)$	0.51
	DKL2	m³	$(0.25+0.2) \times 0.1 \times (6.9-0.75-0.15) \times 2$	0.54
	DKL3	m³	$(0.25+0.2) \times 0.1 \times (5.9-0.8-0.13)$	0.22
	DKL4	m³	$(0.25+0.2) \times 0.1 \times [(6.9-0.8-0.83)+(5.9- 0.83-0.6)] \times 3$	1.31
	DKL5	m³	$(0.25+0.2) \times 0.1 \times (5.9-0.83-0.13) \times 4$	0.89
	DKL6	m³	$(0.25+0.2) \times 0.1 \times (6.9-0.8-0.83) \times 2$	0.47
	DKL7	m³	$(0.25+0.2) \times 0.1 \times [(6.9-0.8-0.83)+(5.9- 0.83-0.6)]$	0.44
	DKL8	m³	$(0.25+0.2) \times 0.1 \times (6.9-0.75-0.8)+(0.4+ 0.2) \times 0.1 \times (5.9-0.8-0.55)$	0.51
	DKL9	m³	$(0.4+0.2) \times 0.1 \times (47.7-1.3 \times 9-1.1-0.78)$	2.05
	DKL10	m³	$(0.25+0.2) \times 0.1 \times (47.7-1.3 \times 8-1.1-0.78)$	1.59
	DKL11	m³	$(0.25+0.2) \times 0.1 \times (47.7-1.3 \times 7-1.1-0.78)$	1.65
	DL1	m³	$(0.25+0.2) \times 0.1 \times (5.9-0.3-0.13)$	0.25
	DL2	m³	$(0.2+0.2) \times 0.1 \times [3.3-0.25+(3.3-0.3- 0.13)]$	0.24
	合计	m³		10.68
3	地梁混凝土 C35			
	DKL1	m³	$0.25 \times 0.5 \times (6.9-0.75-0.8)+0.4 \times 0.6 \times (5.9- 0.8-0.55)$	1.76

续表

			工程量计算表达式	
序号	项目名称	单位	计算式	工程量
	DKL2	m³	$0.25 \times 0.5 \times (6.9 - 0.75 - 0.15) \times 2$	1.50
	DKL3	m³	$0.25 \times 0.5 \times (5.9 - 0.8 - 0.13)$	0.62
	DKL4	m³	$0.25 \times 0.5 \times [(6.9 - 0.8 - 0.83) + (5.9 - 0.83 - 0.6)] \times 3$	3.65
	DKL5	m³	$0.25 \times 0.5 \times (5.9 - 0.83 - 0.13) \times 4$	2.47
	DKL6	m³	$0.25 \times 0.5 \times (6.9 - 0.8 - 0.83) \times 2$	1.32
	DKL7	m³	$0.25 \times 0.5 \times [(6.9 - 0.8 - 0.83) + (5.9 - 0.83 - 0.6)]$	1.22
	DKL8	m³	$0.25 \times 0.5 \times (6.9 - 0.75 - 0.8) + 0.4 \times 0.6 \times (5.9 - 0.8 - 0.55)$	1.76
	DKL9	m³	$0.4 \times 0.6 \times (47.7 - 1.3 \times 9 - 1.1 - 0.78)$	8.19
	DKL10	m³	$0.25 \times 0.5 \times (47.7 - 1.3 \times 8 - 1.1 - 0.78)$	4.43
	DKL11	m³	$0.25 \times 0.5 \times (47.7 - 1.3 \times 7 - 1.1 - 0.78)$	4.59
	DL1	m³	$0.25 \times 0.45 \times (5.9 - 0.3 - 0.13)$	0.62
	DL2	m³	$0.2 \times 0.4 \times [3.3 - 0.25 + (3.3 - 0.3 - 0.13)]$	0.47
	合计	m³		32.60
4	地梁回填			
	合计	m³	$97.87 - 10.68 - 32.6$	54.59
十	现浇柱子			
1	基础顶~4.450 m C35 混凝土			
	KZ1	m³	$0.5 \times 0.5 \times (4.45 + 0.3) \times 2$	1.98
	KZ2	m³	$0.5 \times 0.5 \times (4.45 + 0.3)$	1.19
	KZ3	m³	$0.5 \times 0.5 \times (4.45 + 0.3)$	1.19
	KZ4	m³	$0.55 \times 0.55 \times (4.45 + 0.3) \times 5$	1.44
	KZ5	m³	$0.55 \times 0.55 \times (4.45 + 0.3) \times 4$	7.18
	KZ6	m³	$1.1 \times 0.4 \times (4.45 + 0.3)$	2.09
	KZZ1	m³	$0.55 \times 0.55 \times (4.45 + 0.3) \times 12$	15.31
	KZZ2	m³	$0.55 \times 0.55 \times (4.45 + 0.3)$	0.95
	KZZ3	m³	$0.55 \times 0.55 \times (4.45 + 0.3) \times 3$	2.86
	合计	m³		34.18
2	二层柱(C30)			

续表

工程量计算表达式				
序号	项目名称	单位	计算式	工程量
	KZ1	m³	$0.3 \times 0.4 \times 3 \times 2$	0.72
	KZ2	m³	$0.3 \times 0.4 \times 3 \times 5$	1.8
	KZ3	m³	$0.3 \times 0.4 \times 3 \times 4$	1.44
	KZ4	m³	$0.3 \times 0.4 \times 3 \times 2$	0.72
	KZ5	m³	$0.3 \times 0.4 \times 3 \times 6$	2.16
	LZ1	m³	$0.3 \times 0.4 \times 3 \times 6$	2.16
	LZ2	m³	$0.3 \times 0.4 \times 3 \times 11$	3.96
	合计	m³		12.96
3	三层柱(C30)	m³	同二层柱工程量一致	12.96
4	四层柱(C30)	m³	同二层柱工程量一致	12.96
5	屋面柱(C30)			
	KZ3	m³	$0.3 \times 0.4 \times (16.5 - 13.5) \times 4$	1.44
	LZ1	m³	$0.2 \times 0.5 \times (16.5 - 13.5) \times 10$	3.00
	合计	m³		4.44
十一	现浇梁			
1	C35 二层楼面梁			
	WKL1	m³	$0.3 \times 0.8 \times (12.8 - 0.4 \times 2 - 0.5)$	2.76
	WKL2	m³	$0.3 \times 0.8 \times (47.7 - 0.4 - 0.45 - 0.5 - 0.55 \times 6)$	10.33
	KL1	m³	$0.3 \times 0.6 \times (5.9 - 0.4 - 0.15) \times 2$	1.93
	KL2	m³	$0.5 \times 0.9 \times (12.8 - 0.55 - 0.45 \times 2) \times 2 + 0.25 \times 0.45 \times 0.5 \times 2$	10.33
	KL3	m³	$0.3 \times 0.6 \times (5.9 - 0.45 - 0.15) \times 4$	3.82
	KL4	m³	$0.5 \times 0.9 \times (12.8 - 0.45 \times 2 - 0.55) \times 2$	10.22
	KL5	m³	$0.3 \times 0.6 \times (12.8 - 0.55 - 0.2 \times 2) \times 1$	2.13
	KL6	m³	$0.35 \times 0.8 \times (12.8 - 0.3 - 0.45 - 0.55)$	3.22
	KL7	m³	$0.4 \times 0.6 \times (12.8 - 0.2 - 0.4 - 0.55) \times 1$	2.80
	KL8	m³	$0.35 \times 0.7 \times (12.8 - 0.2 \times 2) \times 2$	6.08
	KL9	m³	$0.5 \times 0.9 \times (6.9 - 0.45 + 0.375) \times 2 + 0.25 \times 0.45 \times 0.5 \times 2$	6.26
	KL10	m³	$0.35 \times 0.7 \times (12.8 - 0.2 \times 2) \times 2$	6.08
	KL11	m³	$0.3 \times 0.8 \times (47.7 - 0.5 \times 2 - 0.55 \times 4 - 0.55 \times 4 - 1)$	9.91

续表

<table>
<tr><th colspan="5">工程量计算表达式</th></tr>
<tr><th>序号</th><th>项目名称</th><th>单位</th><th>计算式</th><th>工程量</th></tr>
<tr><td></td><td>KL12</td><td>m³</td><td>$0.5 \times 0.9 \times (43.2 - 0.45 - 7 \times 0.55 - 0.325 - 4 \times 0.35)(4.5 - 0.4 - 0.225) \times 0.3 \times 0.8$</td><td>17.66</td></tr>
<tr><td></td><td>L1</td><td>m³</td><td>$0.2 \times 0.4 \times (2.3 + 1.8 - 0.25 - 0.5) \times 4$</td><td>1.07</td></tr>
<tr><td></td><td>L2</td><td>m³</td><td>$0.3 \times 0.6 \times (5.9 - 0.2 - 0.15) \times 2$</td><td>2.00</td></tr>
<tr><td></td><td>L3</td><td>m³</td><td>$0.2 \times 0.4 \times (3 - 0.125 - 0.3) \times 8$</td><td>1.65</td></tr>
<tr><td></td><td>L4</td><td>m³</td><td>$0.2 \times 0.45 \times (4.5 + 0.8 + 2.8 - 0.225 - 0.2) \times 1$</td><td>0.69</td></tr>
<tr><td></td><td>L5</td><td>m³</td><td>$0.2 \times 0.45 \times (7.2 - 0.3 \times 5) + 0.2 \times 0.45 \times (7.2 - 0.3 \times 3)$</td><td>1.08</td></tr>
<tr><td></td><td>L6</td><td>m³</td><td>$0.2 \times 0.45 \times (2.8 + 0.8 - 0.225 \times 2) \times 2 + 0.2 \times 0.45 \times (3.6 - 0.225 \times 2 - 0.3)$</td><td>0.82</td></tr>
<tr><td></td><td>L7</td><td>m³</td><td>$0.3 \times 0.6 \times (47.7 - 0.2 - 0.25 - 0.35 \times 5 - 0.5 \times 6 - 0.3)$</td><td>7.60</td></tr>
<tr><td></td><td>L8</td><td>m³</td><td>$0.25 \times 0.5 \times (3.6 - 0.225 \times 2)$</td><td>0.39</td></tr>
<tr><td></td><td>L9</td><td>m³</td><td>$0.25 \times 0.5 \times (7.2 - 0.3 \times 3)$</td><td>0.79</td></tr>
<tr><td></td><td>L10</td><td>m³</td><td>$0.25 \times 0.5 \times (1.2 + 2.4 - 0.25 - 0.225)$</td><td>0.39</td></tr>
<tr><td></td><td>L11</td><td>m³</td><td>$0.2 \times 0.45 \times 4.2 \times 2$</td><td>0.76</td></tr>
<tr><td colspan="2">合计</td><td>m³</td><td></td><td>110.74</td></tr>
<tr><td>2</td><td>C30 三层楼面梁</td><td></td><td></td><td></td></tr>
<tr><td></td><td>KL1(1)</td><td>m³</td><td>$0.2 \times 0.5 \times (6 - 0.3 \times 2) \times 1$</td><td>0.54</td></tr>
<tr><td></td><td>KL2(1)</td><td>m³</td><td>$0.2 \times 0.4 \times (5.9 - 0.1 - 0.3) \times 1$</td><td>0.44</td></tr>
<tr><td></td><td>KL3(2)</td><td>m³</td><td>$0.2 \times 0.5 \times (11.9 - 0.2 - 0.4) \times 1$</td><td>1.13</td></tr>
<tr><td></td><td>KL4(2A)</td><td>m³</td><td>$0.2 \times 0.45 \times (11.3 - 0.3 + 0.1 - 0.4 \times 2) \times 1$</td><td>0.927</td></tr>
<tr><td></td><td>KL5(1)</td><td>m³</td><td>$0.25 \times 0.45 \times (5.9 - 0.1 - 0.4) \times 2$</td><td>1.215</td></tr>
<tr><td></td><td>KL6(1A)</td><td>m³</td><td>$0.2 \times 0.5 \times (6 - 0.3 - 0.4)$</td><td>0.53</td></tr>
<tr><td></td><td>KL7(2A)</td><td>m³</td><td>$0.2 \times 0.45 \times (11.3 - 0.3 + 0.1 - 0.4 \times 2)$</td><td>0.927</td></tr>
<tr><td></td><td>KL8(2)</td><td>m³</td><td>$0.2 \times 0.5 \times (11.9 - 0.3 \times 2 - 0.4)$</td><td>1.09</td></tr>
<tr><td></td><td>KL9(1)</td><td>m³</td><td>$0.2 \times 0.5 \times (6 - 0.1 - 0.3)$</td><td>0.56</td></tr>
<tr><td></td><td>KL10(2)</td><td>m³</td><td>$0.2 \times 0.5 \times (8.7 - 0.2 - 0.3 - 0.1)$</td><td>0.81</td></tr>
<tr><td></td><td>KL11(1)</td><td>m³</td><td>$0.2 \times 0.5 \times (2.6 - 0.2 \times 2)$</td><td>0.22</td></tr>
<tr><td></td><td>KL12(2)</td><td>m³</td><td>$0.2 \times 0.5 \times (8.7 - 0.3 - 0.1 + 0.1)$</td><td>0.84</td></tr>
<tr><td></td><td>KL15(4)</td><td>m³</td><td>$0.2 \times 0.4 \times (14.4 - 0.3 \times 3 - 0.1 \times 2)$</td><td>1.06</td></tr>
<tr><td></td><td>KL16(1)</td><td>m³</td><td>$0.2 \times 0.4 \times (3.6 - 0.2 \times 2)$</td><td>0.26</td></tr>
<tr><td></td><td>KL17(1)</td><td>m³</td><td>$0.2 \times 0.6 \times (3.6 - 0.2 + 0.1)$</td><td>0.42</td></tr>
</table>

续表

工程量计算表达式				
序号	项目名称	单位	计算式	工程量
	L1（1）	m³	$0.2 \times 0.5 \times (5.9 - 0.1 \times 2)$	0.57
	L2（1）	m³	$0.2 \times 0.4 \times (3 - 0.1 \times 2) \times 4$	0.90
	L3（1）	m³	$0.2 \times 0.4 \times (2.9 - 0.1 \times 2) \times 2$	0.43
	L4（1）	m³	$0.2 \times 0.45 \times (2.8 - 0.1 \times 2) \times 2$	0.47
	L5（1）	m³	$0.2 \times 0.45 \times (3.6 - 0.1 \times 2)$	0.31
	L6（1）	m³	$0.2 \times 0.45 \times (3.6 - 0.1 \times 2)$	0.31
	L7（2）	m³	$0.2 \times 0.4 \times (8.4 - 0.1 \times 2 - 0.2)$	0.64
	L8（2）	m³	$0.2 \times 0.45 \times (4.1 - 0.1 - 0.2 \times 2)$	0.32
	L9（2）	m³	$0.25 \times 0.45 \times (4.1 - 0.1 \times 2 - 0.2)$	0.42
	合计	m³	$15.33 \times 2 - 0.56$	30.10
3	C30 四层楼面梁	m³	同三层楼面梁工程量一致	30.10
4	C30 屋面梁			
	WKL1（1）	m³	$0.2 \times 0.5 \times (6 - 0.3 \times 2) \times 2$	1.08
	WKL2（1）	m³	$0.2 \times 0.4 \times (5.9 - 0.1 - 0.3) \times 2$	0.88
	WKL3（2）	m³	$0.2 \times 0.45 \times (11.9 - 0.3 - 0.1 - 0.4) \times 2$	2.00
	WKL4（1）	m³	$0.2 \times 0.45 \times (9.9 - 0.3 \times 2 - 0.4) \times 4$	3.20
	WKL12（1）	m³	$0.25 \times 0.45 \times (5.9 - 0.1 - 0.3) \times 4$	2.48
	WKL13（1A）	m³	$0.2 \times 0.6 \times (4 + 1.4 + 0.6 - 0.4 - 0.3) \times 2$	1.27
	WKL5（2）	m³	$0.2 \times 0.45 \times (11.9 - 0.3 - 0.4 \times 2) \times 2$	1.94
	L1（1）	m³	$0.2 \times 0.45 \times (1.8 - 0.1 \times 2) \times 4$	0.58
	L2（1）	m³	$0.2 \times 0.5 \times (5.9 - 0.1 \times 2) \times 2$	1.14
	WKL6（1）	m³	$0.2 \times 0.5 \times (6 - 0.3 - 0.1 - 0.2) \times 1$	0.54
	WKL8（1）	m³	$0.2 \times 0.4 \times (3.6 - 0.2 \times 2) \times 2$	0.51
	WKL9（1）	m³	$0.2 \times 0.4 \times (3.6 + 3.6 - 0.2 \times 2) \times 1$	0.54
	WKL11（4）	m³	$0.2 \times 0.4 \times (3 + 3 + 4.2 + 4.2 - 0.3 \times 3 - 0.1 \times 2) \times 2$	2.13
	L4（1）	m³	$0.2 \times 0.45 \times (3.6 - 0.1 \times 2) \times 2$	0.61
	L5（1）	m³	$0.2 \times 0.45 \times (3.6 + 3.6 - 0.1 \times 2)$	0.63
	WKL7（12）	m³	$0.2 \times 0.5 \times [43.2 - 0.3 \times 11 - 0.2 \times 2 - (4.2 + 4.2 - 0.1 \times 2) \times 2] + (4.2 + 4.2 - 0.1) \times 2 \times 0.25 \times 0.45$	4.18

续表

<table>
<tr><th colspan="5">工程量计算表达式</th></tr>
<tr><th>序号</th><th>项目名称</th><th>单位</th><th>计算式</th><th>工程量</th></tr>
<tr><td></td><td>L3(1)</td><td>m³</td><td>$0.2 \times 0.4 \times (2.9 - 0.1 \times 2) \times 4$</td><td>0.86</td></tr>
<tr><td></td><td>WKL10(9)</td><td>m³</td><td>$0.2 \times 0.5 \times (41.6 - 8 \times 0.3 - 0.2 \times 2)$</td><td>4.06</td></tr>
<tr><td></td><td>AL1</td><td>m³</td><td>$0.5 \times 0.12 \times (2.6 - 0.15 \times 2) \times 2$</td><td>0.28</td></tr>
<tr><td></td><td>AL2</td><td>m³</td><td>$0.5 \times 0.12 \times (4.2 + 4.2 - 0.2 - 0.1 \times 2) \times 2$</td><td>0.96</td></tr>
<tr><td></td><td>WKL17(1)</td><td>m³</td><td>$(2.6 - 0.2 \times 2) \times 0.2 \times 0.4 \times 4$</td><td>0.70</td></tr>
<tr><td></td><td>WKL15(1)</td><td>m³</td><td>$(1.27 + 2.28 + 1.65 - 0.3 - 0.4) \times 0.2 \times 0.6 \times 4$</td><td>2.16</td></tr>
<tr><td></td><td>WKL14(1A)</td><td>m³</td><td>$(2 + 1.4 - 0.42 - 0.4 + 0.1) \times 0.2 \times 0.4 \times 4$</td><td>0.86</td></tr>
<tr><td></td><td>WKL18(2)</td><td>m³</td><td>$(8.4 - 0.1 \times 2 - 0.2) \times 0.2 \times 0.4 \times 2$</td><td>1.28</td></tr>
<tr><td></td><td>WKL16(1A)</td><td>m³</td><td>$(2 + 1.4 + 0.6 - 0.42 - 0.4) \times 0.2 \times 0.4 \times 2$</td><td>0.51</td></tr>
<tr><td></td><td>L7(2)</td><td>m³</td><td>$(8.4 - 0.1 \times 2 - 0.2) \times 0.2 \times 0.4 \times 2$</td><td>1.28</td></tr>
<tr><td colspan="2">合计</td><td>m³</td><td></td><td>36.67</td></tr>
<tr><td>十二</td><td>现浇板</td><td></td><td></td><td></td></tr>
<tr><td>1</td><td>C30 二层楼面板</td><td></td><td></td><td></td></tr>
<tr><td></td><td>1-1 ~ 1-2 × 1-A ~ 1-E</td><td>m³</td><td>$[(4.5 - 0.2 - 0.125) \times (12.8 - 0.2 \times 2) - (4.5 - 0.2 \times 0.125) \times 0.3 - (4.5 - 0.4 - 0.225) \times 0.3 - (4.5 - 0.2 - 0.125) \times 0.2] \times 0.15$</td><td>7.26</td></tr>
<tr><td></td><td>1-2 ~ 1-3 × 1-A ~ 1-E</td><td>m³</td><td>$[(6.6 - 0.225 - 0.3) \times (12.8 - 0.2 \times 2) - (1.2 + 2.4 - 0.225 \times 2) \times 0.25 - (6.6 - 0.225 \times 2) \times 0.3 - (3.6 - 0.225 \times 2) \times 0.2 - (6.6 - 0.325 \times 2) \times 0.5 - (3.6 - 0.225 \times 2) \times 0.2 - (5.9 - 0.15 - 0.4 - 0.2) \times 0.3 - (2.3 + 1.8 - 0.1 \times 2 - 0.5) \times 0.2 - (12.8 - 0.2 \times 2 - 0.5 - 0.3) \times 0.35] \times 0.15$</td><td>9.33</td></tr>
<tr><td></td><td>1-3 ~ 1-6 × 1-A ~ 1-E</td><td>m³</td><td>$[(2.9 + 2.6 + 5.9 - 0.2 \times 2) \times (12.8 - 0.2 \times 2) - (11.4 - 0.2 \times 2) \times 0.3 - (11.4 - 0.2 \times 2 - 0.55) \times 0.5 - (2.9 - 0.2 \times 2) \times 0.2 \times 2 - (3 - 0.225 - 0.2) \times 0.2 - (2.6 - 0.1 \times 2) \times 0.2 - (5.9 - 0.15 - 0.25) \times 0.3 \times 2 - (6.9 - 0.375 - 0.45 - 0.3) \times 0.5 - (12.8 - 0.2 \times 2 - 0.5 - 0.3) \times 0.35 - (1.9 + 2.36 - 0.1 - 0.2) \times (2.6 \times 0.1 \times 2)] \times 0.15$</td><td>17.04</td></tr>
<tr><td></td><td>1-6 ~ 1-7 × 1-A ~ 1-E</td><td>m³</td><td>$[(7.2 - 0.3 \times 2) \times (12.8 - 0.2 \times 2) - (7.2 - 0.3 \times 2) \times 0.25 - (7.2 - 0.3 \times 2 - 0.55) \times 0.5 - (7.2 - 0.3 \times 5) \times 0.2 - (2.3 + 1.8 - 0.1 \times 2 - 0.5) \times 0.2 \times 2 - (5.9 - 0.15 - 0.2) \times 0.3 \times 2 - (12.8 - 0.2 \times 2) \times 0.3] \times 0.15$</td><td>10.14</td></tr>
</table>

续表

工程量计算表达式				
序号	项目名称	单位	计算式	工程量
	1-7 ~ 1-10 × 1-A ~ 1-E	m³	$[(2.9+2.6+5.9-0.2\times2)\times(12.8-0.2\times2)-(11.4-0.2\times2)\times0.3-(11.4-0.2\times2-0.55)\times0.5-(2.9-0.2\times2)\times0.2\times2-(3-0.225-0.2)\times0.2-(2.6-0.1\times2)\times0.2-(5.9-0.15-0.25)\times0.3\times-(6.9-0.375-0.45-0.3)\times0.5-(12.8-0.2\times2-0.5-0.3)\times0.35-(1.9+2.36-0.1-0.2)\times(2.6\times0.1\times2)]\times0.15$	17.04
	1-10 ~ 1-12 × 1-A ~ 1-E	m³	$[(7.2-0.3\times2)\times(12.8-0.2\times2)-(7.2-0.3\times2)\times0.25-(7.2-0.3\times2-0.55)\times0.5-(7.2-0.3\times5)\times0.2-(2.3+1.8-0.1\times2-0.5)\times0.2\times2-(5.9-0.15-0.2)\times0.3\times2-(12.8-0.2\times2)\times0.3]\times0.15$	10.14
	合计	m³		70.95
2	C30 三层楼面板			
	2 ~ 4 × A ~ G	m³	$[(5.9-0.2)\times(5.8-0.2)-(3-0.2)\times0.2\times2-0.2\times5.6-(2.8-0.2)\times0.2-(2.3-0.3)\times0.2]\times0.1$	2.88
	1 ~ 3 × G ~ 1/J	m³	$[(6-0.2)\times(3.6-0.2)-(3.6-0.2)\times0.2-(1.8-0.2)\times0.2]\times0.1$	1.87
	3 ~ 4 × G ~ H	m³	$(4-0.2)\times(3-0.2)\times0.1$	1.06
	4 ~ 5 × A ~ C	m³	$(2.9-0.2)\times(1.9-0.3)\times0.1$	0.43
	4 ~ 5 × C ~ G	m³	$(4-0.1)\times(2.9-0.2)\times0.12$	1.26
	4 ~ 7 × G ~ H	m³	$[(8.4-0.2)\times(4-0.2)-(4-0.3\times2)\times0.2]\times0.12$	3.66
	4 ~ 7 × H ~ J	m³	$[(8.4-0.2)\times(1.4-0.2)-(1.4-0.2)\times0.2]\times0.1$	0.96
	6 ~ 7 × C ~ G	m³	$(4-0.1)\times(2.9-0.2)\times0.12$	1.26
	6 ~ 7 × A ~ C	m³	$(2.9-0.2)\times(1.9-0.3)\times0.1$	0.43
	7 ~ 10 × A ~ G	m³	$[(5.9-0.2)\times(5.8-0.2)-(3-0.2)\times0.2\times2-0.2\times5.6-(2.8-0.2)\times0.25-(2.3-0.3)\times0.2]\times0.1$	2.86
	7 ~ 8 × G ~ H	m³	$(4-0.2)\times(3-0.2)\times0.1$	1.06
	8 ~ 11 × G ~ 1/J	m³	$[(6-0.2)\times(3.6-0.2)-(3.6-0.2)\times0.2-(1.8-0.2)\times0.25]\times0.1$	1.86

续表

			工程量计算表达式	
序号	项目名称	单位	计算式	工程量
	5~6×D~G	m³	$(2.6-0.2)\times(2.3-0.2)\times0.1$	0.50
				20.12
	合计	m³	20.12×2	40.24
3	C30 四层楼面板	m³	同三层楼面板工程量一致	40.24
4	C30 屋面板			
	2~5×A~G	m³	$[(5.8+2.9-0.1\times2)\times(5.9-0.1\times2)-(5.9-0.1\times2)\times0.2\times2-(2.9-0.2)\times0.2]\times0.12$	5.48
	1~3×G~1/J	m³	$[(6-0.2)\times(3.6-0.2)-(3.6-0.2)\times0.2-(1.8-0.2)\times0.2]\times0.12$	2.25
	3~4×G~H	m³	$(4-0.2)\times(3-0.2)\times0.12$	1.28
	4~5×A~C	m³	$(2.9-0.2)\times(1.9-0.3)\times0.12$	0.52
	4~5×C~G	m³	$(4-0.1)\times(2.9-0.2)\times0.12$	1.26
	4~1/5×G~J	m³	$[(4.2-0.1\times2)\times(5.4-0.1\times2)-(4.2-0.1\times2)\times0.2-(4.2-0.1\times2)\times0.5]\times0.12$	2.16
	1/5~7×G~J	m³	$[(4.2-0.1\times2)\times(5.4-0.1\times2)-(4.2-0.1\times2)\times0.2-(4.2-0.1\times2)\times0.5]\times0.12$	2.16
	7~8×G~H	m³	$(4-0.2)\times(3-0.2)\times0.12$	1.28
	8~11×G~1/J	m³	$[(6-0.2)\times(3.6-0.2)-(3.6-0.2)\times0.2-(1.8-0.2)\times0.2]\times0.12$	2.25
	6~10×A~G	m³	$[(5.8+2.9-0.1\times2)\times(5.9-0.1\times2)-(5.9-0.1\times2)\times0.2\times2-(2.9-0.2)\times0.2]\times0.12$	5.48
	11~14×G~1/J	m³	$[(6-0.2)\times(3.6-0.2)-(3.6-0.2)\times0.2-(1.8-0.2)\times0.2]\times0.12$	2.25
	12~16×A~G	m³	$[(5.8+2.9-0.1\times2)\times(5.9-0.1\times2)-(5.9-0.1\times2)\times0.2\times2-(2.9-0.2)\times0.2]\times0.12$	5.48
	14~15×G~H	m³	$(4-0.2)\times(3-0.2)\times0.12$	1.28
	15~17×G~J	m³	$[(4.2-0.1\times2)\times(5.4-0.1\times2)-(4.2-0.1\times2)\times0.2-(4.2-0.1\times2)\times0.5]\times0.12$	2.16
	17~19×G~J	m³	$[(4.2-0.1\times2)\times(5.4-0.1\times2)-(4.2-0.1\times2)\times0.2-(4.2-0.1\times2)\times0.5]\times0.12$	2.16
	18~22×A~G	m³	$[(5.8+2.9-0.1\times2)\times(5.9-0.1\times2)-(5.9-0.1\times2)\times0.2\times2-(2.9-0.2)\times0.2]\times0.12$	5.48
	19~20×G~H	m³	$(4-0.2)\times(3-0.2)\times0.12$	1.28

序号	项目名称	单位	计算式	工程量
	20 ~ 23 × G ~ 1/J	m³	$[(6-0.2)\times(3.6-0.2)-(3.6-0.2)\times0.2-(1.8-0.2)\times0.2]\times0.12$	2.25
	合计	m³		46.42
5	楼梯间出屋面板(C30)	m³	$(2.6-0.2)\times(1.27+2.28+1.65-0.2)\times0.12\times2$	2.88
6	空调板		$[(3-0.24)\times0.6\times0.1\times2+(3-0.24)\times1.5\times0.1\times2]\times2$	2.32
十三	现浇楼梯 C30			
	首层	m²	$(2.6-0.2)\times(4.34-0.1+0.2)\times2$	21.31
	2、3、4 层	m²	$(2.6-0.2)\times(3.45-0.1+0.2)\times3\times2$	51.12
	合计	m²		72.43
十四	C20 构造柱			
	首层	m³	$0.2\times0.2\times4.5\times12$	2.16
	2、3、4 层	m³	$0.24\times0.24\times3\times20\times3$	10.37
	女儿墙	m³	$0.2\times0.2\times(15-13.5-0.12)\times35$	1.93
	GZ1	m³	$0.2\times0.32\times(15.9-10.5)\times14$	
	合计	m³		14.46
十五	门窗过梁(C20)			
1	一层			
	洞口	m²	$(1.8+0.25\times2)\times0.24\times0.18\times1$	0.10
	M-2	m²	$(0.9+0.5)\times0.24\times0.09\times2$	0.06
	M-3	m²	$(1+0.25\times2)\times0.24\times0.09$	0.03
	M-4	m²	$(1.5+0.25\times2)\times0.24\times0.12\times2$	0.12
	MC-1	m²	$(1.5+0.25\times2)\times0.24\times0.12\times2$	0.12
	C-1	m²	$(1.2+0.25\times2)\times0.24\times0.12\times3$	0.15
	C-2	m²	$(3+0.25\times2)\times0.24\times0.24\times5$	1.01
	C-3	m²	$(3.87+0.25\times2)\times0.24\times0.3$	0.31
	C-4	m²	$(5.15+0.25\times2)\times0.24\times0.3$	0.41
	C-5	m²	$(5.72+0.25\times2)\times0.24\times0.23$	0.34
	C-6	m²	$(5.85+0.25\times2)\times0.24\times0.3$	0.46
	C-7	m²	$(6.7+0.25\times2)\times0.24\times0.3$	0.52

续表

			工程量计算表达式	
序号	项目名称	单位	计算式	工程量
	C-8	m²	$(6.475+0.25\times2)\times0.24\times0.3$	0.50
	合计	m²		4.12
2	二层			
	M1	m²	$(0.8+0.5)\times0.1\times0.09\times8$	0.09
	M2	m²	$(0.9+0.5)\times0.24\times0.09\times16$	0.48
	M5	m²	$(1+0.5)\times0.24\times0.12\times4$	0.17
	TLM1	m²	$(1.8+0.5)\times0.24\times0.18\times4$	0.40
	TLM2	m²	$(2.7+0.5)\times0.24\times0.24\times4$	0.74
	C1	m²	$(0.56+0.5)\times0.09\times0.24\times4$	0.09
	C2	m²	$(0.9+0.5)\times0.24\times0.09\times4$	0.12
	C3	m²	$(1.2+0.5)\times0.24\times0.12\times4$	0.20
	C4	m²	$(1.4+0.5)\times0.24\times0.12\times8$	0.44
	C5	m²	$(1.5+0.5)\times0.24\times0.18\times6$	0.52
	TC1	m²	$(2.2+0.5)\times0.24\times0.2\times2$	0.26
	TC2	m²	$(1.9+0.5)\times0.24\times0.18\times2$	0.21
	合计	m²		3.72
3	三层	m²	同二层门窗过梁工程量一致	3.72
4	四层	m²	同二层门窗过梁工程量一致	3.72
5	出屋面			
	M-4	m²	$(1+0.25\times2)\times0.24\times0.09\times2$	0.06
	C-5	m²	$(1.5+0.25\times2)\times0.12\times0.24\times2$	0.12
	合计	m²		0.18
十六	女儿墙压(C25)		$107.6\times0.2\times0.12$	2.58
十七	出屋面楼梯入口雨棚（C30）	m³	$2.1\times0.92\times2\times0.1$	0.39
十八	砌筑工程			
1	首层(M7.5水泥砂浆)			
	1-1×1-A~1-E	m³	$(12.8-0.4\times2-0.5)\times(4.5-0.8)\times0.24$	10.21
	1-12×1-A~1-E	m³	$(12.8-0.4\times2-0.5)\times(4.5-0.8)\times0.24$	10.21
	1-A×1-1~1-12	m³	$[(47.7-0.5-0.55\times8-0.4-1)\times(4.5-0.8)-3\times1.5\times5-1.2\times1.5\times3-1.5\times2.1\times2]\times0.24$	28.56

续表

		工程量计算表达式		
序号	项目名称	单位	计算式	工程量
	1-E × 1-1 ~ 1-12	m³	$[(47.7 - 0.5 - 0.55 \times 7 - 0.4 - 0.45) \times (4.5 - 0.8) - 3.87 \times 2.7 - 5.15 \times 2.7 - 5.72 \times 2.7 - 5.85 \times 2.7 - 6.7 \times 2.7 - 6.475 \times 2.7] \times 0.24$	15.86
	1-C × 1-4 ~ 1-5	m³	$(2.6 - 0.5) \times (4.5 - 0.9) \times 0.24$	1.81
	1-4 × 1-A ~ 1-C	m³	$(5.9 - 0.45) \times (4.5 - 0.6) \times 0.24$	5.10
	1-5 × 1-A ~ 1-C	m³	$(5.9 - 0.45) \times (4.5 - 0.6) \times 0.24$	5.10
	1-C × 1-8 ~ 1-12	m³	$[(2.6 + 2.9 + 3.3 + 3.3 - 0.55 \times 2 - 0.45) \times (4.5 - 0.9) - 1.8 \times 1.8] \times 0.24$	8.34
	1-8 × 1-A ~ 1-C	m³	$(5.9 - 0.45) \times (4.5 - 0.6) \times 0.24$	5.10
	1-9 × 1-A ~ 1-C	m³	$(5.9 - 0.375 - 0.12) \times (4.5 - 0.6) \times 0.24$	5.06
	1-10 × 1-A ~ 1-C	m³	$[(5.9 - 0.45 - 0.25) \times (4.5 - 0.9) - 0.9 \times 2.1] \times 0.24$	4.04
	1-11 × 1-A ~ 1-1/B	m³	$(2.5 + 1.5 - 0.12) \times (4.5 - 0.6) \times 0.24$	3.63
	1-B × 1-11 ~ 1-12	m³	$[(3.3 - 0.24) \times 4.5 - 1 \times 2.4] \times 0.24$	2.73
	1-1/B × 1-10 ~ 1-11	m³	$[(3.3 - 0.12) \times 4.5 - 0.9 \times 2.1] \times 0.24$	2.98
	合计	m³	$108.73 - 2.16(构造柱) - 4.12(过梁)$	102.45
2	二层（M₅ 混合砂浆）			
	A × 2 ~ 10	m³	$[(20 - 3 \times 2 - 0.3 \times 3 - 0.2 \times 2) \times (3 - 0.5) - 1.2 \times 1.5 \times 2 - 1.4 \times 1.5 \times 2 - 1.5 \times 1.5] \times 0.2$	4.34
	B × 3 ~ 4	m³	$[(3 - 0.2) \times (3 - 0.4) - 1.5 \times 1.5] \times 0.2$	1.01
	B × 7 ~ 8	m³	$[(3 - 0.2) \times (3 - 0.4) - 1.5 \times 1.5] \times 0.2$	1.01
	C × 4 ~ 5	m³	$[(2.9 - 0.2) \times (3 - 0.4) - 1.8 \times 2.1] \times 0.2$	0.65
	C × 6 ~ 7	m³	$[(2.9 - 0.2) \times (3 - 0.4) - 1.8 \times 2.1] \times 0.2$	0.65
	D × 2 ~ 3	m³	$[(2.8 - 0.2) \times (3 - 0.45) - 0.9 \times 2.1] \times 0.1$	0.47
	D × 8 ~ 10	m³	$[(2.8 - 0.2) \times (3 - 0.45) - 0.9 \times 2.1] \times 0.1$	0.47
	E × 3 ~ 4	m³	$[3 \times (3 - 0.4) - 0.9 \times 2.1] \times 0.2$	1.18
	E × 7 ~ 8	m³	$[3 \times (3 - 0.4) - 0.9 \times 2.1] \times 0.2$	1.18
	F × 5 ~ 6	m³	$[2.6 \times (3 - 0.5) - 1 \times 2.1 \times 2] \times 0.2$	0.46
	G × 1 ~ 4	m³	$[(6.6 - 0.2 \times 2 - 0.3) \times (3 - 0.5) - 0.9 \times 2.1 \times 2 - 0.56 \times 1.5] \times 0.2$	2.03
	G × 7 ~ 11	m³	$[(6.6 - 0.2 \times 2 - 0.3) \times (3 - 0.5) - 0.9 \times 2.1 \times 2 - 0.56 \times 1.5] \times 0.2$	2.03

续表

			工程量计算表达式		
序号	项目名称	单位	计算式		工程量
	$1/G \times 1 \sim 1/2$	m³	$(2.3 - 0.1 + 0.1) \times (3 - 0.45) \times 0.1$		0.59
	$1/G \times 9 \sim 11$	m³	$(2.3 - 0.1 + 0.1) \times (3 - 0.45) \times 0.1$		0.59
	$H \times 3 \sim 8$	m³	$[(14.4 - 0.3 \times 3 - 0.1 \times 2) \times (3 - 0.4) - 1.4 \times 1.5 \times 2 - 2.7 \times 2.1 \times 2] \times 0.2$		3.81
	$1/J \times 1 \sim 3$	m³	$[(3.6 - 0.2 \times 2) \times (3 - 0.4) - 2.2 \times 1.5] \times 0.2$		1.00
	$1/J \times 8 \sim 11$	m³	$[(3.6 - 0.2) \times (3 - 0.6) - 1.9 \times 1.5] \times 0.2$		1.06
	$1 \times G \sim 1/J$	m³	$(6 - 0.3 \times 2) \times (3 - 0.5) \times 0.24$		3.24
	$11 \times G \sim 1/J$	m³	$(6 - 0.3) \times (3 - 0.5) \times 0.24$		3.42
	$2 \times A \sim G$	m³	$[(5.9 - 0.3 - 0.12) \times (3 - 0.4) - 0.9 \times 1.5] \times 0.24$		3.10
	$10 \times A \sim G$	m³	$[(5.9 - 0.3 - 0.12) \times (3 - 0.5) - 0.9 \times 1.5] \times 0.24$		2.96
	$3 \times A \sim 1/J$	m³	$(11.9 - 1.3 - 0.3 \times 2) \times (3 - 0.5) \times 0.24$		6.00
	$8 \times A \sim 1/J$	m³	$(11.9 - 1.3 - 0.3 \times 2) \times (3 - 0.5) \times 0.24$		6.00
	$4 \times A \sim J$	m³	$(11.52 - 1.3 - 0.3 \times 2 - 0.4) \times (3 - 0.45) \times 0.24$		5.64
	$7 \times A \sim J$	m³	$(11.52 - 1.3 - 0.3 \times 2 - 0.4) \times (3 - 0.45) \times 0.24$		5.64
	$1/5 \times F \sim 1/J$	m³	$(6.7 - 0.4 \times 2 - 0.12) \times (3 - 0.5) \times 0.24$		3.47
	$5 \times A \sim F$	m³	$(5.2 - 0.3) \times (3 - 0.45) \times 0.24$		3.00
	$6 \times A \sim F$	m³	$(5.2 - 0.3) \times (3 - 0.45) \times 0.24$		3.00
	合计	m³	$67.99 \times 2 - 3.42 - 10.37 - 3.72$		118.47
3	三层	m³	同二砌筑工程量一致		118.47
4	四层	m³	同二砌筑工程量一致		118.47
5	出屋面				
	$5 \times 1/G \sim J$	m³	$(1.9 + 1.9 + 1 + 0.4 - 0.4 - 0.2) \times (16.5 - 13.5 - 0.6) \times 0.24$		2.65
	$18 \times 1/G \sim J$	m³	$(1.9 + 1.9 + 1 + 0.4 - 0.4 - 0.2) \times (16.5 - 13.5 - 0.6) \times 0.24$		2.65
	$6 \times 1/G \sim J$	m³	$[(1.9 + 1.9 + 1 + 0.4 - 0.4 - 0.2) \times (16.5 - 13.5 - 0.6) - 1 \times 2.1] \times 0.24$		2.15
	$16 \times 1/G \sim J$	m³	$[(1.9 + 1.9 + 1 + 0.4 - 0.4 - 0.2) \times (16.5 - 13.5 - 0.6) - 1 \times 2.1] \times 0.24$		2.15
	$1/G \times 5 \sim 6$	m³	$(2.6 - 0.1 \times 2) \times (16.5 - 13.5 - 0.4) \times 0.24$		1.50

工程量计算表达式				
序号	项目名称	单位	计算式	工程量
	1/G × 16 ~ 18	m³	$(2.6 - 0.1 \times 2) \times (16.5 - 13.5 - 0.4) \times 0.24$	1.50
	J × 5 ~ 6	m³	$[(2.6 - 0.2 \times 2) \times (16.5 - 13.5 - 0.4) - 1.5 \times 1.5] \times 0.24$	0.83
	J × 16 ~ 18	m³	$[(2.6 - 0.2 \times 2) \times (16.5 - 13.5 - 0.4) - 1.5 \times 1.5] \times 0.24$	0.83
	合计	m³	$14.25 - 0.18$(过梁)	14.07
6	女儿墙	m³	$107.6 \times (1.5 - 0.12) \times 0.2 - 1.93$(构造柱)	27.77
十九	屋面工程			
1	找平层			
	D ~ J × 2 ~ 10 + D ~ J × 12 ~ 22	m²	$[(1.9 + 4 - 0.1) \times (2.8 \times 2 + 2.9 \times 2 + 3 \times 2 + 2.6 - 0.1 \times 2) - (2.6 + 0.2) \times (5.2 + 0.1)] \times 2$	200.00
	A ~ D × 1 ~ 11 + A ~ D × 11 ~ 23	m²	$[(1.8 + 2.2 + 1.4 + 0.6) \times (3.6 \times 2 + 3 \times 2 + 4.2 \times 2 - 0.1) - 3.1 \times 2.1 \times 2 - (4.2 \times 2 + 0.2) \times (0.6 + 0.1) - (1.4 + 2 - 0.1) \times 0.2 \times 3] \times 2$	215.96
	出屋面楼梯间	m²	$(2.6 - 0.2) \times (1.27 + 2.28 + 1.65 - 0.2) \times 2$	24.00
	合计	m²		439.96
2	防水层	m²	$439.93 + [(43.2 - 0.2) \times 2 + (11.3 - 0.2) \times 2 + 5.2 \times 4 + 5.9 \times 2 + 2 \times 4 + 2 \times 4 + 3.4 \times 8] \times 0.4$(上翻)	513.53
3	保温层	m²	同找平层工程量	439.96
4	找坡层	m³	439.96×0.089	39.16
二十	门窗工程			
1	首层			
1)	门			
	M-2	m²	$0.9 \times 2.1 \times 2$	3.78
	M-3	m²	1×2.4	2.40
	M-4	m²	$1.5 \times 2.1 \times 2$	6.30
	MC-1	m²	$1.5 \times 2.1 \times 2$	6.30
	合计	m²		18.78
2)	窗			
	C-1	m²	$1.2 \times 1.5 \times 3$	5.40
	C-2	m²	$3 \times 1.5 \times 5$	22.50

续表

序号	项目名称	单位	计算式	工程量
			工程量计算表达式	
	C-3	m²	3.87×2.7	10.45
	C-4	m²	5.15×2.7	13.91
	C-5	m²	5.72×2.7	15.44
	C-6	m²	5.85×2.7	15.80
	C-7	m²	6.7×2.7	18.09
	C-8	m²	6.475×2.7	17.48
	合计	m²		119.07
2	二层			
1)	门			
	M1	m²	0.8×2.1×8	13.44
	M2	m²	0.9×2.1×16	30.24
	M5	m²	1×2.1×4	8.40
	TLM1	m²	1.8×2.1×4	15.12
	TLM2	m²	2.7×2.1×4	22.68
	合计	m²		89.88
2)	窗			
	C1	m²	0.56×1.5×4	3.36
	C2	m²	0.9×1.5×4	5.40
	C3	m²	1.2×1.5×4	7.20
	C4	m²	1.4×1.5×8	16.80
	C5	m²	1.5×1.5×6	13.50
	TC1	m²	2.2×1.5×2	6.60
	TC2	m²	1.9×1.5×2	5.70
	合计	m²		58.56
3	三层	m²	同二层门窗工程量	
4	四层	m²	同二层门窗工程量	
5	出屋面			
1)	门			
	M-4	m²	1×2.1×2	4.2
2)	窗			
	C-5	m²	1.5×1.5×2	4.5

续表

			工程量计算表达式		
序号	项目名称	单位	计算式		工程量
二十一	楼地面工程				
1	首层				
1）	卫生间	m²	$(2.9 + 3.3 + 3.3 - 0.24) \times (2.5 + 3.4 - 0.24) - [(5.9 - 0.175 - 0.45) + (3.3 - 0.12) + (4 - 0.12) + (3.3 - 0.24)] \times 0.24$		48.72
2）	楼梯间	m²	$(2.6 - 0.24) \times (5.9 - 0.24) \times 2$		26.72
3）	商场部分	m²	$47.5 \times 12.6 - 48.72 - 26.72 - (5.9 \times 5 + 4 + 2.6 + 12.1) \times 0.24 - 0.55 \times 0.55 \times 5$		509.98
2	二层				
1）	卫生间				
	1 ~ 3 × D ~ 1/G 间	m²	$(2.3 - 0.12) \times (1.8 - 0.12) + (2.3 - 0.12 - 0.1) \times (1.6 - 0.12 - 0.1)$		6.53
	8 ~ 14 × D ~ 1/G 间	m²	$[(2.4 - 0.12 - 0.1) \times (1.8 - 0.12) + (2.3 - 0.12 - 0.1) \times (1.6 - 0.12 - 0.1)] \times 2$		13.07
	20 ~ 23 × D ~ 1/G 间	m²	$(2.4 - 0.12 - 0.1) \times (1.8 - 0.12) + (2.3 - 0.12 - 0.1) \times (1.6 - 0.12 - 0.1)$		6.53
	合计	m²			26.13
2）	厨房	m²	$(2.9 - 0.24) \times (1.9 - 0.24) \times 4$		17.66
3）	其余房间				
	2 ~ 4 × A ~ D	m²	$(2.8 - 0.24) \times (3.7 - 0.12)$		9.16
	8 ~ 10 × A ~ D	m²	$(2.8 - 0.24) \times (3.7 - 0.12)$		9.16
	3 ~ 4 × B ~ E	m²	$(3 - 0.24) \times (3.1 - 0.24)$		7.89
	7 ~ 8 × B ~ E	m²	$(3 - 0.24) \times (3.1 - 0.24)$		7.89
	1 ~ 3 × G ~ 1/J	m²	$(3.6 - 0.24) \times (6 - 0.24) - 1.8 \times 2.3$		15.21
	8 ~ 11 × G ~ 1/J	m²	$(3.6 - 0.24) \times (6 - 0.24) - 1.8 \times 2.3$		15.21
	3 ~ 4 × G ~ H	m²	$(3 - 0.24) \times (4 - 0.24)$		10.38
	7 ~ 8 × G ~ H	m²	$(3 - 0.24) \times (4 - 0.24)$		10.38
	4 ~ 1/5 × C ~ H	m²	$(4.2 - 0.24) \times (8 - 0.24) - 3.3 \times 1.2$		26.769 6
	1/5 ~ 7 × C ~ H	m²	$(4.2 - 0.24) \times (8 - 0.24) - 3.3 \times 1.2$		26.77
	3 ~ 4 × E ~ G	m²	$(3 + 0.24) \times (1.3 - 0.24)$		3.43
	7 ~ 8 × E ~ G	m²	$(3 + 0.24) \times (1.3 - 0.24)$		3.43
	D ~ G × 1/2 ~ 3	m²	$(2.3 - 0.12 - 0.1) \times (1.2 - 0.12)$		2.25

续表

			工程量计算表达式	
序号	项目名称	单位	计算式	工程量
	D~G×8~9	m²	$(2.3-0.12-0.1)\times(1.2-0.12)$	2.25
	5~6×A~F	m²	$(2.6-0.24)\times(1.75-0.3-0.12)$	3.14
	合计	m²	153.34×2	306.68
3	三层	m²	工程量同二层	
4	四层	m²	工程量同二层	
5	楼梯间	m²	同现浇混凝土楼梯一致	72.43
二十二	墙、柱面工程			
1	首层内墙			
1)	卫生间			
	9×A~C	m²	$(5.9-0.24)\times(4.5-0.15)$	24.62
	10×A~C	m²	$(5.9-0.24)\times(4.5-0.15)-0.9\times2.1$	22.73
	A×9~12	m²	$(2.9+3.3+3.3-0.24\times3)\times(4.5-0.15)-1.2\times1.5\times3$	32.79
	C-9~10	m²	$(2.9-0.24)\times(4.5-0.15)$	11.57
	B×11~12	m²	$(3.3-0.24)\times(4.5-0.15)-1\times2.4$	10.91
	1/B×10~11	m²	$(3.3-0.24)\times(4.5-0.15)-0.9\times2.1$	11.42
	11×A~B	m²	$(2.5-0.24)\times(4.5-0.15)$	9.83
	11×A~1/B	m²	$(2.5+1.5)\times(4.5-0.15)\times2$	34.80
	C×10~12	m²	$(6.6-0.24)\times(4.5-0.15)-1.8\times1.8$	24.43
	1/B×10~11	m²	$3.3\times(4.5-0.15)-0.9\times2.1$	12.47
	B×11~12	m²	$(3.3-0.24)\times(4.5-0.15)-1\times2.4$	10.91
	10×1/B~C	m²	$(1.4-0.24)\times(4.5-0.15)-0.9\times2.1$	3.16
	12×B~C	m²	$(3.4-0.24)\times(4.5-0.15)$	13.75
	合计	m²		223.38
2)	楼梯间	m²	$[(5.9-0.24)\times4+5.9\times3+(2.6-0.24)\times4+(2.6+0.24)\times2]\times(4.5-0.15)-1.5\times2\times2$	235.25
3)	商场部分			
	A×1~8	m²	$(35.6-0.24-0.225+0.45\times5\times2+0.4\times2)\times(4.5-0.15)$	175.89
	1×A~E	m²	$(12.8-0.24+0.4\times2)\times(4.5-0.15)$	58.12
	E×1~12	m²	$(47.7-0.24+0.45\times6\times2+0.4\times2)\times(4.5-0.15)-3.87\times2.7-5.15\times2.7-5.72\times2.7-5.85\times2.7-6.7\times2.7-6.475\times2.7-1.5\times2.1\times2$	135.96

续表

<table>
<tr><td colspan="5" align="center">工程量计算表达式</td></tr>
<tr><td>序号</td><td>项目名称</td><td>单位</td><td>计算式</td><td>工程量</td></tr>
<tr><td></td><td>12 × C ~ E</td><td>m²</td><td>(4 + 2.9 − 0.24) × (4.5 − 0.15)</td><td>28.97</td></tr>
<tr><td></td><td>C × 8 ~ 12</td><td>m²</td><td>(2.6 + 2.9 + 3.3 + 3.3 + 0.375 × 2 × 2) × (4.5 − 0.15) − 1.8 × 1.8</td><td>55.92</td></tr>
<tr><td></td><td>附墙柱</td><td>m²</td><td>(0.55 − 0.24) × (4.5 − 0.15) × 14</td><td>18.88</td></tr>
<tr><td colspan="3" align="center">合计</td><td>m²</td><td>473.73</td></tr>
<tr><td>4)</td><td>独立柱</td><td>m²</td><td>0.55 × 4 × (4.5 − 0.15) × 5</td><td>47.85</td></tr>
<tr><td>2</td><td>二层内墙</td><td></td><td></td><td></td></tr>
<tr><td>1)</td><td>卫生间、厨房</td><td></td><td></td><td></td></tr>
<tr><td></td><td>1/G × 1 ~ 1/2</td><td>m²</td><td>(2.3 − 0.12) × 1.8</td><td>3.92</td></tr>
<tr><td></td><td>G × 1 ~ 1/2</td><td>m²</td><td>(2.3 − 0.12) × 1.8 − 0.48 × (1.8 − 0.95)</td><td>3.52</td></tr>
<tr><td></td><td>1 × G ~ 1/G</td><td>m²</td><td>(1.8 − 0.12) × 1.8</td><td>3.02</td></tr>
<tr><td></td><td>1/2 × G ~ 1/G</td><td>m²</td><td>(1.8 − 0.12) × 1.8 − 0.8 × 1.8</td><td>1.58</td></tr>
<tr><td></td><td>D × 2 ~ 1/2</td><td>m²</td><td>(1.6 − 0.1 − 0.12) × 1.8</td><td>2.48</td></tr>
<tr><td></td><td>G × 2 ~ 1/2</td><td>m²</td><td>(1.6 − 0.1 − 0.12) × 1.8</td><td>2.48</td></tr>
<tr><td></td><td>2 × D ~ G</td><td>m²</td><td>(2.3 − 0.1 − 0.12) × 1.8 − 0.9 × (1.8 − 0.95)</td><td>2.98</td></tr>
<tr><td></td><td>1/2 × D ~ G</td><td>m²</td><td>(2.3 − 0.1 − 0.12) × 1.8 − 0.8 × 1.8</td><td>2.30</td></tr>
<tr><td></td><td>A × 4 ~ 5</td><td>m²</td><td>(2.9 − 0.24) × 1.8 − 1.2 × (1.8 − 0.95)</td><td>3.77</td></tr>
<tr><td></td><td>C × 4 ~ 5</td><td>m²</td><td>(2.9 − 0.24) × 1.8 − 1.8 × 1.8</td><td>1.55</td></tr>
<tr><td></td><td>4 × A ~ C</td><td>m²</td><td>(1.5 + 0.4 − 0.12) × 1.8</td><td>3.20</td></tr>
<tr><td></td><td>5 × A ~ C</td><td>m²</td><td>(1.5 + 0.4 − 0.24) × 1.8</td><td>2.99</td></tr>
<tr><td></td><td>A × 6 ~ 7</td><td>m²</td><td>(2.9 − 0.24) × 1.8 − 1.2 × (1.8 − 0.95)</td><td>3.77</td></tr>
<tr><td></td><td>C × 6 ~ 7</td><td>m²</td><td>(2.9 − 0.24) × 1.8 − 1.8 × 1.8</td><td>1.55</td></tr>
<tr><td></td><td>6 × A ~ C</td><td>m²</td><td>(1.5 + 0.4 − 0.24) × 1.8</td><td>2.99</td></tr>
<tr><td></td><td>7 × A ~ C</td><td>m²</td><td>(1.5 + 0.4 − 0.12) × 1.8</td><td>3.20</td></tr>
<tr><td></td><td>D × 9 ~ 10</td><td>m²</td><td>(1.6 − 0.1 − 0.12) × 1.8</td><td>2.48</td></tr>
<tr><td></td><td>G × 9 ~ 10</td><td>m²</td><td>(1.6 − 0.1 − 0.12) × 1.8</td><td>2.48</td></tr>
<tr><td></td><td>9 × D ~ G</td><td>m²</td><td>(2.3 − 0.1 − 0.12) × 1.8 − 0.8 × 1.8</td><td>2.30</td></tr>
<tr><td></td><td>10 × D ~ G</td><td>m²</td><td>(2.3 − 0.1 − 0.12) × 1.8 − 0.9 × (1.8 − 0.95)</td><td>2.98</td></tr>
<tr><td></td><td>G × 9 ~ 11</td><td>m²</td><td>(2.3 − 0.12) × 1.8 − 0.48 × (1.8 − 0.95)</td><td>3.52</td></tr>
<tr><td></td><td>1/G × 9 ~ 11</td><td>m²</td><td>(2.4 − 0.12) × 1.8</td><td>4.10</td></tr>
<tr><td></td><td>9 × G ~ 1/G</td><td>m²</td><td>(1.8 − 0.12) × 1.8 − 0.8 × 1.8</td><td>1.58</td></tr>
</table>

续表

<table>
<tr><th colspan="5">工程量计算表达式</th></tr>
<tr><th>序号</th><th>项目名称</th><th>单位</th><th>计算式</th><th>工程量</th></tr>
<tr><td></td><td>11×G~1/G</td><td>m²</td><td>(1.8-0.12)×1.8</td><td>3.02</td></tr>
<tr><td></td><td>合计</td><td>m²</td><td>67.79×2</td><td>135.59</td></tr>
<tr><td>2)</td><td>其余房间</td><td></td><td></td><td></td></tr>
<tr><td></td><td>1×G~1/J</td><td>m²</td><td>(6-0.24)×(3-0.1)</td><td>16.70</td></tr>
<tr><td></td><td>1/2×D~1/G</td><td>m²</td><td>(2.3+1.8-0.24)×(3-0.1)-0.8×2.1×2</td><td>7.83</td></tr>
<tr><td></td><td>2×A~D</td><td>m²</td><td>(1.7+0.4+1.5+0.12-0.24)×(3-0.1)</td><td>10.09</td></tr>
<tr><td></td><td>3×A~1/J</td><td>m²</td><td>(11.3-0.24-0.1-1.3)×(3-0.1)</td><td>28.01</td></tr>
<tr><td></td><td>3×B~H</td><td>m²</td><td>(0.4+1.7+2.3+1.8+2.2-0.24-1.3)×(3-0.1)</td><td>19.89</td></tr>
<tr><td></td><td>4×B~H</td><td>m²</td><td>(0.4+1.7+2.3+1.8+2.2-0.24-1.3)×(3-0.1)</td><td>19.89</td></tr>
<tr><td></td><td>4×C~H</td><td>m²</td><td>(1.7+2.3+1.8+2.2-0.12-1.3+0.24)×(3-0.1)</td><td>19.78</td></tr>
<tr><td></td><td>5×C~F</td><td>m²</td><td>3.3×(3-0.1)</td><td>9.57</td></tr>
<tr><td></td><td>5×A~F</td><td>m²</td><td>(3.3+0.4+1.5-0.24)×(3-0.1)</td><td>14.38</td></tr>
<tr><td></td><td>6×A~F</td><td>m²</td><td>(3.3+0.4+1.5-0.24)×(3-0.1)</td><td>14.38</td></tr>
<tr><td></td><td>(1/5×F~H)+(1/5×F~H)</td><td>m²</td><td>(8-3.3-0.12+0.05×2)×(3-0.1)×2</td><td>27.14</td></tr>
<tr><td></td><td>6×C~F</td><td>m²</td><td>3.3×(3-0.1)</td><td>9.57</td></tr>
<tr><td></td><td>7×C~H</td><td>m²</td><td>(1.7+2.3+1.8+2.2-0.12-1.3+0.24)×(3-0.1)</td><td>19.78</td></tr>
<tr><td></td><td>7×B~H</td><td>m²</td><td>(0.4+1.7+2.3+1.8+2.2-0.24-1.3)×(3-0.1)</td><td>19.89</td></tr>
<tr><td></td><td>8×B~H</td><td>m²</td><td>(0.4+1.7+2.3+1.8+2.2-0.24-1.3)×(3-0.1)</td><td>19.89</td></tr>
<tr><td></td><td>8×A~1/J</td><td>m²</td><td>(11.3-0.24-0.1-1.3)×(3-0.1)</td><td>28.01</td></tr>
<tr><td></td><td>9×D~1/G</td><td>m²</td><td>(2.3+1.8-0.24)×(3-0.1)-0.8×2.1×2</td><td>7.83</td></tr>
<tr><td></td><td>10×A~D</td><td>m²</td><td>(1.7+0.4+1.5+0.12-0.24)×(3-0.1)</td><td>10.09</td></tr>
<tr><td></td><td>11×G~1/J</td><td>m²</td><td>(6-0.24)×(3-0.1)</td><td>16.70</td></tr>
<tr><td></td><td>A×2~3</td><td>m²</td><td>(2.8-0.24)×(3-0.1)-1.4×1.65</td><td>5.11</td></tr>
<tr><td></td><td>A×5~6</td><td>m²</td><td>(2.6-0.24)×(3-0.1)-1.5×1.65</td><td>4.37</td></tr>
<tr><td></td><td>A×8~10</td><td>m²</td><td>(2.8-0.24)×(3-0.1)-1.4×1.65</td><td>5.11</td></tr>
</table>

续表

<table>
<tr><td colspan="5" style="text-align:center">工程量计算表达式</td></tr>
<tr><td>序号</td><td>项目名称</td><td>单位</td><td>计算式</td><td>工程量</td></tr>
<tr><td></td><td>B×3~4</td><td>m²</td><td>$(3-0.24)\times(3-0.1)-1.5\times1.65$</td><td>5.53</td></tr>
<tr><td></td><td>B×7~8</td><td>m²</td><td>$(3-0.24)\times(3-0.1)-1.5\times1.65$</td><td>5.53</td></tr>
<tr><td></td><td>C×4~5</td><td>m²</td><td>$(2.9-0.24)\times(3-0.1)-1.8\times2.4$</td><td>3.39</td></tr>
<tr><td></td><td>C×6~7</td><td>m²</td><td>$(2.9-0.24)\times(3-0.1)-1.8\times2.4$</td><td>3.39</td></tr>
<tr><td></td><td>D×2~3</td><td>m²</td><td>$(2.8-0.24)\times(3-0.1)-0.9\times2.1$</td><td>5.53</td></tr>
<tr><td></td><td>D×8~10</td><td>m²</td><td>$(2.8-0.24)\times(3-0.1)-0.9\times2.1$</td><td>5.53</td></tr>
<tr><td></td><td>E×3~4</td><td>m²</td><td>$(3-0.24)\times(3-0.1)-0.9\times2.1+(3+0.24)\times(3-0.1)-0.9\times2.1$</td><td>13.62</td></tr>
<tr><td></td><td>E×7~8</td><td>m²</td><td>$(3-0.24)\times(3-0.1)-0.9\times2.1+(3+0.24)\times(3-0.1)-0.9\times2.1$</td><td>13.62</td></tr>
<tr><td></td><td>F×5~6</td><td>m²</td><td>$(2.6+0.24-0.24)\times(3-0.1)-1\times2.1+(2.6-0.24-0.24)\times(3-0.1)-1\times2.1$</td><td>9.49</td></tr>
<tr><td></td><td>G×1/2~4</td><td>m²</td><td>$(1.3+3+0.12)\times(3-0.1)-0.9\times2.1\times2+(1.3+3-0.12-0.24)\times(3-0.1)-0.9\times2.1\times2$</td><td>16.68</td></tr>
<tr><td></td><td>G×7~9</td><td>m²</td><td>$(1.3+3+0.12)\times(3-0.1)-0.9\times2.1\times2+(1.3+3-0.12-0.24)\times(3-0.1)-0.9\times2.1\times2$</td><td>16.68</td></tr>
<tr><td></td><td>1/G×1~1/2</td><td>m²</td><td>$(2.3-0.12+0.1)\times(3-0.1)$</td><td>6.61</td></tr>
<tr><td></td><td>1/G×9~11</td><td>m²</td><td>$(2.3-0.12+0.1)\times(3-0.1)$</td><td>6.61</td></tr>
<tr><td></td><td>H×3~4</td><td>m²</td><td>$(3-0.24)\times(3-0.1)-1.4\times1.65$</td><td>5.69</td></tr>
<tr><td></td><td>H×7~8</td><td>m²</td><td>$(3-0.24)\times(3-0.1)-1.4\times1.65$</td><td>5.69</td></tr>
<tr><td></td><td>1/J×1~3</td><td>m²</td><td>$(3.6-0.24)\times(3-0.1)-2.2\times2.1$</td><td>5.12</td></tr>
<tr><td></td><td>1/J×8~11</td><td>m²</td><td>$(3.6-0.24)\times(3-0.1)-2.2\times2.1$</td><td>5.12</td></tr>
<tr><td></td><td>合计</td><td>m²</td><td>467.94×2</td><td>935.88</td></tr>
<tr><td>3</td><td>三层内墙</td><td>m²</td><td>同二层工程量一致</td><td></td></tr>
<tr><td>4</td><td>四层内墙</td><td>m²</td><td>同二层工程量一致</td><td></td></tr>
<tr><td>5</td><td>外墙</td><td></td><td></td><td></td></tr>
<tr><td>1)</td><td>首层</td><td></td><td></td><td></td></tr>
<tr><td></td><td>A×1~12</td><td>m²</td><td>$(47.7+0.24)\times(4.5+0.15)-3\times1.5\times5-1.2\times1.5\times3-1.5\times2.1\times2$</td><td>188.72</td></tr>
<tr><td></td><td>E×1~12</td><td>m²</td><td>$(47.7+0.24+0.45\times6\times2+0.4\times2)\times(4.5+0.3)-3.87\times2.7-5.15\times2.7-5.72\times2.7-5.85\times2.7-6.7\times2.7-6.475\times2.7-1.5\times2.1\times2$</td><td>162.41</td></tr>
</table>

续表

			工程量计算表达式		
序号	项目名称	单位	计算式		工程量
	1×A~E	m²	$(12.8+0.24+0.4\times2)\times(4.5+0.3)$		66.43
	12×A~E	m²	$(12.8+0.24+0.4\times2)\times(4.5+0.3)$		66.43
	合计	m²			483.99
2)	二层				
	1×G~1/J	m²	$(6+0.12\times2)\times3$		18.72
	2×A~G	m²	$(5.9+0.12-0.1)\times3-0.9\times1.65+(0.9+1.65)\times2\times0.12$		16.89
	G×1~2	m²	$(0.8-0.12+0.1)\times3-0.48\times1.65+(0.48+1.65)\times2\times0.1$		1.97
	A×2~10	m²	$(20+0.12\times2)\times3-1.2\times1.65\times2-1.4\times1.65\times2-1.5\times1.65\times3+(1.2+1.65)\times2\times0.12\times2+(1.4+1.65)\times2\times0.12\times2+(1.5+1.65)\times2\times0.12\times3$		49.82
	3×A~B	m²	$(1.5-0.12+0.12)\times3$		4.50
	4×A~B	m²	$(1.5-0.12+0.12)\times3$		4.50
	7×A~B	m²	$(1.5-0.12+0.12)\times3$		4.50
	8×A~B	m²	$(1.5-0.12+0.12)\times3$		4.50
	11×G~1/J	m²	$(6+0.12\times2)\times3$		18.72
	10×A~G	m²	$(5.9+0.12-0.1)\times3-0.9\times1.65+(0.9+1.65)\times2\times0.12$		16.89
	G×10~11	m²	$(0.8-0.12+0.1)\times3-0.48\times1.65+(0.48+1.65)\times2\times0.1$		1.97
	1/J×1~11	m²	$(25.2+0.12\times2+0.24-14.2)\times3-2.2\times2.1-1.9\times2.1+(2.2+2.1)\times2\times0.12+(1.9+2.1)\times2\times0.12$		27.82
	H×3~4	m²	$(3-0.12\times2)\times3-1.4\times1.65+(1.4+1.65)\times2\times0.12$		6.70
	H×7~8	m²	$(3-0.12\times2)\times3-1.4\times1.65+(1.4+1.65)\times2\times0.12$		6.70
	H×4~1/5	m²	$(4.2-0.12\times2)\times3-2.2\times2.05+(2.2+2.05)\times2\times0.12$		8.39
	H×1/5~7	m²	$(4.2-0.12\times2)\times3-2.2\times2.05+(2.2+2.05)\times2\times0.12$		8.39

续表

工程量计算表达式				
序号	项目名称	单位	计算式	工程量
	$3 \times H \sim 1/J$	m²	$(2 - 0.12 + 0.12) \times 3$	6.00
	$8 \times H \sim 1/J$	m²	$(2 - 0.12 + 0.12) \times 3$	6.00
	$4 \times H \sim J$	m²	$(1.5 + 0.12 - 0.12) \times 3 \times 2 + 0.24 \times 3$	9.72
	$7 \times H \sim J$	m²	$(1.5 + 0.12 - 0.12) \times 3 \times 2 + 0.24 \times 3$	9.72
	$1/5 \times H \sim 1/J$	m²	$(15 + 0.5 - 0.12) \times 3 \times 2 + 0.24 \times 3$	93.00
	合计	m²	325.42×2	650.85
3)	三层内墙	m²	同二层工程量一致	
4)	四层内墙	m²	同二层工程量一致	
二十三	天棚工程			
1	首层	m²	同地面工程	585.41
2	二层	m²	同楼面工程	422.9
3	三层	m²	同二层工程量一致	422.9
4	四层	m²	同二层工程量一致	422.9
二十四	脚手架			
1	综合脚手架	m²	工程量同建筑面积	1 980.36
二十五	模板工程			
1	柱子			
1)	首层			
	KZ1	m²	$(0.5 + 0.5) \times 2 \times 4.45 \times 2$	17.8
	KZ2	m²	$(0.5 + 0.5) \times 2 \times 4.45 \times 1$	8.9
	KZ3	m²	$(0.5 + 0.5) \times 2 \times 4.45 \times 1$	8.9
	KZ4	m²	$(0.55 + 0.55) \times 2 \times 4.45 \times 5$	48.95
	KZ5	m²	$(0.55 + 0.55) \times 2 \times 4.45 \times 4$	39.16
	KZ6	m²	$(1.1 + 0.4) \times 2 \times 4.45 \times 1$	13.35
	KZZ1	m²	$(0.55 + 0.55) \times 2 \times 4.45 \times 12$	117.48
	KZZ2	m²	$(0.5 + 0.5) \times 2 \times 4.45 \times 1$	8.9
	KZZ3	m²	$(0.55 + 0.55) \times 2 \times 4.45 \times 3$	29.37
	合计	m²		292.81
2)	二层			
	KZ1	m²	$(0.3 + 0.4) \times 2 \times 3 - 0.2 \times 0.4 - 0.2 \times 0.3$	4.06

续表

<table>
<tr><td colspan="5" style="text-align:center">工程量计算表达式</td></tr>
<tr><td>序号</td><td>项目名称</td><td>单位</td><td>计算式</td><td>工程量</td></tr>
<tr><td></td><td>KZ2</td><td>m²</td><td>$(0.3+0.4\times2)\times3\times3-0.2\times0.4\times2-0.2\times0.35-0.2\times0.4\times3-0.2\times0.4-0.2\times0.35$</td><td>11.98</td></tr>
<tr><td></td><td>KZ3</td><td>m²</td><td>$(0.3+0.4)\times2\times3\times2-0.2\times0.4\times4-0.2\times0.35\times2$</td><td>7.94</td></tr>
<tr><td></td><td>KZ4</td><td>m²</td><td>$(0.3+0.4)\times2\times3-0.2\times0.4\times2$</td><td>4.04</td></tr>
<tr><td></td><td>KZ5</td><td>m²</td><td>$(0.3+0.4)\times2\times3\times3-0.2\times0.35\times2-0.2\times0.4\times8-0.2\times0.3$</td><td>11.76</td></tr>
<tr><td></td><td>LZ1</td><td>m²</td><td>$(0.3+0.4)\times2\times3\times3-0.2\times0.4\times3-0.2\times0.3\times2-0.2\times0.5$</td><td>12.14</td></tr>
<tr><td></td><td>LZ2</td><td>m²</td><td>$(0.3+0.4\times2)\times3\times5-0.2\times0.4\times2-0.2\times0.4\times2-0.2\times0.35\times2-0.2\times0.3\times2-0.2\times0.35\times2-0.2\times0.4\times2-0.2\times0.3\times2-0.2\times0.3\times2-0.2\times0.35\times2$</td><td>15.24</td></tr>
<tr><td colspan="3" style="text-align:center">合计</td><td></td><td>71.66</td></tr>
<tr><td>3)</td><td>三层</td><td>m²</td><td>同二层</td><td>71.66</td></tr>
<tr><td>4)</td><td>四层</td><td>m²</td><td>同二层</td><td>71.66</td></tr>
<tr><td>2</td><td>梁</td><td></td><td></td><td></td></tr>
<tr><td>1)</td><td>首层</td><td></td><td></td><td></td></tr>
<tr><td></td><td>WKL1</td><td>m²</td><td>$(0.3+0.65+0.8)\times(12.8-0.4\times2-0.5)$</td><td>20.13</td></tr>
<tr><td></td><td>WKL2</td><td>m²</td><td>$(0.3+0.65+0.8)\times(47.7-0.4-0.45-0.5-0.55\times6)$</td><td>75.34</td></tr>
<tr><td></td><td>KL1</td><td>m²</td><td>$(0.3+0.45\times2)\times(5.9-0.4-0.15)\times2$</td><td>12.84</td></tr>
<tr><td></td><td>KL2</td><td>m²</td><td>$(0.5+0.75\times2)\times(12.8-0.55-0.45\times2)\times2+0.25\times0.45\times0.5\times2$</td><td>45.51</td></tr>
<tr><td></td><td>KL3</td><td>m²</td><td>$(0.3+0.45\times2)\times(5.9-0.45-0.15)\times4$</td><td>25.44</td></tr>
<tr><td></td><td>KL4</td><td>m²</td><td>$(0.5+0.75\times2)\times(12.8-0.45\times2-0.55)\times2$</td><td>45.40</td></tr>
<tr><td></td><td>KL5</td><td>m²</td><td>$(0.3+0.45\times2)\times(12.8-0.55-0.2\times2)\times1$</td><td>14.22</td></tr>
<tr><td></td><td>KL6</td><td>m²</td><td>$(0.35+0.65+0.8)\times(12.8-0.3-0.45-0.55)$</td><td>20.70</td></tr>
<tr><td></td><td>KL7</td><td>m²</td><td>$(0.4+0.45\times2)\times(12.8-0.2-0.4-0.55)\times1$</td><td>15.15</td></tr>
<tr><td></td><td>KL8</td><td>m²</td><td>$(0.35+0.55\times2)\times(12.8-0.2\times2)\times2$</td><td>35.96</td></tr>
<tr><td></td><td>KL9</td><td>m²</td><td>$(0.5+0.75\times2)\times(6.9-0.45+0.375)\times2+0.25\times0.45\times0.5\times2$</td><td>27.41</td></tr>
<tr><td></td><td>KL10</td><td>m²</td><td>$(0.35\times0.55\times2)\times(12.8-0.2\times2)\times2$</td><td>9.55</td></tr>
</table>

续表

<table>
<tr><td colspan="5" align="center">工程量计算表达式</td></tr>
<tr><td>序号</td><td>项目名称</td><td>单位</td><td>计算式</td><td>工程量</td></tr>
<tr><td></td><td>KL11</td><td>m²</td><td>$(0.3+0.65+0.8)\times(47.7-0.5\times2-0.55\times4-0.55\times4-1)$</td><td>72.28</td></tr>
<tr><td></td><td>KL12</td><td>m²</td><td>$(0.5+0.75\times2)\times(43.2-0.45-7\times0.55-0.325-4\times0.35)+(4.5-0.4-0.225)\times0.3\times0.8$</td><td>75.28</td></tr>
<tr><td></td><td>L1</td><td>m²</td><td>$(0.2+0.25\times2)\times(2.3+1.8-0.25-0.5)\times4$</td><td>9.38</td></tr>
<tr><td></td><td>L2</td><td>m²</td><td>$(0.3+0.45\times2)\times(5.9-0.2-0.15)\times2$</td><td>13.32</td></tr>
<tr><td></td><td>L3</td><td>m²</td><td>$(0.2+0.25\times2)\times(3-0.125-0.3)\times8$</td><td>14.42</td></tr>
<tr><td></td><td>L4</td><td>m²</td><td>$(0.2+0.3\times2)\times(4.5+0.8+2.8-0.225-0.2)\times1$</td><td>6.14</td></tr>
<tr><td></td><td>L5</td><td>m²</td><td>$(0.2+0.3\times2)\times(7.2-0.3\times5)+0.2\times0.45\times(7.2-0.3\times3)$</td><td>5.13</td></tr>
<tr><td></td><td>L6</td><td>m²</td><td>$(0.2+0.3\times2\times(2.8+0.8-0.225\times2)\times2+0.2\times0.45\times(3.6-0.225\times2-0.3)$</td><td>5.30</td></tr>
<tr><td></td><td>L7</td><td>m²</td><td>$(0.3+0.45\times2)\times(47.7-0.2-0.25-0.35\times5-0.5\times6-0.3)$</td><td>50.64</td></tr>
<tr><td></td><td>L8</td><td>m²</td><td>$(0.25+0.35\times2)\times(3.6-0.225\times2)$</td><td>2.99</td></tr>
<tr><td></td><td>L9</td><td>m²</td><td>$(0.25+0.35\times2)\times(7.2-0.3\times3)$</td><td>5.99</td></tr>
<tr><td></td><td>L10</td><td>m²</td><td>$(0.25+0.35\times2)\times(1.2+2.4-0.25-0.225)$</td><td>2.97</td></tr>
<tr><td></td><td>L11</td><td>m²</td><td>$(0.2+0.3+0.45)\times4.2\times2$</td><td>7.98</td></tr>
<tr><td colspan="2" align="center">合计</td><td>m²</td><td></td><td>619.45</td></tr>
<tr><td>2)</td><td colspan="4">二层</td></tr>
<tr><td></td><td>1/JL1(1)</td><td>m²</td><td>$(0.2+0.4+0.5)\times(6-0.3\times2)$</td><td>5.94</td></tr>
<tr><td></td><td>1/JL2(1)</td><td>m²</td><td>$(0.2+0.4+0.5)\times(5.9-0.1-0.3)$</td><td>6.05</td></tr>
<tr><td></td><td>1/JL3(2)</td><td>m²</td><td>$(0.2+0.4\times2)\times(11.9-0.2-0.4)-0.2\times0.3\times3-0.2\times0.35\times2$</td><td>10.98</td></tr>
<tr><td></td><td>1/JL4(2A)</td><td>m²</td><td>$(0.2+0.35\times2)\times(11.3-0.3+0.1-0.4\times2)-0.2\times0.3\times4$</td><td>9.03</td></tr>
<tr><td></td><td>1/JL5(1)</td><td>m²</td><td>$[(0.25+0.35\times2)\times(5.9-0.1-0.4)-0.2\times0.3\times3]\times2$</td><td>9.90</td></tr>
<tr><td></td><td>1/JL6(1A)</td><td>m²</td><td>$(0.2+0.4\times2)\times(6-0.3-0.4)-0.2\times0.3\times2$</td><td>5.18</td></tr>
<tr><td></td><td>1/JL7(2A)</td><td>m²</td><td>$(0.2+0.35\times2)\times(11.3-0.3+0.1-0.4\times2)-0.2\times0.3\times4$</td><td>9.03</td></tr>
<tr><td></td><td>1/JL8(2)</td><td>m²</td><td>$(0.2+0.4\times2)\times(11.9-0.3\times2-0.4)-0.2\times0.3\times3-0.2\times0.35\times2-0.2\times0.5$</td><td>10.48</td></tr>
</table>

续表

<table>
<tr><td colspan="5" align="center">工程量计算表达式</td></tr>
<tr><th>序号</th><th>项目名称</th><th>单位</th><th>计算式</th><th>工程量</th></tr>
<tr><td></td><td>1/JL9(1)</td><td>m²</td><td>$(0.2+0.4\times2)\times(6+0.1-0.3)-0.2\times0.35\times2-0.2\times0.5$</td><td>5.56</td></tr>
<tr><td></td><td>1/JL10(2)</td><td>m²</td><td>$(0.2+0.4\times2)\times(8.7-0.2-0.3-0.1)-0.2\times0.4$</td><td>8.02</td></tr>
<tr><td></td><td>1/JL11(1)</td><td>m²</td><td>$(0.2+0.4\times2)\times(2.6-0.2\times2)$</td><td>2.20</td></tr>
<tr><td></td><td>1/JL12(2)</td><td>m²</td><td>$(0.2+0.4\times2)\times(8.7-0.3-0.1+0.1)-0.2\times0.35-0.2\times0.4$</td><td>8.25</td></tr>
<tr><td></td><td>1/JL15(4)</td><td>m²</td><td>$(0.2+0.3\times2)\times(14.4-0.3\times3-0.1\times2)$</td><td>10.64</td></tr>
<tr><td></td><td>1/JL16(1)</td><td>m²</td><td>$(0.2+0.3\times2)\times(3.6-0.2\times2)$</td><td>2.56</td></tr>
<tr><td></td><td>1/JL17(1)</td><td>m²</td><td>$(0.2+0.5\times2)\times(3.6-0.2+0.1)-0.2\times0.4$</td><td>4.12</td></tr>
<tr><td></td><td>L1(1)</td><td>m²</td><td>$(0.2+0.4\times2)\times(5.9-0.1\times2)-0.2\times0.35$</td><td>5.63</td></tr>
<tr><td></td><td>L2(1)</td><td>m²</td><td>$(0.2+0.3\times2)\times(3-0.1\times2)\times4$</td><td>8.96</td></tr>
<tr><td></td><td>L3(1)</td><td>m²</td><td>$(0.2+0.3\times2)\times(2.9-0.1\times2)\times2$</td><td>4.32</td></tr>
<tr><td></td><td>L4(1)</td><td>m²</td><td>$(0.2+0.35\times2)\times(2.8-0.1\times2)\times2-0.2\times0.35\times2$</td><td>4.54</td></tr>
<tr><td></td><td>L5(1)</td><td>m²</td><td>$(0.2+0.35\times2)\times(3.6-0.1\times2)-0.2\times0.35$</td><td>2.99</td></tr>
<tr><td></td><td>L6(1)</td><td>m²</td><td>$(0.2+0.35\times2)\times(3.6-0.1\times2)-0.25\times0.35$</td><td>2.97</td></tr>
<tr><td></td><td>L7(2)</td><td>m²</td><td>$(0.2+0.3\times2)\times(8.4+0.1\times2-0.2)-0.2\times0.4\times2$</td><td>6.56</td></tr>
<tr><td></td><td>L8(2)</td><td>m²</td><td>$(0.2+0.35\times2)\times(4.1-0.1-0.2)-0.2\times0.4\times2$</td><td>3.26</td></tr>
<tr><td></td><td>L9(2)</td><td>m²</td><td>$(0.25+0.35\times2)\times(4.1-0.1-0.2)-0.2\times0.4\times2$</td><td>3.45</td></tr>
<tr><td></td><td>TL1</td><td>m²</td><td>$(0.2+0.3\times2)\times(2.6-0.15\times2)$</td><td>1.84</td></tr>
<tr><td colspan="2" align="center">合计</td><td>m²</td><td></td><td>152.46</td></tr>
<tr><td>3)</td><td>三层</td><td>m²</td><td>同二层</td><td>152.46</td></tr>
<tr><td>4)</td><td>四层</td><td>m²</td><td>同二层</td><td>152.46</td></tr>
<tr><td>3</td><td>板</td><td>m²</td><td>用现浇板的工程量除以板的厚度可以得到板的底面面积</td><td>1 688.63</td></tr>
<tr><td>4</td><td>楼梯</td><td>m²</td><td>同现浇混凝土楼梯一致</td><td>72.43</td></tr>
</table>

（2）软件计算工程量（钢筋）（广联达软件）（表5.32）

表5.32 ×××商住楼钢筋工程量汇总表

楼层名称	构件类型	钢筋总质量(kg)	HPB300			HRB400									
			6	8	10	6	8	10	12	14	16	18	20	22	25
基础层	梁	5 093.887	36.261	1 348.159	246.327		26.236	9.28	351.327	28.048	1 284.973	442.444	1 320.833		
	独立基础	556.767							84.502		472.265				
	桩承台	901.961							901.961						
	柱	4 506.643		2 501.574					129.167		1 875.902				
	合计	11 059.26	36.261	3 849.734	246.327		26.236	9.28	1 466.956	28.048	3 633.14	442.444	1 320.833		
首层	柱	9 700.663	335.657				859.181		4 982.635		2 864.647		579.758		414.441
	构造柱	262.896	58.003					204.893							
	砌体加筋	335.657	335.657												
	过梁	509.187	128.647	5.407				91.455		62.618			221.06		
	梁	22 564.15	179.89	347.719		14.574	2 581.034	4 868.01	73.448	318.142	2 626.3	2 243.008	3 493.027	3 001.194	2 817.807
	现浇板	7 052.473					135.564	6 916.909							

续表

楼层名称	构件类型	钢筋总质量(kg)	HPB300			HRB400									
---	---	---	6	8	10	6	8	10	12	14	16	18	20	22	25
首层	楼梯	1 293.478					84.277	553.686	438.683	216.832					
	合计	41 718.51	702.197	353.126		14.574	3 660.057	12 634.954	5494.766	597.591	5 490.947	2 243.008	4 293.846	3 001.194	3 232.248
	柱	3 724.637					860.365	203.284			1 407.391	169.288	255.028	829.28	
	构造柱	1 233.478	238.997					994.481							
	砌体加筋	844.107	844.107												
第2层	过梁	314.033	69.835	57.954				91.662		81.583					
	梁	7 233.13	124.017	1 267.918	292.132		49.557	156.913	374.846	409.832	759.937	1 869.634	824.619	1 056.601	47.124
	圈梁	258.657	62.465					196.192							
	现浇板	3 549.675	297.982	18.649			3 233.045								
	合计	17 157.72	1 637.402	1 344.521	292.132		4 142.967	1 642.532	387.846	491.415	2 167.329	2 038.922	1 079.647	1 885.881	47.124
第3层	柱	2 745.946	199.185				799.294	196.932			1 004.88	96	148.2	500.64	
	构造柱	1 018.956						819.771							

下表为旋转排版的工程量汇总表，各行数值按原表自左至右顺序列出。

楼层	项目	工程量数值
第3层	砌体加筋	766.353；766.353；47.124
	过梁	303.832；65.243；57.526；90.033；13；78.03
	梁	7 233.13；124.017；1 267.918；292.132；49.557；156.913；374.846；409.832；759.937；1 869.634；824.619；1 056.601
	现浇板	3 575.134；301.456；18.649；3 255.029
	合计	15 643.35；1 456.253；1 344.093；292.132；4 103.88；1 263.648；387.846；1 764.817；1 965.634；972.819；1 557.241；47.124
第4层	柱	2 499.101；800.254；196.932；769.35；839.852；66.112；113.62；482.331
	构造柱	1 187.181；227.131；190.7
	砌体加筋	766.545；766.545；17.864
	过梁	306.757；65.937；57.905；91.884；13；78.03
	梁	6 379.838；164.342；911.131；733.828；49.557；85.069；284.847；530.992；1 063.549；988.408；550.252；663.872
	现浇板	3 305.061；1 069.034；2 236.027
	合计	14 444.48；2 292.99；969.036；733.828；3 085.838；1 143.234；488.547；1 903.401；2 054.52；663.872；482.331；17.864

续表

楼层名称	构件类型	钢筋总质量(kg)	HPB300			HRB400									
			6	8	10	6	8	10	12	14	16	18	20	22	25
屋顶	柱	1 667.959					770.708				672.296			224.954	
	构造柱	629.667	126.92					307.217	195.53						
	砌体加筋	183.265	183.265												
	过梁	8.92	1.419	7.501											
	梁	948.159	22.62	319.168						504.067		102.304			
	圈梁	359.857	64.369					295.487							
	现浇板	211.091	87.499				97.644	25.947							
	合计	4 008.917	486.093	326.669			868.353	628.651	195.53	504.067	672.296	102.304		224.954	
全部层汇总	柱	20 338.31					4 089.803		4 982.635		6 789.067		1 096.606	2 037.205	
	构造柱	4 332.178	850.236					3 095.711	386.23			331.4			414.441
	砌体加筋	2 895.928	2 895.928												

过梁	1 442.729	331.081	186.293				365.033	39.001	300.262					221.06
梁	49 452.3	651.146	5 462.013	1 564.42	14.574	2 755.94	5 276.185	1 459.314	2 200.911	6 494.696	8 515.432	7 013.35	5 114.395	2 929.919
圈梁	618.514	126.834				491.68								
现浇板	17 693.43	1 755.97	37.297			8 957.31	6 942.856							
独立基础	556.767							84.502		472.265				
桩承台	901.961								901.961					
桩	4 506.643		2 501.574					129.167		1 875.902				
楼梯	1 293.478					84.277	553.686	438.683	216.832					
全部层汇总 合计	104 032.2	6 611.195	8 187.178	1 564.42	14.574	15 887.33	17 322.299	8 421.494	2 718.005	15 631.931	8 846.832	7 151.601	8 331.016	3 344.36

5.20.3 结合实例工程量编制施工图预算(用定额计价方法编)

建设工程预算书

工程名称：_____×××商住楼_____ 建筑面积：_____1 977.80m²_____

工程造价：_____3 599 987.44 元_____ 单方造价：_____1 820.20 元/m²_____

编制：_____ 复核：_____

证书号：_____

建设单位(公章) 编制单位(公章)

单位工程费用表

工程名称:××××商住楼

序号	费用名称	费率(%)	费用说明	金额(元)
1	分部分项工程费		$\sum$ 分部分项工程量×综合单价	2 419 075.18
1.1	人工费		$\sum$ 分部分项工程人工费	716 201.94
1.2	材料费(含未计价材)		$\sum$ 分部分项工程材料费	1 379 243.36
1.3	机械使用费		$\sum$ 分部分项工程机械使用费	20 791.36
1.4	企业管理费		$\sum$ 分部分项工程企业管理费	150 490.06
1.5	利润		$\sum$ 分部分项工程利润	152 348.46
2	单价措施项目费		$\sum$ 单价措施工程量×综合单价	361 121.55
2.1	人工费		$\sum$ 单价措施项目人工费	153 358.64
2.2	材料费(含未计价材料)		$\sum$ 单价措施项目材料费	95 823.86
2.3	机械使用费		$\sum$ 单价措施项目机械使用费	42 617.17
2.4	企业管理费		$\sum$ 单价措施项目企业管理费	34 448.23
2.5	利润		$\sum$ 单价措施项目利润	34 873.65
3	总价措施项目费		3.1+3.2+3.3+3.4+3.5+3.6+…	149 303.55
3.1	安全文明施工费		(1.1+2.1)×14.36%	124 868.89
3.1.1	环境保护费	0.75	(1.1+2.1)×0.75%	6 521.7
3.1.2	文明施工费	3.35	(1.1+2.1)×3.35%	29 130.28
3.1.3	安全施工费	5.8	(1.1+2.1)×5.8%	50 434.51
3.1.4	临时设施费	4.46	(1.1+2.1)×4.46%	38 782.4
3.2	夜间和非夜间施工增加费	0.77	(1.1+2.1)×0.77%	6 695.62
3.3	二次搬运费	0.95	(1.1+2.1)×0.95%	8 260.83
3.4	冬雨季施工增加费	0.47	(1.1+2.1)×0.47%	4 086.93
3.5	工程及设备保护费	0.43	(1.1+2.1)×0.43%	3 739.11
3.6	工程定位复测费	0.19	(1.1+2.1)×0.19%	1 652.17
4	其他项目费			
4.1	暂列金额		按招标工程量清单计列	
4.2	暂估价			

续表

序号	费用名称	费率(%)	费用说明	金额(元)
4.2.1	材料暂估价		最高投标限价、投标报价:按招标工程量清单材料暂估价计入综合单价 竣工结算:按最终确认的材料单价替代各暂估材料单价,调整综合单价	
4.2.2	专业工程暂估价		最高投标限价、投标报价:按招标工程量清单专业工程暂估价金额 竣工结算:按专业工程中标价或最终确认价计算	
4.3	计日工		最高投标限价:计日工数量×120元/工日×120%(20%为企业管理费、利润取费率)。 竣工结算:按确认计日工数量×合同计日工综合单价	
4.4	总承包服务费		最高投标限价:招标人自行供应材料,按供应材料总价×1%;专业工程管理、协调,按专业工程估算价×1.5%;专业工程管理、协调、配合服务,按专业工程估算价×3%~5%。 竣工结算:按合同约定计算	
5	规费		5.1+5.2+5.3	343 215.57
5.1	社会保障费		(1.1+2.1)×33.65%	292 607.14
5.1.1	养老保险费	22.13	(1.1+2.1)×22.13%	192 433.76
5.1.2	失业保险费	1.16	(1.1+2.1)×1.16%	10 086.9
5.1.3	医疗保险费	8.73	(1.1+2.1)×8.73%	75 912.64
5.1.4	工伤保险费	1.05	(1.1+2.1)×1.05%	9 130.39
5.1.5	生育保险费	0.58	(1.1+2.1)×0.58%	5 043.45
5.2	住房公积金	5.82	(1.1+2.1)×5.82%	50 608.43
5.3	工程排污费		实际发生时,按规定计算	
6	税前工程造价		1+2+3+4+5	3 272 715.85
7	增值税	10	6×10%	327 271.59
8	工程总造价		6+7	3 599 987.44

单位工程费用计算表

定额编号	定额名称	单位	数量	综合单价(元)						综合合价(元)					
				直接工程费	人工费	材料费	机械费	管理费	利润	直接工程费	人工费	材料费	机械费	管理费	利润
							其中						其中		
A1-112	人工场地平整	100m²	6.227	314.78	286.32			14.14	14.32	1 960.14	1 782.91			88.05	89.17
A1-9	人工挖沟槽、基坑 深度≤2 m 三、四类	100 m³	0.978 7	5 535.11	5 026.8		8.7	248.27	251.34	5 417.21	4 919.73		8.51	242.98	245.99
A1-9	人工挖沟槽、基坑 深度≤2 m 三、四类	100 m³	0.456 8	5 535.11	5 026.8		8.7	248.27	251.34	2 528.44	2 296.24		3.97	113.41	114.81
A1-96	自卸汽车运石方(载重≤5 t) 运距≤1 km	100 m³	0.044 2	1 076.03	20.8	4.31	1 037.69	6.57	6.66	47.56	0.92	0.19	45.87	0.29	0.29
A3-57	挖孔桩土(石)方 人工挖孔桩平均≤1.2 m 深度≤8 m 三、四类土	10 m³	32.141	1 501.24	1 301.6	22.37	47.9	64.29	65.08	48 251.35	41 834.73	718.99	1 539.55	2 066.34	2 091.74
A3-78	挖孔桩土(石)方 人工凿石 孔深≤8 m 硬质岩	10 m³	0.442	3 700.9	3 250.16	55.86	71.84	160.53	162.51	1 635.8	1 436.57	24.69	31.75	70.95	71.83
A3-101	人工挖孔灌注混凝土桩 桩芯混凝土	10 m³	5.008	4 212.87	453.6	3 544.81	9.42	101.89	103.15	21 098.05	2 271.63	17 752.41	47.18	510.27	516.58
A3-99 换	人工挖孔灌注混凝土桩壁 现拌混凝土	10 m³	0.477	5 434.14	1 826.42	2 568.91	213.25	410.26	415.32	2 592.08	871.19	1 225.37	101.72	195.69	198.11

续表

定额编号	定额名称	单位	数量	综合单价(元)						综合合价(元)					
				直接工程费	其中					直接工程费	其中				
					人工费	材料费	机械费	管理费	利润		人工费	材料费	机械费	管理费	利润
A3-97	人工挖孔灌注混凝土桩桩壁模板	10 m²	26.59	499.76	243.36	141.47	4.93	54.66	55.34	13 292.12	6 472.65	3 762.68	131.12	1 453.79	1 471.88
A4-7	混水实砌砖墙 现拌砂浆	10 m³	2.777	4 376.44	1 527.32	2 104.32	54.36	343.08	347.32	12 153.37	4 241.48	5 843.7	150.96	952.73	964.51
A4-89换	蒸压加气混凝土砌块墙 现拌砂浆 换为[水泥砂浆M7.5]	10 m³	10.245	4 242.56	1 215.6	2 460.3	17.17	273.06	276.43	43 465.03	12 453.82	25 205.77	175.91	2 797.5	2 832.03
A4-87换	烧结空心砌块砌墙 墙厚(旧砌)	10 m³	36.95	3 710.39	1 325.16	1 764.76	21.46	297.67	301.34	137 091.44	48 962.01	65 204.35	792.9	10 998.31	11 133.91
A5-2	现浇混凝土垫层 换为[预拌C15(40)]	10 m³	1.616	3 816.53	444.24	3 163.51	7.97	99.79	101.02	6 167.51	717.89	5 112.23	12.88	161.26	163.25
A5-6	现浇混凝土独立基础混凝土	10m³	2.18	4 033.93	336.12	3 537.91	7.97	75.5	76.43	8 793.97	732.74	7 712.64	17.37	164.59	166.62
A5-6	现浇混凝土独立基础混凝土	10 m³	1.602	4 181.09	336.12	3 685.07	7.97	75.5	76.43	6 698.11	538.46	5 903.48	12.77	120.95	122.44
A5-13	现浇混凝土矩形柱	10 m³	3.418	4 994.85	865.32	3 725.45	12.94	194.37	196.77	17 072.4	2 957.66	12 733.59	44.23	664.36	672.56
A5-13	现浇混凝土矩形柱	10 m³	4.332	4 852.11	865.32	3 582.71	12.94	194.37	196.77	21 019.34	3 748.57	15 520.3	56.06	842.01	852.41
A5-14	现浇混凝土构造柱 换为[预拌C25]	10 m³	1.446	5 560.52	1 448.64	3 444.23	12.83	325.4	329.42	8 040.51	2 094.73	4 980.36	18.55	470.53	476.34
A5-18	现浇混凝土基础梁	10 m³	3.26	4 230.55	349.32	3 710.38	12.94	78.47	79.44	13 791.59	1 138.78	12 095.84	42.18	255.81	258.97

定额编号	项目名称	单位													
A5-19	现浇混凝土 矩形梁 换为[预拌C25]	10 m³	9.687	3 952.42	362.04	3 413.79	12.94	81.32	82.33	38 287.09	3 507.08	33 069.38	125.35	787.75	797.53
A5-22	现浇混凝土 过梁 换为[预拌C25]	10 m³	1.546	5 250.52	1 219.92	3 466.22	12.94	274.03	277.41	8 117.3	1 886	5 358.78	20.01	423.65	428.88
A5-32	现浇混凝土 有梁板	10 m³	18.169	4 272.49	363.84	3 721.45	22.73	81.73	82.74	77 626.87	6 610.61	67 615.03	412.98	1 484.95	1 503.3
A5-34	现浇混凝土 平板	10 m³	12.978	4 230.19	421.56	3 594.69	23.39	94.69	95.86	54 899.41	5 471.01	46 651.89	303.56	1 228.89	1 244.07
A5-44	现浇混凝土 雨篷板 换为[预拌C25]	10 m³	0.271	4 990.6	1 054.08	3 432.16	27.89	236.77	239.7	1 352.45	285.66	930.12	7.56	64.16	64.96
A5-55	现浇混凝土 扶手、压顶 换为[预拌C25]	10 m³	0.258	5 821.85	1 644.24	3 434.37		369.34	373.9	1 502.04	424.21	886.07		95.29	96.47
A5-156	现浇构件圆钢筋 HPB300 直径≤10 mm	t	17.69	5 331.98	1 097.76	3 716.82	21.18	246.59	249.63	94 322.73	19 419.37	65 750.55	374.67	4 362.18	4 415.95
A5-180	箍筋 圆钢 HPB300 直径≤10 mm	t	9.172	6 274.78	1 724.43	3 722.49	48.42	387.34	392.13	57 552.28	15 816.2	34 142.68	444.11	3 552.68	3 596.62
A5-162	现浇带肋钢筋 HRB400 直径≤25 mm	t	18.827	4 496.25	540	3 665.44	46.71	121.3	122.8	84 650.9	10 166.58	69 009.24	879.41	2 283.72	2 311.96
A5-188	砌体内钢筋加固	t	2.9	7 657.16	2 709.6	3 672	50.75	608.65	616.16	22 205.76	7 857.84	10 648.8	147.18	1 765.09	1 786.86
A5-186	混凝土灌注桩 钢筋笼 圆钢 HPB300	t	2.502	4 921.58	1 680.88	3 744.4	188.53	152.94	154.83	12 313.79	1 703.56	9 368.49	471.7	382.66	387.38

续表

定额编号	定额名称	单位	数量	综合单价（元）							综合合价（元）					
				直接工程费	其中						直接工程费	其中				
					人工费	材料费	机械费	管理费	利润			人工费	材料费	机械费	管理费	利润
A5-187	混凝土灌注桩钢筋笼 HRB400	t	2.005	4 860.74	659.88	3 693.77	208.8	148.23	150.06		9 745.78	1 323.06	7 406.01	418.64	297.2	300.87
A5-211	电渣压力焊接头 钢筋直径≤18 mm	10 个	114.8	55.94	31.92	0.91	8.68	7.17	7.26		6 421.91	3 664.42	104.47	996.46	823.12	833.45
A5-212	电渣压力焊接头 钢筋直径≤32 mm	10 个	27.2	66.59	37.68	1.76	10.12	8.46	8.57		1 811.25	1 024.9	47.87	275.26	230.11	233.1
A8-61	木质装饰门门安装	100 m²	0.907	40 774.11	2 976.75	36 451.8		668.65	676.91		36 990.27	2 700.51	33 069.07		606.6	614.09
A8-79	铝合金成品门安装 平开门	100 m²	1.296	43 411.51	4 050	37 480.0	50.79	909.73	920.97		56 261.32	5 248.8	48 574.11	65.82	1 179.01	1 193.58
A8-90	不锈钢门（成品）安装	100 m²	0.063	51 612.22	4 252.5	45 394.0	43.46	955.22	967.02		3 251.57	267.91	2 859.82	2.74	60.18	60.92
A8-90	钢质防盗门（成品）安装	100 m²	0.252	51 440.22	4 252.5	45 222.0	43.46	955.22	967.02		12 962.94	1 071.63	11 395.95	10.95	240.72	243.69
A8-79	铝合金成品窗平开门	100 m²	0.27	43 411.51	4 050	37 480	50.79	909.73	920.97		11 721.11	1 093.5	10 119.61	13.71	245.63	248.66
A8-184	铝合金成品窗推拉窗安装	100 m²	1.140	43 070.98	3 307.5	38 214.2	54.24	742.95	752.13		49 109.53	3 771.21	43 571.79	61.84	847.11	857.58
A10-4	保温屋面 现浇陶粒混凝土隔热层	10 m³	3.915	4 399.89	997.2	2 863.32	88.61	224	226.76		17 228.39	3 904.68	11 211.73	346.96	877.1	887.91
A9-42	卷材防水 高聚物改性沥青自粘卷材 自粘法一层 平面	100 m²	5.135	3 779.91	251.16	3 415.22		56.42	57.11		19 410.97	1 289.78	17 538.18		289.73	293.28

定额编号	项目名称	单位	数量	基价	人工费	材料费	机械费			合价					
A9-31 换	卷材防水 玛琋脂玻璃纤维布 平面	100 m²	4.395 6	550.96	179.88	289.77		40.41	40.9	2 421.8	790.68	1 273.71		177.63	179.78
A9-76 换	涂膜防水 聚氨酯防水涂膜 厚 2 mm 平面 实际厚度（mm）：1.5	100 m²	4.395 6	1 950.58	281.4	1 541.98		63.21	63.99	8 573.97	1 236.92	6 777.93		277.85	281.27
A9-104	刚性防水 细石混凝土 厚 40 mm	100 m²	4.395 6	3 188.06	1 226.4	1 407.3		275.48	278.88	14 013.44	5 390.76	6 185.93		1 210.9	1 225.84
A5-156	现浇构件圆钢筋 HPB300 直径≤10 mm	t	0.694 5	5 331.98	1 097.76	3 716.82	21.18	246.59	249.63	3 703.06	762.39	2 581.33	14.71	171.26	173.37
A9-116	塑料水落管≤φ110	10 m	14.04	326.6	61.2	237.73		13.75	13.92	4 585.46	859.25	3 337.73		193.05	195.44
A9-76 换	涂膜防水 聚氨酯防水涂膜 厚 2 mm 平面 实际厚度（mm）：1.5	100 m²	1.847 4	1 950.58	281.4	1 541.98		63.21	63.99	3 603.5	519.86	2 848.65		116.77	118.22
A10-20	保温、隔热 屋面 干铺聚苯乙烯板	100 m²	4.399 6	1 909.88	300.96	1 472.88		67.6	68.44	8 402.71	1 324.1	6 480.08		297.41	301.11
A11-10 换	整体面层 水泥砂浆 楼地面 平面 厚 20 mm 换为[灰浆搅拌机拌筒容量 200（L）] 换为[水泥砂浆 1：3]	100 m²	5.099 8	3 090.1	1 676.71	594.68	60.8	376.63	381.28	15 758.89	8 550.89	3 032.75	310.07	1 920.74	1 944.45

续表

定额编号	定额名称	单位	数量	综合单价(元)							综合合价(元)					
				直接工程费	人工费	材料费	其中机械费	管理费	利润		直接工程费	人工费	材料费	其中机械费	管理费	利润
A11-2换	找平层 水泥砂浆 在填充材料上 厚20mm 换为【水泥砂浆1:2.5】换为【灰浆搅拌机拌筒容量200(L)】	100 m²	4.3956	2 389.84	1 152.09	656.17	60.8	258.79	261.99		10 504.78	5 064.13	2 884.26	267.25	1 137.54	1151.6
A11-39换	块料面层 陶瓷地砖 周长≤2 400 mm 换为【水泥砂浆1:3】换为【灰浆搅拌机拌筒容量200(L)】	100 m²	0.2672	10 768.62	2 720.66	6 697.94	120.21	611.13	618.68		2 877.38	726.96	1 789.69	32.12	163.29	165.31
A11-39换	块料面层 陶瓷地砖 周长≤2 400 mm 换为【灰浆搅拌机拌筒容量200(L)】换为【水泥砂浆1:3】	100 m²	0.4872	10 768.62	2 720.66	6 697.94	120.21	611.13	618.68		5 246.47	1 325.51	3 263.24	58.57	297.74	301.42
A11-36换	块料面层 陶瓷地砖 周长≤1 200 mm 换为【水泥砂浆1:3】换为【灰浆搅拌机拌筒容量200(L)】	100 m²	1.3137	10 144.64	2 787.48	5 976.94	120.21	626.14	633.87		13 327.01	3 661.91	7 851.91	157.92	822.56	832.72

编号	项目名称	单位												
A11-39换	块料面层 陶瓷地砖 周长≤2 400 mm 换为[灰浆搅拌机拌筒容量 200（L）] 换为 [水泥砂浆 1:3]	100 m²	9.200 4	10 768.62	2 720.66	6 697.94	120.21	611.13	618.68	99 075.6	25 031.16	1 623.73	1 105.98	5 622.64	5 692.1
A11-102换	楼梯装饰 陶瓷地砖面层 水泥砂浆结合层 换为 [水泥砂浆 1:3] 换为 [灰浆搅拌机拌筒容量 200（L）]	100 m²	0.724 3	20 626.05	7 326.99	9 837.82	149.25	1 645.83	1 666.16	14 939.45	5 306.94	7 125.53	108.1	1 192.07	1 206.8
A12-3换	墙面抹灰 一般抹灰 墙面、墙裙抹水泥砂浆 内墙 13 + 5 mm 换为 [水泥砂浆 1:2.5]换为 [灰浆搅拌机拌筒容量 200（L）]	100 m²	35.166 2	3 115.3	1 741.5	536.52	50.07	391.19	396.02	109 553.3	61 241.94	18 867.37	1 760.77	13 756.67	13 926.52
A12-26	墙面抹灰 抹灰砂浆 厚度调整 挂钢丝网 (内墙面)	100 m²	16.275	1 591.41	512.33	847.5		115.08	116.5	25 900.2	8 338.17	13 793.06		1 872.93	1 896.04
A14-225	抹灰面油漆 乳胶漆 室内 墙面 两遍	100 m²	35.166 2	1 837.41	722.39	788.48		162.27	164.27	64 614.73	25 403.71	27 727.85		5 706.42	5 776.75

续表

定额编号	定额名称	单位	数量	综合单价（元）						综合合价（元）					
				直接工程费	其中					直接工程费	其中				
					人工费	材料费	机械费	管理费	利润		人工费	材料费	机械费	管理费	利润
A12-4换	墙面抹灰 一般抹灰 墙面、墙裙抹水泥砂浆 外墙 14＋6 mm 换为【水泥砂浆 1:3】换为【灰浆搅拌机拌筒容量200（L）】	100 m²	24.365 4	4 126.01	2 436.75	531.99	55.79	547.36	554.12	100 531.95	59 372.39	12 962.15	1 359.35	13 336.65	13 501.36
A12-26	墙面抹灰 抹灰砂浆 厚度调整 挂钢丝网（外墙）	100 m²	24.365 4	1 591.41	512.33	847.5		115.08	116.5	38 775.34	12 483.13	20 649.68		2 803.97	2 838.57
A14-217	抹灰面油漆 墙面 真石漆	100 m²	24.365 4	11 341.15	3 781.22	5 850.72		849.36	859.85	276 331.79	92 130.94	142 555.1		20 695	20 950.59
A12-36换	一般抹灰 独立柱、梁 面抹水泥砂浆 矩形 换为【水泥砂浆 1:3】换为【灰浆搅拌机拌筒容量200（L）】	100 m²	0.478 5	4 984.96	3 044.25	511.7	52.93	683.82	692.26	2 385.3	1 456.67	244.85	25.33	327.21	331.25
A12-73换	墙面块料面层 面砖 每块周长≤400 mm 水泥砂浆粘贴 面砖 灰缝≤5 mm 换为【水泥砂浆 1:3】换为【灰浆搅拌机拌筒容量200（L）】	100 m²	6.301 5	10 974	5 738.85	2 570.11	70.94	1 289.09	1 305.01	69 152.66	36 163.36	16 195.55	447.03	8 123.2	8 223.52

A12-259	浴厕隔断 塑料	100 m²	0.331 9	20 275.76	1 111.32	18 609.8	52.32	249.63	252.71	6 729.52	368.85	6 176.59	17.37	82.85	83.87
A13-3 换	天棚抹灰 混凝土面 天棚 水泥砂浆 现浇,13 mm 换为【水泥砂浆 1:3】换为【灰浆搅拌机拌筒容量 200(L)】	100 m²	18.781 1	3 188.56	1 904.85	381.18	41.49	427.88	433.16	59 884.66	35 775.18	7 158.98	779.23	8 036.06	8 135.22
A15-80	不锈钢管栏杆 直线型 竖条式(楼梯)	10 m	4.792	3 432.82	460.35	2 736.24	28.14	103.41	104.68	16 450.07	2 206	13 112.06	134.85	495.54	501.63
A15-105	不锈钢扶手 直形(楼梯)	10 m	4.792	500.2	102.6	336.1	15.12	23.05	23.33	2 396.96	491.66	1 610.59	72.46	110.46	111.8
A15-80	不锈钢管栏杆 直线型 竖条式(女儿墙)	10 m	1.6	3 432.82	460.35	2 736.24	28.14	103.41	104.68	5 492.51	736.56	4 377.98	45.02	165.46	167.49
A15-105	不锈钢扶手 直形(女儿墙)	10 m	1.6	500.2	102.6	336.1	15.12	23.05	23.33	800.32	164.16	537.76	24.19	36.88	37.33
市场价	黑色锌钢栏杆(阳台)	m	48	150		150				7 200		7 200			
A15-138	石材洗漱台 ≤1 m²	10 m²	2.497	6 918.17	2 569.05	3 167.6	20.25	577.07	584.2	17 274.67	6 414.92	7 909.5	50.56	1 440.94	1 458.75
分部小计										2 419 075	716 201.91	379 243	20 791.36	150 490.1	152 348.5
合计										2 419 075	716 201.91	379 243	20 791.36	150 490.1	152 348.5

工程名称：×××商住楼

措施项目分项计算表

定额编号	定额名称	单位	数量	价值		人工费 （元）	材料费 （元）	其中		
				综合单价 （元）	综合合价 （元）			机械费 （元）	管理费 （元）	利润 （元）
一		项	1		361 121.54	153 358.64	95 823.86	42 617.17	34 448.23	34 873.65
A17-7	多层建筑综合脚手架 檐高≤20 m	100 m²	19.803 6	3 721.93	73 707.61	29 396.46	25 601.5	5 421.83	6 603.11	6 684.71
A18-3	建筑物檐高≤20 m	100 m²	19.803 6	1 880.2	37 234.73	4 610.28		30 540.52	1 035.53	1 048.4
A5-243	现浇混凝土模板 独立基础 混凝土	100 m²	1.008 5	4 942.1	4 984.11	2 291.27	1 559.66	97.47	514.68	521.03
A5-254	现浇混凝土模板 矩形柱	100 m²	5.077 9	5 781.96	29 360.21	13 764.56	8 667.82	705.88	3 091.88	3 130.07
A5-254 + A5-258	现浇混凝土模板 矩形柱 实际高度 (m):4.5	100 m²	2.928 1	6 292.85	18 426.09	8 904.47	5 089.54	407.04	2 000.19	2 024.87
A5-255	现浇混凝土模板 构造柱	100 m²	5.848 8	6 207.67	36 307.42	17 441.12	10 169.43	813.04	3917.7	3 966.13
A5-259	现浇混凝土模板 基础梁	100 m²	2.327 3	4 764.17	11 087.65	5 086.17	3 488.62	213.76	1 142.49	1 156.6
A5-260	现浇混凝土模板 矩形梁	100 m²	10.768 3	5 048.27	54 361.29	25 670.77	15 149.38	1 937.32	5 766.32	5 837.5
A5-279	现浇混凝土模板 平板	100 m²	16.886 3	5 057.59	85 403.98	40 464.3	24 240.96	2 407.82	9 089.39	9 201.51
A5-294	现浇混凝土模板 楼梯 直形	100 m² 水平投影面积	0.724 3	14 149.45	10 248.45	5 729.24	1 856.95	72.49	1 286.94	1 302.83
合计					361 121.54	153 358.64	95 823.86	42 617.17	34 448.23	34 873.65

工程名称：××××商住楼

单位工程措施项目表

序号	名称	计算式	合价（元）
1	安全文明施工费	(1.1＋2.1)×14.36%	124 868.89
1.1	环境保护费	(1.1＋2.1)×0.75%	6 521.7
1.2	文明施工费	(1.1＋2.1)×3.35%	29 130.28
1.3	安全施工费	(1.1＋2.1)×5.8%	50 434.51
1.4	临时设施费	(1.1＋2.1)×4.46%	38 782.4
2	夜间和非夜间施工增加费	(1.1＋2.1)×0.77%	6 695.62
3	二次搬运费	(1.1＋2.1)×0.95%	8 260.83
4	冬雨季施工增加费	(1.1＋2.1)×0.47%	4 086.93
5	工程及设备保护费	(1.1＋2.1)×0.43%	3 739.11
6	工程定位复测费	(1.1＋2.1)×0.19%	1 652.17
合计			149 303.55

单位工程人材机汇总表

工程名称：×××商住楼

序号	编号	名称	单位	数量	定额价（元）	定额价合价（元）	市场价（元）	市场价合价（元）
1	00010001	一类综合用工	工日	742.521 036	80	59 401.68	80	59 401.68
2	00010002	二类综合用工	工日	3 294.104 247	120	395 292.51	120	395 292.51
3	00010003	三类综合用工	工日	3 073.080 392	135	414 865.85	135	414 865.85
4	01010008	钢筋　综合	t	2.958	3 600	10 648.8	3 600	10 648.8
5	01010150	圆钢 HRB300 综合	t	2.552 04	3 600	9 187.34	3 600	9 187.34
6	01010155	圆钢 HPB300 φ10 以内	t	18.752 19	3 600	67 507.88	3 600	67 507.88
7	01010160	圆钢 HPB300 φ6-10	t	9.355 44	3 600	33 679.58	3 600	33 679.58
8	01010180	带助钢筋 HRB400 综合	t	2.055 125	3 540	7 275.14	3 540	7 275.14
9	01010188	带助钢筋 HRB400 以内 φ12～18	t	34.450 25	3 540	121 953.89	3 540	121 953.89
10	01010194	带助钢筋 HRB400 以内 φ20～25	t	19.297 675	3 540	68 313.77	3 540	68 313.77
11	01010208	带助钢筋 HRB400 以内 φ10 以内	t	17.670 48	3 540	62 553.5	3 540	62 553.5
12	01030062	镀锌低碳钢丝　综合	kg	378.030 92	5.03	1 901.5	5.03	1 901.5
13	01030072	镀锌低碳钢丝 8#φ4.06	kg	9.250 803	5.03	46.53	5.03	46.53
14	01030084	镀锌低碳钢丝 22#φ0.71	kg	618.898 778	5.03	3 113.06	5.03	3 113.06
15	01050061	钢丝绳 φ8	m	8.574 959	1.59	13.63	1.59	13.63
16	01210040	角钢 ∠50	kg	621.753	2.97	1 846.61	2.97	1 846.61
17	01290180	钢板 δ4.0	t	0.002 497	3 020.51	7.54	3 020.51	7.54
18	01610020	笃棒	kg	4.282 64	12.02	51.48	12.02	51.48
19	02090090	塑料薄膜	m²	2 567.389 449	0.24	616.17	0.24	616.17

练习与作业

1. 什么是工程量？常用工程量的计量单位有哪些？

2. 工程量计算依据有哪些？

3. 什么是建筑面积？计算建筑面积有什么作用？

4. 依据《建筑工程建筑面积计算规范》(GB/T 5035—2013)的规定,思考下列问题:

①坡屋面怎么计算建筑面积？

②架空层怎么计算建筑面积？

③阳台、雨篷怎么计算建筑面积？

④凸(飘)窗怎么计算建筑面积？

⑤电梯井、管道井怎么计算建筑面积？

⑥不计算建筑面积的范围有哪些？

5. 土石方工程中,如何确定土方开挖的放坡系数？如何确定挖土的工作面？

6. 平整场地、沟槽、基坑开挖、回填的工程量分别怎么计算？

7. 人工挖孔桩的开挖、混凝土灌注分别怎么计算？

8. 砖基础与砖墙(柱)的划分界限如何确定？

9. 砖混结构的砖墙长度怎样计算？在计算砖墙工程量时哪些体积需扣除？哪些体积不扣除？哪些体积不增加？框架结构的砌体工程量怎样计算？

10. 砖砌台阶、混凝土现浇台阶、石砌台阶分别如何计算？

11. 混凝土及钢筋混凝土基础在定额中分为几种类型？基础高度如何确定？

12. 混凝土工程中,柱高及梁长分别怎么确定？

13. 过梁和圈梁整体浇在一起时,过梁工程量如何计算？

14. 怎么区别现浇混凝土有梁板、无梁板、平板？

15. 天沟、挑檐、雨篷、阳台板与墙柱怎么划分？

16. 现浇混凝土楼梯、预制混凝土楼梯工程量分别怎么计算？

17. 钢筋工程量计算的原理。

18. 屋面找平层、保温层、防水层的工程量如何计算？对于女儿墙、天窗等凸出屋面构件的卷材高度有何规定？

19. 楼地面的整体面层与块料面层工程量分别怎么计算？

20. 内外墙抹灰、天棚抹灰的工程量如何计算？

21. 水泥砂浆踢脚线、不锈钢踢脚线的工程量分别怎么计算？

22. 计算建筑物超高费的条件是什么？超高费包括哪些内容？建筑物的超高费如何计算？

23. 外墙砌筑脚手架的高度如何确定？工程量如何计算？

24. 满堂脚手架的计算条件是什么？天棚高度超过 5.2 m 时,定额如何套用？

第6章
工程量清单及编制

学习目标

　　掌握工程量清单的概念;理解清单工程量的原则及一般规定;了解工程量清单的格式、工程量清单编制依据;掌握工程量清单编制程序;理解分部分项工程量清单项目的工程量计算规则;掌握工程量清单的编制方法。

本章导读

　　为了计算清单中的分部分项工程费用、措施项目费用、其他项目费用,有效利用定额体现各项施工成本,必须根据清单项目的工作内容,结合定额项目工作内容进行分解,并按照清单计算规则要求进行清单项目工程量的计算。

　　清单项目工程量计算的重点是项目划分和相应项目工程量的计算与编制。

6.1　工程量清单概述

6.1.1　工程量清单概念及内容

1)工程量清单概念

　　工程量清单是载明建设工程的分部分项工程项目、措施项目、其他项目、规费项目和税金项目的名称和相应数量等内容的明细清单。

2)工程量清单的内容

　　工程量清单应按《建设工程工程量清单计价规范》(GB 50500—2013)要求,采用统一格式进行编制。工程量清单表格由招标人填写,内容包括封面、填表须知、总说明、分部分项工程量清单、措施项目清单、其他项目清单、规费、税金。

①封面:工程量清单封面的内容包括工程名称、招标人名称、法定代表人、中介机构法定代表人、造价工程师及其注册证号、编制日期等。

②填表须知:填表须知是指投标人在投标报价填表时应注意的事项。

③总说明:工程量清单的总说明包括以下内容:

a.工程概况:建设规模、工程特征、计划工期、施工现场实际情况、交通运输情况、自然地理条件、环境保护要求等。

b.工程招标和分包范围:应载明工程招标的范围和必须分包的范围。

c.工程量清单编制依据:包括施工图纸及相应的标准图、图纸答疑或图纸会审纪要、地质勘查资料、计价规范等。

d.工程质量、材料、施工等的特殊要求:工程质量应达到"合格"、对某些材料使用的要求(为使工程质量具有可靠保证,如有的工程要求使用大厂钢材、大厂水泥)、施工时不影响环境等。

e.招标人自行采购材料的名称、规格型号、数量等:若招标人要求某些材料自行采购,则应以"招标人自行采购材料明细表"列出材料的名称、规格型号、数量、金额等。

f.暂列金额、自行采购材料的金额数量:招标人自行采购材料的金额数量按"招标人自行采购材料明细表"的合计金额给出。

g.其他需要说明的问题。

④分部分项工程量清单。分部工程是单位工程的组成部分,是按结构部位、路段长度及施工特点或施工任务将单位工程划分为若干分部的工程;分项工程是分部工程的组成部分,是按不同施工方法、材料、工序及路段长度等将分部工程划分为若干个分项或项目的工程,分部分项工程量清单表明了为完成建设工程的全部分部分项工程的名称和相应的数量。例如,某工程现浇 C25 钢筋混凝土基础梁为 158.78 m^3。

⑤措施项目清单。措施项目清单是表明为完成工程项目施工,发生于该工程施工准备和施工过程中的技术、生活、安全、环境保护等方面的非工程实体项目。例如,模板与支架;脚手架搭拆等。

⑥其他项目清单。其他项目清单是指除分部分项工程量清单、措施项目清单所包含的内容以外,因招标人的特殊要求而产生的与拟建工程有关的其他费用和相应数量的清单。主要包括暂定金额、暂估价、计日工和总承包服务费。例如,施工中可能发生的工程变更、合同约定调整因素出现时的工程价款调整以及发生的索赔、现场签证确认等预先提出费用的暂列金额。

⑦规费。规费是根据省级政府或省级有关职能部门规定必须缴纳的,应计入建筑安装工程造价的费用,例如,社会保险费、住房公积金等。

⑧税金。税金是国家税法规定的应计入建筑安装工程造价内的增值税。

工程量清单是招标投标活动中,对招标人、投标人都具有约束力的重要文件,是招标投标活动的重要依据。

6.1.2 工程量清单编制

1)工程量清单编制原则

工程量清单编制原则包括"六个统一、两个分离"。

(1)六个统一

六个统一是指编码统一、项目名称统一、计量单位统一、工程量计算规则统一、项目特征描述和工程内容统一。分部分项工程量清单编制必须符合六个统一的要求,从而满足方便管理和规范管理的要求及满足工程计价的要求。

(2)两个分离

两个分离是指量与价分离、清单工程量与计价工程量分离。

量与价分离是从定额计价方式的角度来表达的。因为定额计价的方式采用定额基价计算直接费,工料机消耗量是固定的。工料机单价也是固定的,量价没有分离;而工程量清单计价由于自主确定工料机消耗量、自主确定工料机单价,量价是分离的。

清单工程量与计价工程量分离是从工程量清单报价方式来描述的。清单工程量是根据《建设工程工程量清单计价规范》(GB 50500—2013)编制的,计价工程量是根据所选定的消耗量定额计算的,一项清单工程量可能要对应几项消耗量定额。两者的计算规则也不一定相同,一项清单工程量可能要对应几项计价工程量,因此其清单工程量与计价工程量要分离。

2)工程量清单编制的一般规定

①工程量清单应由具有编制能力的招标人或受其委托由具有相应资质的工程造价咨询人编制。

②招标工程量清单必须作为招标文件的组成部分,其准确性和完整性由招标人负责。

③招标工程量清单是工程量清单计价的基础,应作为编制招标控制价、投标报价、计算或调整工程量、索赔等的依据之一。竣工结算的工程量按发承包双方在合同中约定应予计量且实际完成的工程量确定。

④招标工程量清单应以单位(项)工程为单位编制,应由分部分项工程量清单、措施项目清单、其他项目清单、规费和税金组成。

3)工程量清单编制依据

①《建设工程工程量清单计价规范》(GB 50500—2013);

②国家或省级、行业建设主管部门颁发的计价依据和办法;

③建设工程设计文件;

④与建设工程有关的标准、规范、技术资料;

⑤招标文件及其补充通知、答疑纪要;

⑥施工现场情况、工程特点及常规施工方案;

⑦其他相关资料;

⑧经审定的施工设计图纸及其说明;

⑨经审定的其他有关技术经济文件。

4）工程量清单编制程序

（1）设置分部分项工程量清单项目

根据《建设工程工程量清单计价规范》（GB 50500—2013）规定，结合工程实体，以项目编码、项目名称描述清单项目。

（2）分部分项工程量清单项目工程量计算

分部分项工程量清单是整个工程量清单中所占比例最大的部分。在工程量计算时，先要对拟建工程的设计资料作全面分析，依据相应的工程量计算规则，计算出各分部分项工程的工程数量。

（3）确定措施项目、其他项目清单

根据工程量清单编制规则的要求，结合拟建工程的具体情况，列出措施项目清单中的项目名称，而其他项目清单中属于招标人部分的相应项目及金额、投标人的计日工项目费的名称、计量单位和数量等应由招标人列出。

（4）填写工程量清单

将前述分部分项工程量计算结果和确定的措施项目、其他费用项目内容，按工程量清单编制规则规定，填写有关表格，并检查所有的项目编码、工程数量、计算单位、项目特征描述等是否有误，用词是否准确，以便清单清晰易懂。

（5）撰写工程量清单总说明

按照清单编制规则的要求，结合拟建工程的工程计量情况，认真撰写总说明。

（6）装订签章

填写封面、填表须知等内容后，按工程量清单编制规则的要求将所有清单文件按顺序装订成册，并由有关人员签字、盖章。

6.2　分部分项工程量清单编制

分部分项工程量清单应根据《建设工程工程量清单计价规范》（GB 50500—2013）附录规定的项目编码、项目名称、项目特征、计量单位和工程量计算规则进行编制，并完成对应的表格填写，见表6.1。

表6.1　分部分项工程量清单与计价表

工程名称：　　　　　　　标段：　　　　　　　　　　　　第　页　共　页

序号	项目编码	项目名称	项目特征描述	计量单位	工程量	金额		
						综合单价	合价	其中:暂估价

6.2.1　项目编码

项目编码是分部分项工程和措施项目工程量清单项目名称的阿拉伯数字标识。

分部分项工程量清单的项目编码,应采用前十二位阿拉伯数字表示,一至九位应按附录的规定设置,十至十二位应根据拟建工程的工程量清单项目名称设置,同一招标工程的项目编码不得有重码。

分部分项工程量清单应根据附录 A(01)、附录 B(02)、附录 C(03)、附录 D(04)、附录 E(05)、附录 F(06)规定的统一项目编码、项目名称、计量单位和工程量计算规则进行编制。

清单编码以五级编码设置,用 12 位阿拉伯数字表示。其中一、二、三、四级编码(即前 9 位数字)是规范中给定的全国统一编码;第五级编码应根据拟建工程的工程量清单项目名称设置。各级编码代表的含义如下:

①第一级(即第 1—2 位数字)表示附录工程分类顺序码;

②第二级(即第 3—4 位数字)表示专业工程顺序码;

③第三级(即第 5—6 位数字)表示分部工程顺序码;

④第四级(即第 7—9 位数字)表示分项工程顺序码;

⑤第五级(即第 10—12 位数字)表示清单项目名称顺序码

项目编码的构成如图 6.1 所示(以建筑工程为例)。

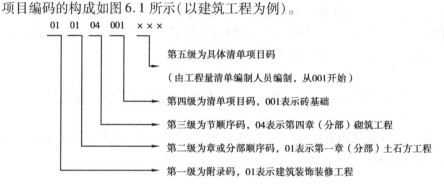

图 6.1 项目编码构成图

补充项目的编码由本规范的代码 01 与 B 和三位阿拉伯数字组成,并应从 01B001 起顺序编制,同一招标工程的项目不得重码。工程量清单中需附有补充项目的名称、项目特征、计量单位、工程量计算规则、工程内容。

6.2.2 项目名称

分部分项工程量清单项目名称的设置,应考虑三个因素:一是《建设工程工程量清单计价规范》(GB 50500—2013)附录中的项目名称;二是附录中的项目特征;三是拟建工程的实际情况。工程量清单编制时,以附录中的项目名称为主体,考虑该项目特征要求。

6.2.3 项目特征

项目特征是构成分部分项工程量清单项目、措施项目自身价值的本质特征。

1)项目特征描述的原则

项目特征是确定一个清单项目综合单价的重要依据,必须对其进行准确和全面的描述,以便投标人准确报价。为达到规范、统一、简捷、准确、全面描述项目特征的要求,在描述项目特征时应按以下原则进行:

①项目特征描述的内容按附录中的规定,结合拟建工程的实际,能满足确定综合单价的需要。

②若采用标准图集或施工图纸能够全部或部分满足项目特征描述的要求,项目特征描述可直接采用详见××图集或××图号的方式。对不能满足项目特征描述要求的部分,仍应用文字描述。

2)必须描述的内容

对报价有实质影响的项目特征必须描述,工程内容无须描述,具体可按以下把握:

①涉及正确计量的内容必须描述。如门窗以"樘"为计量单位就必须描述,以便投标人准确报价。如门窗以"m²"为计量单位时,可不描述"洞口尺寸"。同样门窗的油漆也是如此。如计价规则中的地沟在项目特征中没有提示要描述地沟是靠墙还是不靠墙,但是实际中的靠墙地沟和不靠墙地沟差异很大,应予以特别描述。

②涉及结构要求的内容必须描述,如墙体砌筑的砂浆强度 M7.5 还是 M10 等级和混凝土 C30 还是 C35,强度等级不同,其价格也不同。

③涉及材质要求的内容必须描述,如油漆的品种、砌筑工程砖是实心黏土砖还是多孔砖等。

④涉及安装方式的内容必须描述,如管道工程中钢管是螺纹连接还是焊接,塑料管是粘接还是热熔连接等必须描述。

3)可不描述的内容

①对项目特征和计量计价没有实质影响的内容可以不描述,如混凝土柱子的高度,断面大小等。

②应由投标人根据施工方案确定的可不描述,如混凝土垂直运输采用泵送可不描述。

③应由投标人根据当地材料确定的可不描述。

④应由施工措施解决的内容可不描述,如现浇混凝剪力墙的对拉螺栓等。

6.2.4　计量单位

分部分项工程量清单的计量单位应按《建设工程工程量清单计价规范》(GB 50500—2013)附录中规定的计量单位确定。

规范附录中有两个或两个以上计量单位的,可以根据具体情况选择其中一个作为计量单位,如计价规范对"A4"的"零星砌体"有"m³""m²""m""个"四个计量单位,但是没有具体的选用规定,在编制项目清单时,编制人可以根据具体情况选择其中之一与计价定额一致的计量单位作为清单计量单位。

6.2.5　工程数量

分部分项工程项目清单中的工程数量应按工程量计算规范规定的工程量计算规则计算。工程量每一项目汇总的有效位数按下列规定执行:

①以"t"为计量单位的应保留小数点后三位数字,第四位小数四舍五入。

②以"m³""m²""m""kg"为计量单位的应保留小数点后两位数字,第三位小数四舍五入。

③以"个""项"等为计量单位的,应取整数。

6.2.6 工程内容

工程内容是对工程量清单项目施工全过程的描述。如果发生了工程量清单规范附录中没有的工程内容,应予以补充。

6.2.7 分部分项工程量清单工程量计算及编制实例

摘录《建设工程工程量清单计价规范》(GB 50500—2013)部分附录清单中清单编码、项目名称、特征描述、计量单位、计算规则,结合案例编制工程量清单。

【例 6.1】某多层砖混住宅土方工程土壤类别为:三类土,基础为:砖大放脚带形基础,垫层宽度为:900 mm,挖土深度为:1.9 m,弃土运距:4 km;经业主根据基础施工图计算:基础挖土截面积为:$0.90 \text{ m} \times 1.9 \text{ m} = 1.71 \text{ m}^2$,基础总长度为 1 234 m,基础土方挖方总量为:2 110.14 m^3。编制相关土石方工程工程量清单。

【解】根据题意可知,该工程内容涉及条形基础土石方开挖,属于挖沟槽。《建设工程工程量清单计价规范》(GB 50500—2013)附录中相关挖沟槽的工程量清单编制规定见表6.2。

表 6.2 挖沟槽土方工程量清单编制规定

项目编码	项目名称	项目特征	计量单位	工程量计算规则	工程内容
010101003	挖沟槽土方	1. 土壤类别 2. 挖土深度 3. 弃土运距	m^3	按设计图示尺寸以基础垫层底面积乘挖土深度计算	1. 排地表水 2. 土方开挖 3. 挡土板支拆 4. 基底钎探 5. 运输

根据以上规定,编制清单见表6.3。

表 6.3 挖沟槽土方工程量清单编制

序号	项目编码	项目名称	项目特征	计量单位	工程量
1	010101003001	挖沟槽土方	挖基础土方 1. 土壤类别:三类土 2. 基础类型:砖大放脚带形基础 3. 垫层宽度:920 mm 4. 挖土深度:1.8 m 5. 弃土运距:4 km	m^3	2 110.14

【例 6.2】某单层建筑物,框架结构,尺寸平面图、A—A剖面图如图6.2所示,墙身用M5.0混合砂浆砌筑加气混凝土砌块,女儿墙砌筑黏土六孔砖,混凝土压顶断面240 mm×60 mm,墙厚均为240 mm,框架柱断面240 mm×240 mm到女儿墙顶,框架梁断面240 mm×400 mm,门窗洞口上均采用现浇钢筋混凝土过梁,断面240 mm×180 mm。M1:1 560 mm×2 700 mm,M2:1 000 mm×2 700 mm,C1:1 800 mm×1 800 mm,C2:1 560 mm×1 800 mm。试计算砌筑部分工程量及编制清单。

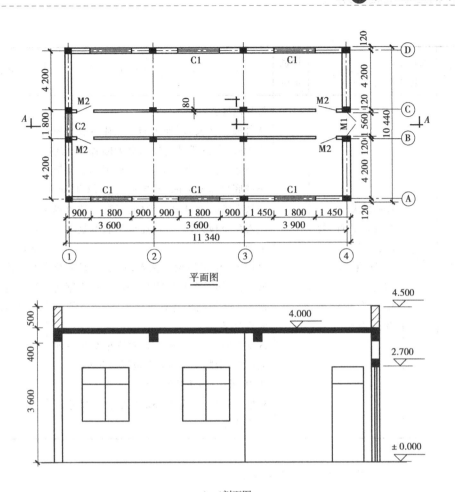

平面图

A—A剖面图

图 6.2　单层建筑物平面及剖面图

【解】根据题意可知,该工程内容涉及砌块墙、女儿墙。《建设工程工程量清单计价规范》(GB 50500—2013)附录中相关的工程量清单编制规定见表6.4。

表 6.4　砌块墙工程量清单编制规定

项目编码	项目名称	项目特征	计量单位	工程量计算规则	工程内容
010402001	砌块墙	1.墙体类型 2.砌块品种、规格、强度等级:加气混凝土砌块 3.砂浆强度等级、配合比	m³	按设计图示尺寸以体积计算。扣除门窗洞口、过人洞、空圈、嵌入墙内的钢筋混凝土柱、梁、圈梁、挑梁、过梁及凹进墙内的壁龛、管槽、暖气槽、消火栓箱所占体积,不扣除梁头、板头、檩头、垫木、木楞头、沿缘木、木砖、门窗走头、砖墙内加固钢筋、木筋、铁件、钢管及单个面积0.3 m²以内的孔洞所占体积,凸出墙面的腰线、挑檐、压顶、窗台线、虎头砖、门窗套不增加体积,凸出墙面的砖垛并入墙体体积内。 1.墙长度:外墙按中心线,内墙按净长计算	1.砂浆制作、运输 2.砌砖、砌块 3.勾缝 4.材料运输

续表

项目编码	项目名称	项目特征	计量单位	工程量计算规则	工程内容
010402001	砌块墙	1.墙体类型 2.砌块品种、规格、强度等级:加气混凝土砌块 3.砂浆强度等级、配合比	m³	2.墙高度: ①外墙:斜(坡)屋面无檐口天棚者算至屋面板底;有屋架且室外均有天棚者算至屋架下弦底另加200 mm;无天棚者算至屋架下弦底另加300 mm,出檐宽度超过600 mm时按实砌高度计算;有钢筋混凝土楼板隔层者算至板顶;平屋顶算至钢筋混凝土屋面板底 ②内墙:位于屋架下弦者,算至屋架下弦底;无屋架者算至天棚底另加100 mm;有钢筋混凝土楼板隔层者算至楼板底;有框架梁时算至梁底 ③女儿墙:从屋面板上表面算至女儿墙顶面(如有混凝土压顶时算至压顶下表面) ④内、外山墙:按其平均高度计算 3.框架间墙:不分内外墙按墙体净尺寸以体积计算	1.砂浆制作、运输 2.砌砖、砌块 3.勾缝 4.材料运输

(1)根据附录中的相关规定,计算工程量:

①加气混凝土砌块墙:

$[(11.34-0.24+10.44-0.24-0.24\times6)\times2\times3.6-1.56\times2.7-1.8\times1.8\times6-1.56\times1.8]\times0.24-(1.56\times2+2.3\times6)\times0.24\times0.18=27.24(m^3)$

②黏土多孔砖女儿墙:

$(11.34-0.24+10.44-0.24-0.24\times6)\times2\times(0.50-0.06)\times0.24=4.19(m^3)$

(2)根据附录中的相关规定,编制清单见表6.5。

表6.5 砌块墙工程量清单编制

序号	项目编码	项目名称	项目特征	计量单位	工程量
1	010402001001	砌块墙	1.墙体类型:内外墙 2.砌块品种、规格、强度等级:加气混凝土砌块 3.砂浆强度等级、配合比:M5.0混合砂浆	m³	27.24
2	010402001002	砌块墙	1.墙体类型:女儿墙 2.砌块品种、规格、强度等级:黏土六孔砖 3.砂浆强度等级、配合比:M5.0混合砂浆	m³	4.19

【例6.3】某卫生间平面轴线(轴线过墙体中心线)尺寸为 1 800 mm×2 400 mm,墙厚 200 mm,多孔砖墙,层高2.8 m,该卫生间设有吊顶,吊顶底距地面高度2.4 m;卫生间内贴 200 mm×300 mm瓷砖(鹰牌瓷砖)至吊顶底部,该卫生间设有一樘门(800 mm×2 100 mm), 门齐平卫生间内侧安装;一樘窗(900 mm×1 200 mm),窗台离地面高度1.2 m,窗侧壁厚 120 mm。计算卫生间墙面装饰工程量及编制工程量清单。

【解】根据题意可知,该工程内容涉及块料墙面及墙面块料零星项目。《建设工程工程量清单计价规范》(GB 50500—2013)附录中相关的工程量清单编制规定见表6.6。

表6.6　块料墙面和块料零星项目工程量清单编制规定

项目编码	项目名称	项目特征	计量单位	工程量计算规则	工程内容
020204003	块料墙面	1.墙体材料 2.底层厚度、砂浆配合比 3.贴结层厚度、材料种类 4.挂贴方式 5.干贴方式(膨胀螺栓、钢龙骨) 6.面层材料品种、规格、品牌、颜色 7.缝宽、嵌缝材料种类 8.防护材料种类 9.磨光、酸洗、打蜡要求	m^2	按设计图示尺寸以面积计算	1.基层清理 2.砂浆制作、运输 3.底层抹灰 4.结合层铺贴 5.面层铺贴 6.面层挂贴 7.面层干挂 8.嵌缝 9.刷防护材料 10.磨光、酸洗、打蜡
020206003	块料零星项目	1.柱、墙体材料 2.底层厚度、砂浆配合比 3.黏结层厚度、材料种类 4.挂贴方式 5.干挂方式 6.面层材料品种、规格、品牌、颜色 7.缝宽、嵌缝材料种类 8.防护材料种类 9.磨光、酸洗、打蜡要求	m^2	按设计图示尺寸以面积计算	1.基层清理 2.砂浆制作、运输 3.底层抹灰 4.结合层铺贴 5.面层铺贴 6.面层挂贴 7.面层干挂 8.嵌缝 9.刷防护材料 10.磨光、酸洗、打蜡

注意:工程量清单计价规范中规定,墙面0.5 m^2 以内的少量分散的镶贴块料面层,属于块料零星项目。

(1)根据附录中的相关规定,计算工程量:

①块料墙面 $S = [(1.8 - 0.2) + (2.4 - 0.2)] \times 2 \times 2.4 - 0.9 \times 1.2 - 0.8 \times 2.1 = 15.48$ (m^2)

②块料零星项目(窗侧壁)$S = (1.2 + 0.9) \times 2 \times 0.12 = 0.50 (m^2)$

(2)依据工程量清单计价规范,编制工程量清单见表6.7。

表6.7　块料墙面和块料零星项目工程量清单编制

项目编号	项目名称	项目特征	计量单位	工程量
020204003001	块料墙面	1.14 mm厚1∶3水泥砂浆找平层 2.10 mm厚1∶1水泥砂浆结合层 3.200 mm×300 mm(密缝)鹰牌瓷砖(一等品)	m²	15.48
020206003001	块料零星项目 (窗侧壁)	1.14 mm厚1∶3水泥砂浆找平层 2.10 mm厚1∶1水泥砂浆结合层 3.200 mm×300 mm(密缝)鹰牌瓷砖(一等品)	m²	0.50

【例6.4】一房屋平面图、地面做法(素土夯实为人工操作)如图6.3所示。试依据工程量清单计算规则计算地面相关工程量及编制工程量清单。

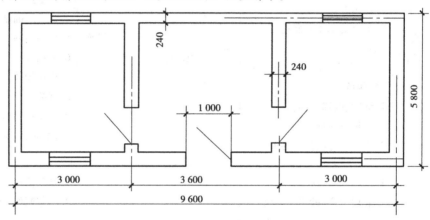

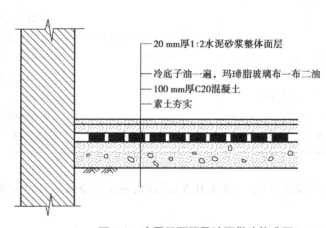

图6.3　房屋平面图及地面做法构造图

【解】根据题意可知,该工程内容及地面构造做法可知,涉及的清单项目有混凝土垫层、地面卷材防水、水泥砂浆面层三项。《建设工程工程量清单计价规范》(GB 50500—2013)附录中相关的工程量清单编制规定见表6.8。

表 6.8　相关项目的工程量清单编制规则

项目编码	项目名称	项目特征	计量单位	工程量计算规则	工程内容
010301001	混凝土垫层	1. 垫层厚度 2. 混凝土强度等级	m³	按设计图示尺寸以体积计算。 1. 基础垫层：垫层底面积乘厚度 2. 地面垫层：主墙间净空面积乘设计厚度。扣除凸出地面的构筑物,设备基础、室内铁道、地沟等所占	1. 地基夯实 2. 材料运输 3. 混凝土制作、运输、浇筑、振捣、养护 4. 砂浆制作、运输、铺筑、养护 5. 垫层铺筑 6. 垫层夯实
010703001	卷材防水	1. 卷材、涂膜品种 2. 涂膜厚度 3. 防水部位 4. 防水做法 5. 接缝、嵌缝材料种类 6. 防护材料种类	m²	按设计图示尺寸以面积计算。 1. 地面防水：按主墙间净空面积计算,扣除凸出地面的构筑物,设备基础等所占面积,不扣除柱、垛、间壁墙、烟囱及单个 0.3 m² 以内的孔洞所占面积 2. 墙基防水：外墙按中心线,内墙按净长乘宽度计算	1. 基层处理 2. 抹找平层 3. 刷黏结剂 4. 铺防水卷材 5. 铺保护层 6. 接缝、嵌缝
020101001	水泥砂浆楼地面	1. 找平层厚度、砂浆配合比 2. 防水层厚度、材料种类 3. 面层厚度、砂浆配合比	m²	按设计图示尺寸以面积计算。扣除凸出地面构筑物,设备基础、室内铁道、地沟等所占面积,不扣除柱、垛、间壁墙、附墙烟囱及 0.3 m² 以内的孔洞所占面积,门洞、空圈、暖气包槽、壁龛的开口部分不增加面积	1. 基层清理 2. 防水层铺设 3. 砂浆制作、运输 4. 抹找平层 5. 抹面层

(1)根据附录中的相关规定,计算清单工程量：

①100 mm 厚 C20 混凝土垫层 = (9.6 - 0.24 × 3) × (5.8 - 0.24) × 0.1 = 4.937 (m³)；(套 A5-2)

②玛琋脂玻璃布卷材防水 = (9.6 - 0.24 × 3) × (5.8 - 0.24) = 49.37 (m²)；

③20 mm 厚 1:2 水泥砂浆整体面层 = (9.6 - 0.24 × 3) × (5.8 - 0.24) = 49.37 (m²)；

(2)依据工程量清单计价规范,编制工程量清单见表 6.9。

表6.9 相关项目的工程量清单编制

项目编号	项目名称	项目特征	计量单位	工程量
010301001001	混凝土垫层	1. 素土夯实 2. 混凝土垫层厚100 mm 3. 混凝土强度等级C20	m^3	4.937
010703001001	卷材防水	1. 卷材品种:玛琋脂玻璃布 2. 防水部位:地面 3. 防水做法:冷底子油一遍,玛琋脂玻璃布一布二油	m^2	49.37
020101001001	水泥砂浆楼地面	1. 整体面层厚度、砂浆配合比:20 mm 厚1∶2水泥砂浆整体面层	m^2	49.37

注:在组价的时候,将素土夯实组到混凝土垫层中,水泥砂浆找平层组到水泥砂浆楼地面中,其中素土夯实及水泥砂浆找平层依据定额计算规则,计算如下:

①素土夯实 = $(9.6 - 0.24 \times 3) \times (5.8 - 0.24) = 49.37$（$m^2$）;

②20 mm 厚1∶3水泥砂浆找平层 = $(9.6 - 0.24 \times 3) \times (5.8 - 0.24) = 49.37$（$m^2$）;

【例6.5】某办公室卫生间平面轴线尺寸为1 800 mm × 2 400 mm,墙厚200 mm,层高2.8 m,该卫生间设有中型铝合金条板天棚龙骨,铝合金条板天棚面层(条板宽100 mm)闭缝。请根据工程量清单计价规范编制工程量清单。

【解】根据题意可知,该工程内容涉及的清单项目天棚吊顶一项。《建设工程工程量清单计价规范》(GB 50500—2013)附录中相关的工程量清单编制规定见表6.10。

表6.10 天棚吊顶工程量清单编制规则

项目编码	项目名称	项目特征	计量单位	工程量计算规则	工程内容
020302001	天棚吊顶	1. 吊顶形式 2. 龙骨材料种类、规格、中距 3. 基层材料种类、规格 4. 面层材料品种、规格、品牌、颜色 5. 压条材料种类、规格 6. 嵌缝材料种类 7. 防护材料种类 8. 油漆品种、刷漆遍数	m^2	按设计图示尺寸以水平投影面积计算。天棚面中的灯槽、跌级、锯齿形、吊挂式、藻井式展开增加的面积不另计算,不扣除间壁墙、检查洞、附墙烟囱、柱垛和管道所占面积,扣除单个0.3 m^2 以外的孔洞、独立柱及与天棚相连的窗帘盒所占的面积	1. 基层清理 2. 龙骨安装 3. 基层板铺贴 4. 面层铺贴 5. 嵌缝 6. 刷防护材料、油漆

(1)根据计价规范附录中的相关规定,计算清单工程量:

天棚吊顶 $S = (1.8 - 0.2) \times (2.4 - 0.2) = 3.52$（$m^2$）

（2）依据工程量清单计价规范,编制工程量清单见表6.11。

表6.11　天棚吊顶工程量清单编制

项目编号	项目名称	项目特征	计量单位	工程量
020302001001	天棚吊顶	1. 铝合金条板天棚平吊顶 2. 中型铝合金条板天棚龙骨 3. 铝合金条板板宽100闭缝	m²	3.52

【例6.6】在例6.5中,该办公室的办公区天棚为不上人型硅酸钙板（面层规格600 mm × 600 mm）平吊顶,其主墙间水平投影面积为72 m²,其中独立柱所占的面积1.44 m²,附墙柱所占面积0.96 m²,窗帘盒所占的面积为2.4 m²。请根据工程量清单计价规范编制工程量清单。

【解】根据题意可知,该工程内容涉及的清单项目天棚吊顶一项。

（1）根据计价规范附录中的相关规定,计算清单工程量:

天棚吊顶 $S = 72 - 1.44 - 2.4 = 68.16（m^2）$

（2）依据工程量清单计价规范,编制工程量清单见表6.12。

表6.12　天棚吊顶（不上人型）工程量清单编制

项目编号	项目名称	项目特征	计量单位	工程量计算
020302001002	天棚吊顶	1. 硅酸钙板平吊顶 2. 轻钢龙骨（不上人型） 3. 硅酸钙板面层 面层规格600 mm × 600 mm	m²	68.16

【例6.7】某工程设有:塑钢窗推拉窗48樘,其中1 500 mm × 2 100 mm/24樘;1 200 mm × 1 200 mm/6樘;1 800 mm × 2 100 mm/18樘。塑钢推拉门1 500 mm × 2 100 mm/12樘;胶合板平开门900 mm × 2 100 mm/6樘（配球型门锁、不锈钢门碰）;实木装饰平开门1 000 mm × 2 100 mm/24樘（配高级门锁、不锈钢门碰）。

【解】根据题意可知,该工程内容涉及的清单项目有实木装饰门、胶合板门、金属推拉门、塑钢窗四项。《建设工程工程量清单计价规范》（GB 50500—2013）附录中相关的工程量清单编制规定见表6.13。

表6.13　相关项目工程量清单编制规则

项目编码	项目名称	项目特征	计量单位	工程量计算规则	工程内容
020401003	实木装饰门	1. 门类型 2. 框截面尺寸、单扇面积 3. 骨架材料种类 4. 面层材料品种、规格、品牌、颜色 5. 玻璃品种、厚度、五金特殊要求 6. 防护层材料种类 7. 油漆品种、刷漆遍数	樘	按设计图示数量计算	1. 门制作、运输、安装 2. 五金安装 3. 刷防护材料、油漆

续表

项目编码	项目名称	项目特征	计量单位	工程量计算规则	工程内容
020401004	胶合板门	(同上)	樘	按设计图示数量计算	1.门制作、运输、安装 2.五金、玻璃安装 3.刷防护材料、油漆
020402002	金属推拉门	1.门类型 2.框材质、外围面积 3.扇材质、外围面积 4.玻璃品种、厚度、五金特殊要求 5.防护层材料种类 6.油漆品种、刷漆遍数	樘	按设计图示数量计算	1.门制作、运输、安装 2.五金、玻璃安装 3.刷防护材料、油漆
020406007	塑钢窗	1.窗类型 2.框材质、外围面积 3.扇材质、外围面积 4.玻璃品种、厚度、五金特殊要求 5.防护层材料种类 6.油漆品种、刷漆遍数	樘	按设计图示数量计算	1.窗制作、运输、安装 2.五金、玻璃安装 3.刷防护材料、油漆

依据工程量清单计价规范,编制工程量清单见表6.14。

表6.14 相关项目工程量清单编制

项目编号	项目名称	项目特征	计量单位	工程量
020401003001	实木装饰门	1.门类型:平开门 2.框外围尺寸:1 000 mm×2 100 mm 3.五金:高级门锁,不锈钢门碰	樘	24
020402002001	金属推拉门	1.门类型:塑钢推拉门 2.框外围尺寸:1 500 mm×2 100 mm	樘	12
020401004001	胶合板门	1.门类型:平开门 2.框外围尺寸:900 mm×2 100 mm 3.五金:球型门锁,不锈钢门碰	樘	6
020406007001	塑钢窗	1.窗类型:推拉窗 2.框外围尺寸1 500 mm×2 100 mm	樘	24
020406007002	塑钢窗	1.窗类型:推拉窗 2.框外围尺寸1 200 mm×1 200 mm	樘	6

续表

项目编号	项目名称	项目特征	计量单位	工程量
020406007003	塑钢窗	1. 窗类型:推拉窗 2. 框外围尺寸 1 800 mm×2 100 mm	樘	18

【例6.8】某工程内墙面(砖墙)与天棚(混凝土天棚)均为石灰砂浆中级抹灰面刷海峡牌水泥漆。墙面净面积116 m²(含踢脚线3.6 m²),主墙间天棚净空面积为64 m²,天棚梁侧净面积为12 m²。请根据工程量清单计价规范编制工程量清单。

【解】根据题意可知,该工程内容涉及的清单项目有抹灰面油漆一项。《建设工程工程量清单计价规范》(GB 50500—2013)附录中相关的工程量清单编制规定见表6.15。

表6.15　抹灰面油漆工程量清单编制规则

项目编码	项目名称	项目特征	计量单位	工程量计算规则	工程内容
020506001	抹灰面油漆	1. 泥子种类 2. 刮泥子要求 3. 防护材料种类 4. 油漆品种、刷漆遍数	m²	按设计图示尺寸以面积计算	1. 基层清理 2. 刮泥子 3. 刷防护材料、油漆

(1)根据计价规范附录中的相关规定,计算清单工程量:

①墙面抹灰面油漆 $S = 116 - 3.6 = 112.4 (\text{m}^2)$

②天棚抹灰面油漆 $S = 64 + 12 = 76 (\text{m}^2)$

(2)依据工程量清单计价规范,编制工程量清单见表6.16。

表6.16　抹灰面油漆工程量清单编制

项目编号	项目名称	项目特征	计量单位	工程量
020506001001	抹灰面油漆	1. 砖墙面石灰砂浆中级抹灰 2. 刷海峡牌水泥漆	m²	112.4
020506001002	抹灰面油漆	1. 天棚石灰砂浆中级抹灰 2. 刷海峡牌水泥漆	m²	76

6.3　措施项目清单编制

措施项目清单是为完成工程项目施工,发生于该工程施工前和施工过程中技术、生活、安全等方面的非工程实体项目的清单。招标人提出的措施项目清单是根据一般情况确定的,没有考虑不同投标人的特殊情况,因此投标人在报价时,可以根据本企业的实际情况增减措施项目内容。补充项目应列在清单项目最后,并在"序号"栏中以"补"字表示。措施项目清单的通用项目包括:安全文明施工(含环境保护、文明施工、安全施工、临时设施)、夜间施工、二次搬运、冬雨季施工、大型机械设备进出场及安拆、施工排水/降水、已完工程及设备保护等。措施项目中可以计算工程量的项目清单宜采用分部分项工程量清单的方式编制；不能计算工程量的项目清单，以"项"为计量单位编制。

6.3.1 措施项目列项

措施项目列表见表6.17。

表6.17 措施项目一览表

序号	项目名称
1. 总价措施项目	
1	安全文明施工(含环境保护、文明施工、安全施工、临时设施)
2	夜间施工
3	二次搬运
4	冬雨季施工
5	大型机械设备进出场及安拆
6	施工排水
7	施工降水
8	地上、地下设施,建筑物的临时设施保护
9	已完工程及设备保护
2. 单价措施项目	
建筑工程	
1.1	混凝土、钢筋混凝土模板及支架
1.2	脚手架
1.3	垂直运输机械
装饰装修工程	
2.1	脚手架
2.2	垂直运输机械
2.3	室内空气污染测试

6.3.2 措施项目清单的标准格式

措施项目清单与计价表有两种格式,见表6.18和表6.19。

表6.18 措施项目清单与计价表(一)

工程名称：　　　　　　　标段：　　　　　　　第 页 共 页

序号	项目编码	项目名称	项目特征描述	计量单位	工程量	金额	
						综合单价	合计

注:本表适用于以综合单价形式计价的措施项目。

表 6.19　措施项目清单与计价表（二）

工程名称：　　　　　　　　　　标段：　　　　　　　　　第　页　共　页

序号	项目名称	计算基础	费率（%）	金额

注：本表适用于以"项"计价的措施项目，计算基础可以为"直接费""人工费"或"人工费＋机械费"。

6.4　其他项目清单编制

其他项目清单与计价汇总表见表 6.20。

表 6.20　其他项目清单与计价汇总表

工程名称：　　　　　　　　　　标段：　　　　　　　　　第　页　共　页

序号	项目名称	计量单位	金额	备注
1	暂列金额			
2	暂估价			
3	材料暂估价			
4	专业工程暂估价			
5	计日工			
6	总承包服务费			
合计				

注：材料暂估价进入清单项目综合单价，此处不汇总。

6.4.1　暂列金额

暂列金额是指招标人在工程量清单中暂定并包括在合同价款中的一笔款项，用于工程合同签订时尚未确定或者不可预见的所需材料、工程设备、服务的采购，施工中可能发生的工程变更、合同约定调整因素出现时的合同价款调整以及发生的索赔、现场签证确认等的费用。暂列金额明细表见表 6.21。

表 6.21　暂列金额明细表

工程名称：　　　　　　　　　　标段：　　　　　　　　　第　页　共　页

序号	项目名称	计量单位	暂定金额（元）	备注
1				
2				
3				
4				
⋮				
合计				

注：此表由招标人填写，也可只列暂列金额总额，投标人应将上述暂列金额计入投标总价中。

6.4.2 暂估价

暂估价是指招标人在工程量清单中提供的用于支付必然发生但暂时不能确定价格的材料、工程设备的单价以及专业工程的金额。材料暂估价表见表6.22和表6.23。

表6.22 材料暂估价表

工程名称：　　　　　　　　　标段：　　　　　　　第 页 共 页

序号	材料名称、规格、型号	计量单位	单价(元)	备注

注：①此表由招标人填写，并在备注栏中说明暂估价的材料拟用在哪些清单项目上，投标人应将上述材料暂估价计入工程量清单综合单价报价中。

②材料包括原材料、燃料、构配件以及按规定应计入建筑安装工程造价的设备。

表6.23 专业工程暂估价表

工程名称：　　　　　　　　　标段：　　　　　　　第 页 共 页

序号	工程名称	工程内容	金额(元)	备注
合 计				

注：此表由招标人填写，投标人应将上述专业工程暂估价计入投标总价中。

6.4.3 计日工

计日工是指在施工过程中承包人完成发包人提出的工程合同范围以外的零星项目或工作，按合同中约定的单价计价的一种方式。计日工表见表6.24。

表6.24 计日工表

工程名称：　　　　　　　　　标段：　　　　　　　第 页 共 页

编号	项目名称	单位	暂定数量	综合单价	合价
一	人工				
1					
2					
3					
人工小计					
二	材料				
1					

续表

编号	项目名称	单位	暂定数量	综合单价	合价
2					
3					
材料小计					
三	施工机械				
1					
2					
3					
施工机械小计					
合计					

注:此表项目名称、数量由招标人填写,编制招标控制价时,单价由招标人按有关计价规定确定;投标时,投标人自主报价,计入投标总价中。

6.4.4　总承包服务费

总承包服务费是总承包人为配合协调发包人进行的专业工程发包,对发包人自行采购的材料、工程设备等进行保管以及施工现场管理、竣工资料汇总整理等服务所需的费用。总承包服务费计价表见表6.25。

表6.25　总承包服务费计价表

工程名称:　　　　　　　　　　　标段:　　　　　　　　　　第　页　共　页

序号	工程名称	项目价值(元)	服务内容	费率(%)	金额(元)
1	发包人发包专业工程				
2	发包人提供材料				
合计					

注:此表由招标人填写,投标人应将上述专业工程暂估价计入投标总价中。

6.5　工程量清单编制实例

为了便于理解和掌握工程量清单的基本知识和基本方法,下面以第5章5.20中的建筑和装饰装修工程量计算实例中所选用的"××××商住楼"项目为例,介绍工程量清单编制。

工程量清单中的工程量全部根据施工图纸及《建设工程工程量清单计价规范》(GB 50500—2013)进行计算所得。

×××商住楼

招标工程量清单

招　标　人：＿＿＿＿×××＿＿＿＿

（单位盖章）

造价咨询人：＿＿＿×××＿＿＿

（单位盖章）

年　　月　　日

　　　　　　×××商住楼　　　　工程

招标工程量清单

招　标　人：　　　　×××　　　　　　　　造价咨询人：　　　　×××　　　　
　　　　　　　　（单位盖章）　　　　　　　　　　　　　　（单位资质专用章）

法定代表人　　　　　　　　　　　　　　　法定代表人
或其授权人：　　　×××　　　　　　　　或其授权人：　　　×××　　　
　　　　　　　（签字或盖章）　　　　　　　　　　　　（签字或盖章）

编　制　人：　　　×××　　　　　　　　复　核　人　　　　×××　　　　
　　　　　（造价人员签字盖专用章）　　　　　　　（造价工程师签字盖专用章）

编制时间：　年　月　日　　　　　　　　复核时间：　年　月　日

分部分项工程和单价措施项目清单与计价表

工程名称:××××商住楼　　　　　　　　　标段:　　　　　　　　　第1页　共6页

序号	项目编码	项目名称	项目特征描述	计量单位	工程量	金额(元)		
						综合单价	合价	其中
								暂估价
1	010101001001	平整场地	土壤类别:详见设计图纸	m²	622.7			
2	010101003001	挖沟槽土方(地梁)	1.土壤类别:由投标人根据地勘报告合理考虑 2.挖土深度:详见施工图	m³	97.87			
3	010101004001	挖基坑土方	1.土壤类别:由投标人根据地勘报告合理考虑 2.挖土深度:详见施工图	m³	45.68			
4	010103001001	回填方(基础)	1.密实度要求:符合设计规范要求 2.填方材料品种:满足施工规范要求	m³	66.38			
5	010103001002	回填方(室内房心)	1.密实度要求:符合设计规范要求 2.填方材料品种:满足施工规范要求	m³	17.88			
6	010103002001	余方弃置	1.废弃料品种:多余土方 2.运距:投标人根据现场情况合理考虑	m³	380.7			
7	010103002002	余方弃置	1.废弃料品种:多余石方 2.运距:投标人根据现场情况合理考虑	m³	4.42			
8	010302004001	挖孔桩土方	1.地层情况:根据地勘报告考虑 2.挖孔深度:8 m 3.弃土(石)运距:场内20 m运	m³	321.41			
9	010302004002	挖孔桩石方	1.地层情况:根据地勘报告考虑 2.挖孔深度:8 m 3.弃土(石)运距:场内20 m运	m³	4.42			
10	010302005001	人工挖孔灌注桩	1.桩芯长度:10 m 2.桩芯直径、扩底直径、扩底高度:直径1.2 m内 3.护壁混凝土种类、强度等级:C30混凝土 4.桩芯混凝土种类、强度等级:C30泵送商品混凝土 5.模板与支架	m³	50.08			
11	010401003003	实心砖墙(女儿墙)	1.墙体类型:水泥实心砖 2.砂浆强度等级:M7.5水泥砂浆	m³	27.77			
			本页小计					

分部分项工程和单价措施项目清单与计价表

工程名称:××××商住楼　　　　　　　标段:　　　　　　　第 2 页　共 6 页

序号	项目编码	项目名称	项目特征描述	计量单位	工程量	金额(元)		
						综合单价	合价	其中
								暂估价
12	010402001002	砌块墙	1.砌块品种、规格、强度等级:粉煤灰加气砖 2.砂浆强度等级:M7.5 专用砂浆	m³	102.45			
13	010402001003	砌块墙	1.墙体类型:混凝土多孔砖 2.砂浆强度等级、配合比:M5 防水砂浆	m³	369.48			
14	010501001001	垫层	1.混凝土强度等级:C15 混凝土 2.模板与支架	m³	16.16			
15	010501003001	独立基础	混凝土强度等级:C30 泵送商品混凝土	m³	21.8			
16	010501005001	桩承台基础	混凝土强度等级:C35 泵送商品混凝土	m³	16.02			
17	010502001001	矩形柱	混凝土强度等级:C35 泵送商品混凝土	m³	34.18			
18	010502001002	矩形柱	混凝土强度等级:C30 泵送商品混凝土	m³	43.32			
19	010502002001	构造柱	混凝土强度等级:C25 混凝土	m³	14.46			
20	010503001001	基础梁	混凝土强度等级:C35 泵送商品混凝土	m³	32.6			
21	010503002001	矩形梁	混凝土强度等级:C25 商品混凝土	m³	96.87			
22	010503005001	过梁	混凝土强度等级:C25 泵送商品混凝土	m³	15.46			
23	010505001001	有梁板	混凝土强度等级:C35 泵送商品混凝土	m³	181.69			
24	010505003001	平板	混凝土强度等级:C30 泵送商品混凝土	m³	129.78			
			本页小计					

分部分项工程和单价措施项目清单与计价表

工程名称：××××商住楼 　　　　　　　　标段：　　　　　　　　第 3 页　共 6 页

序号	项目编码	项目名称	项目特征描述	计量单位	工程量	金额（元）		
						综合单价	合价	其中暂估价
25	010505008001	雨篷、悬挑板、阳台板	混凝土强度等级：C25 泵送商品混凝土	m³	2.71			
26	010506001001	直形楼梯	混凝土强度等级：C30 泵送商品混凝土	m²	72.43			
27	010507005001	扶手、压顶	混凝土强度等级：C25 泵送商品混凝土	m³	2.58			
28	010515001001	现浇构件钢筋	钢筋种类、规格：圆钢 10 内	t	17.69			
29	010515001006	现浇构件钢筋	钢筋种类、规格：箍筋 圆钢 HPB300 直径≤10 mm	t	9.172			
30	010515001005	现浇构件钢筋	钢筋种类、规格：箍筋 带肋钢筋≤HRB400 直径≤10 mm	t	17.324			
31	010515001002	现浇构件钢筋	钢筋种类、规格：三级螺纹钢 18 内	t	33.61			
32	010515001003	现浇构件钢筋	钢筋种类、规格：三级螺纹钢 25 内	t	18.827			
33	010515001004	墙体加固钢筋	钢筋种类、规格：圆钢 10 内	t	2.9			
34	010515004001	钢筋笼	钢筋种类、规格：圆钢 10 内	t	2.502			
35	010515004002	钢筋笼	钢筋种类、规格：带肋钢筋 10 外	t	2.005			
36	010516003001	竖向钢筋连接	连接方式：电渣压力焊 钢筋直径≤18 mm	个	1 148			
37	010516003002	竖向钢筋连接	连接方式：电渣压力焊 钢筋直径≤32 mm	个	272			
38	010801001001	木质装饰门	门代号及：木质装饰门	m²	90.72			
39	010802001001	金属门	门代号：铝合金玻璃门	m²	129.6			
40	010802001002	金属门	门代号：不锈钢楼梯间门	m²	6.3			
41	010802001003	金属门	1. 门代号及洞口尺寸：卫生间门 2. 玻璃品种、厚度：玻璃为磨砂	m²	40.32			
		本页小计						

分部分项工程和单价措施项目清单与计价表

工程名称:××××商住楼　　　　　　　标段:　　　　　　　　第4页　共6页

序号	项目编码	项目名称	项目特征描述	计量单位	工程量	综合单价	合价	其中 暂估价
42	010802004001	防盗门	门代号及洞口尺寸:钢质防盗门(入户门)	m²	25.2			
43	010807001001	金属窗	窗代号及洞口尺寸:铝合金门连窗	m²	27			
44	010807001002	金属窗	1.框、扇材质:铝合金玻璃窗 2.玻璃品种、厚度:6 mm +9A +6 mm	m²	114.02			
45	010807007001	金属窗	1.框、扇材质:铝合金玻璃窗 2.玻璃品种、厚度:5 mm +9A +5 mm	m²	95.65			
46	010902001001	屋面卷材防水	1.4 mm 厚自粘性防水卷材 2.干铺无纺聚酯纤维布 3.20 mm(最薄)轻质陶粒混凝土找坡,坡度按2% 4.其余详见设计	m²	439.56			
47	010902002001	屋面涂膜防水	5 mm 厚聚氨酯防水涂料	m²	439.56			
48	010902003001	屋面刚性层	1.40 mm 厚 C30 补偿收缩混凝土防水层表面压光 2.内配直径 4 mm 钢筋,双向,间距150 mm	m²	439.56			
49	010902004001	屋面排水管	详见设计施工图	m²	140.4			
50	010904002001	卫生间、厨房楼地涂膜防水	5 mm 厚聚氨酯防水涂料	m²	184.74			
51	010904002002	阳台、露台涂膜防水	5 mm 厚聚氨酯防水涂料	m²	101.28			
52	011001001001	保温隔热屋面	50 mm 厚难燃型挤塑聚苯板	m²	439.96			
53	011001003001	保温隔热墙面	1.5 mm 厚界面剂砂浆 2.40 mm 厚无机轻集料 I 型保温砂浆 3.5 mm 耐碱玻纤网布抗裂砂浆	m²	256.30			
54	011001005001	保温隔热楼地面	1.5 mm 厚专用界面处理剂 2.30 mm 厚无机轻集料 I 型保温砂浆 3.5 mm 耐碱玻纤网布,聚合物抗裂砂浆	m²	1 588.61			
			本页小计					

分部分项工程和单价措施项目清单与计价表

工程名称：××××商住楼　　　　　　　　标段：　　　　　　　　　　第 5 页　共 6 页

序号	项目编码	项目名称	项目特征描述	计量单位	工程量	金额（元）		
						综合单价	合价	其中
								暂估价
55	011101001001	水泥砂浆地面	1. 位置：一层商场 2. 做法详见西南 11J3102L	m²	509.98			
56	011101006001	平面砂浆找平层	20 mm 厚 1∶2.5 水泥砂找平层	m²	439.56			
57	011102003001	块料楼梯间地面	1. 位置：楼梯间地面 2. 做法详见 西南 11J312-31211L-2	m²	26.72			
58	011102003002	防滑地砖卫生间地面	做法详见西南 11J312-3121L-2	m²	48.72			
59	011102003003	防滑地砖卫生间楼面	做法详见西南 11J312-3121L-2	m²	131.37			
60	011102003004	地砖楼面	做法详见西南 11J312-3121L-1	m²	920.04			
61	011106002001	地砖楼梯面层	做法详见西南 11J312-31211L-2	m²	72.43			
62	011201001001	内墙面水泥砂抹灰	1. 做法详见西南 11J515-NO3 2. 水泥砂浆抹面 3. 钉钢丝网 4. 乳胶漆两遍	m²	3 516.62			
63	011201001002	外墙面水泥砂浆抹灰	1. 详见建施图立面做法 2. 水泥砂浆抹面 3. 真石漆涂料 4. 钉钢丝网	m²	2 436.54			
64	011201001003	女儿墙内面水泥抹灰	做法详见西南 11J515-NO3	m²	162.32			
65	011202001001	柱、梁面水泥砂浆抹灰	做法详见西南 11J515-NO3	m²	47.85			
66	011204003001	块料墙裙	做法详见西南 11J515-Q06	m²	630.15			
67	011210005001	一层卫生间隔断	详见施工图	m²	33.19			
68	011301001001	天棚抹灰	做法详见西南 11J515-PO6	m²	1 878.11			
69	011503001001	金属扶手、栏杆（楼梯）	1. 扶手材料种类、规格：不锈钢扶手 2. 栏杆材料种类、规格：不锈钢栏杆 3. 详见西南 11J412-58、43	m	47.92			
			本页小计					

分部分项工程和单价措施项目清单与计价表

工程名称：××××商住楼　　　　　　　　　标段：　　　　　　　　　　第 6 页　共 6 页

序号	项目编码	项目名称	项目特征描述	计量单位	工程量	金额（元）		
						综合单价	合价	其中
								暂估价
70	011503001002	金属扶手、栏杆（女儿墙）	1.扶手材料种类、规格:不锈钢扶手 2.栏杆材料种类、规格:不锈钢栏杆 3.详见西南 11J412-53-1	m	16			
71	011503001003	金属扶手、栏杆（阳台）	黑色锌钢栏杆	m	48			
72	011505001001	洗漱台	1.材料品种、规格、颜色:大理石 2.支架、配件品种、规格:钢支撑	m²	24.97			
73	011701001001	综合脚手架	多层建筑综合脚手架 檐高≤20 m	m²	1 980.36			
74	011703001001	垂直运输	建筑物檐高≤20 m	m²	1 980.36			
75	011702001001	基础	现浇混凝土模板 独立基础 混凝土	m²	100.85			
76	011702002001	矩形柱	现浇混凝土模板 矩形柱	m²	507.79			
77	011702003001	构造柱	现浇混凝土模板 构造柱	m²	584.88			
78	011702005001	基础梁	现浇混凝土模板 基础梁	m²	232.73			
79	011702006001	矩形梁	现浇混凝土模板 矩形梁	m²	1 076.83			
80	011702016001	平板	现浇混凝土模板 平板	m²	1 688.63			
81	011702024001	楼梯	现浇混凝土模板 楼梯 直形	m²	72.43			
			本页小计					
			合计					

总价措施项目清单与计价表

工程名称：××××商住楼   标段：   第1页 共1页

序号	项目编码	项目名称	计算基础	费率（%）	金额（元）	调整费率（%）	调整后金额（元）	备注
1	1.1	安全文明施工费						1.1.1＋1.1.2＋1.1.3＋1.1.4
2	1.1.1	环境保护费	分部分项人工预算价＋单价措施人工预算价	0.75				分部分项人工预算价＋单价措施人工预算价
3	1.1.2	文明施工费	分部分项人工预算价＋单价措施人工预算价	3.35				分部分项人工预算价＋单价措施人工预算价
4	1.1.3	安全施工费	分部分项人工预算价＋单价措施人工预算价	5.8				分部分项人工预算价＋单价措施人工预算价
5	1.1.4	临时设施费	分部分项人工预算价＋单价措施人工预算价	4.46				分部分项人工预算价＋单价措施人工预算价
6	1.2	夜间和非夜间施工增加费	分部分项人工预算价＋单价措施人工预算价	0.77				分部分项人工预算价＋单价措施人工预算价
7	1.3	二次搬运费	分部分项人工预算价＋单价措施人工预算价	0.95				分部分项人工预算价＋单价措施人工预算价
8	1.4	冬雨季施工增加费	分部分项人工预算价＋单价措施人工预算价	0.47				分部分项人工预算价＋单价措施人工预算价
9	1.5	工程及设备保护费	分部分项人工预算价＋单价措施人工预算价	0.43				分部分项人工预算价＋单价措施人工预算价
10	1.6	工程定位复测费	分部分项人工预算价＋单价措施人工预算价	0.19				分部分项人工预算价＋单价措施人工预算价
		合　计						

其他项目清单与计价汇总表

工程名称:××××商住楼　　　　　　　　　标段:　　　　　　　　　第1页　共1页

序号	项目名称	金额(元)	结算金额(元)	备注
1	暂列金额			
2	暂估价			
2.1	材料(工程设备)暂估价			
2.2	专业工程暂估价			
3	计日工			
4	总承包服务费			
5	索赔与现场签证			
	合　　计			

注:材料(工程设备)暂估单价进入清单项目综合单价,此处不汇总。

规费、税金项目计价表

工程名称:××××商住楼　　　　　　　　　标段:　　　　　　　　　第1页　共1页

序号	项目名称	计算基础	计算基数	计算费率(%)	金额(元)
1	规费	社会保障费 + 住房公积金 + 工程排污费			
1.1	社会保障费	养老保险费 + 失业保险费 + 医疗保险费 + 工伤保险费 + 生育保险费			
1.1.1	养老保险费	分部分项人工预算价 + 单价措施人工预算价		22.13	
1.1.2	失业保险费	分部分项人工预算价 + 单价措施人工预算价		1.16	
1.1.3	医疗保险费	分部分项人工预算价 + 单价措施人工预算价		8.73	
1.1.4	工伤保险费	分部分项人工预算价 + 单价措施人工预算价		1.05	
1.1.5	生育保险费	分部分项人工预算价 + 单价措施人工预算价		0.58	
1.2	住房公积金	分部分项人工预算价 + 单价措施人工预算价		5.82	
1.3	工程排污费				
2	增值税	税前工程造价		10	

材料(工程设备)暂估单价及调整表

工程名称: ××××商住楼　　　　　　　　　标段:　　　　　　　　第1页　共1页

序号	材料(工程设备)名称、规格、型号	计量单位	数量		暂估(元)		确认(元)		差额±(元)		备注
			暂估	确认	单价	合价	单价	合价	单价	合价	
合计											

注:此表由招标人填写"暂估单价",并在备注栏说明暂估价的材料、工程设备拟用在哪些清单项目上。投标人应将上述材料、工程设备暂估单价计入工程量清单综合单价报价中。

练习与作业

1.简述工程量清单的概念。

2.工程量清单编制的一般规定有哪些?

3.分部分项工程量清单必须载明的内容是什么?

4.分部分项工程量清单中项目编码共由多少位数字组成?几级编码?设置要求有哪些?

5.项目特征描述在清单中起什么作用?应如何准确描述项目特征?

6.什么是措施项目清单?

7.其他项目清单包括哪几部分?各部分的含义是什么?费用如何确定?

8.规费项目清单包括哪些内容?

9.简述分部分项工程量清单的概念。

第7章

工程量清单计价

学习目标

掌握工程量清单计价的概念；了解工程量清单计价的特点、计价依据、计价格式；了解工程量清单的优点、目的、意义；理解工程量清单计价程序；理解工程量清单计价步骤；掌握工程量清单计价方法。

本章导读

工程量清单费用由分部分项工程费、措施项目费、其他项目费、规费及税金组成。

分部分项工程清单、技术措施项目清单的费用等于清单工程量乘以综合单价。综合单价由人工费、材料和工程设备费、机械使用费、企业管理费、利润以及一定范围内的风险费用。

人工费等于人工消耗量乘以人工单价；材料费等于材料消耗量乘以材料的预算价格；机械使用费等于机械台班消耗量乘以机械台班单价；企业管理费等于分部分项工程的人工费乘以管理费率；利润等于分部分项工程的人工费乘以利润率。

7.1 工程量清单计价概述

在推行工程量清单计价前，我国建筑工程计价采用定额概预算的计价模式。这种计价模式可作为市场竞争的参考价格，但不能充分反映参与竞争企业的实际消耗和技术管理水平，在一定程度上限制了企业的公平竞争。而工程量清单计价是在建设工程招投标中，按照国家统一的工程量清单计价规范,由招标人提供工程量数量,投标人自主报价,经评审合理低价中标的工程造价计价模式,采用工程量清单计价有利于企业自主报价和公平竞争。

实行工程量清单计价,工程量清单作为招标文件和合同文件的重要组成部分,对于规范招标人计价行为,在技术上避免招标中弄虚作假和暗箱操作以及保证工程款的支付结算都会起到重要作用。随着我国加入WTO后建设市场的进一步对外开放,在我国工程建设中推行工程量清单计价,逐步与国际惯例接轨已十分必要。

7.1.1 基本概念

工程量清单计价是指投标人计算和确定完成由招标人提供的工程量清单项目所需全部费用的过程,包括计算和确定分部分项工程费、措施项目费、其他项目费、规费和税金。

工程量清单计价采用综合单价计价。综合单价是指完成规定计量单位项目所需的人工费、材料费、机械使用费、管理费、利润,并考虑一定风险因素。

7.1.2 工程量清单计价有关规定

《建筑工程工程量清单计价规范》(GB 50500—2013)规定,实行工程量清单计价招标投标的建筑工程,其工程控制价、投标报价的编制、合同价款确定与调整、合同价款中期价款确定与调整、工程结算应按该规范执行。

①招标工程控制价应根据招标文件中的工程量清单和有关要求,施工现场实际情况,合理的施工方法以及省、自治区、直辖市建设行政主管部门制订的有关工程造价计价办法进行编制。

②投标报价应根据招标文件中的工程量清单和有关要求,施工现场实际情况及拟订的施工方案或施工组织设计,依据企业定额和市场价格信息,或参照建设行政主管部门发布的社会平均消耗量定额进行编制。

③采用工程量清单计价的合同价、工程量调整和工程结算等应由招标人和中标人依据招标文件、合同以及《建设工程工程量清单计价规范》(GB 50500—2013)的有关规定进行确定。

7.1.3 工程量清单计价的特点

①工程量清单计价采用综合单价的形式。综合单价由人工费、材料和工程设备费、机械使用费、企业管理费、利润以及一定范围内的风险费用。这种单价的大综合,简化了计价程序,有利于规范计价行为,推动工程造价管理的改革。

②工程量清单计价要求投标单位根据市场行情和自身实力报价,从而打破以往单一的定额计价模式,使工程造价的确定呈现有高有低的多样性,有利于市场竞争。

③工程量清单具有合同化的法定性,本质上是单价合同的计价模式,中标后的单价一经合同确认,在竣工结算时是不能调整的,即量变价不变。

④工程量清单计价详细地反映了工程的实物消耗和有关费用,因此易于结合建设项目

的具体情况,变以预算定额为基础的静态计价模式为将各种因素考虑在单价内的动态计价模式。

⑤工程量清单计价有利于招投标工作,避免招投标过程中有盲目压价、弄虚作假、暗箱操作等不规范行为。

⑥工程量清单计价有利于项目的实施和控制,报价的项目构成、单价组成必须符合项目实施要求,工程量清单报价增加了报价的可靠性,有利于工程款的拨付和工程造价的最终确定。

⑦工程量清单计价有利于加强工程合同的管理,明确承发包双方的责任,实现风险的合理分担,即工程量由发包方或招标方确定,工程量的误差由发包方承担,工程报价的风险由投标方承担。

⑧工程量清单计价有利于规范合同价格的确定,有利于加强实施过程中工程变更、工程款支付和工程结算等方面的管理。

7.1.4　工程量清单计价依据

①《建筑工程工程量清单计价规范》(GB 50500—2013)。
②国家或省级、行业建设主管部门颁发的计价办法。
③企业定额,国家或省级、行业建设主管部门颁发的计价定额。
④招标文件、工程量清单及其补充通知、答疑纪要。
⑤建设工程设计文件及相关资料。
⑥施工现场情况、工程特点及拟订的投标施工组织设计或施工方案。
⑦与建设项目相关的标准、规范等技术资料。
⑧市场价格信息或工程造价管理机构发布的工程造价信息。
⑨其他的相关资料。

7.1.5　工程量清单计价格式

工程量清单计价应采用统一格式,由封面、投标总价、工程项目总价表、单项工程费汇总表、单位工程费汇总表、分部分项工程量清单计价表、措施项目清单计价表、其他项目清单计价表、计日工计价表、分部分项工程量清单综合单价分析表、措施项目费分析表、主要材料价格表等组成。以上内容均由投标人填写。

①投标人在填写分部分项工程清单综合单价分析表(表7.1)时,表的序号、项目编码、项目名称、计算单位、工程量必须按分部分项工程量清单中的相应内容填写,在确定综合单价时,投标人应以设计文件或图纸要求为准,参考《建筑工程工程量清单计价规范》(GB 50500—2013)附录中的工程内容并考虑拟订的施工方案、施工中的各类损耗(材料的运输、堆放损耗、施工操作损耗等),结合自身的生产效率、消耗水平和管理能力与已储备的本企业计价资料,按照计价规范规定的原则和方法进行计算。

表 7.1　工程量清单综合单价分析表

工程名称：　　　　　　　　　　　标段：　　　　　　　　　　　　第　页共　页

| 项目编码 | | 项目名称 | | | 计量单位 | | |

清单综合单价组成明细											
定额编号	定额名称	定额单位	数量	单价				合价			
				人工费	材料费	机械费	管理费和利润	人工费	材料费	机械费	管理费和利润

人工单价		小　计				
元/工日		未计价材料费				
清单项目综合单价						

材料费明细	主要材料名称、规格、型号	单位	数量	单价（元）	合价（元）	暂估单价（元）	暂估合价（元）
	其他材料费			—		—	
	材料费小计			—		—	

注：①如不使用省级或行业建设主管部门发布的计价依据，可不填定额项目、编号等。

②招标文件提供了暂估单价的材料，按暂估的单价填入表内"暂估单价"栏及"暂估合价"栏。

②措施项目清单计价表中的序号、项目名称必须按措施项目清单中的相应内容填写。投标人可根据施工组织设计采取的措施增减项目。

③其他项目清单计价表中的序号、项目名称必须按其他项目清单中的相应内容填写，招标人部分的金额由招标人按估算金额填写，投标人部分的金额必须根据招标人提出要求由投标人填写费用。计日工是指招标人要求而计取的且不能以实物计量和定价的费用，其内容包括人工、材料和机械所需的费用、格式按计日工项目计价表中招标人要求的人工、材料和机械名称、计量单位和数量填写，工程竣工后计日工按实际完成的工程量进行费用结算。

④主要材料价格表应由投标人依据招标人提供的详细材料编码、材料名称、设备名称、规格型号和计量单位填写单价，且所填写单价必须与工程量清单计价表中采用的相应材料的单价一致。

工程量清单计价格式相关表格参见第 6 章招标格式表格。

7.1.6　实行工程量清单计价的优点

①工程量清单计价使得我国的计价方法和国际通行方法接轨,也符合国家调控的招标投标价格形式,是一种由市场形成价格为主的价格机制。其价格形成的特征是"竞争形成,自发波动,自发调节",有利于提高国内建设各方主体参与国际化竞争的能力。

②工程量清单计价为投标者提供一个平等竞争的条件。采用施工图预算投标报价,由于设计图纸的缺陷,不同施工企业人员理解不一,计算出的工程量也不同,报价就差得更远,也容易产生纠纷。而工程量清单计价就为投标者提供一个平等竞争的平台,相同的工程量,由企业根据自身的优势和实力来填报不同的单价。而且可避免了定额子目划分确认的分歧及对图纸缺陷理解深度差异的问题,有利于中标单位确定后施工合同单价的确定与签订合同及施工过程中的进度款拨付和竣工后结算的顺利完成。

③满足市场竞争的需要。招投标过程就是竞争的过程,招标人提供工程量清单,投标人根据自身情况确定综合单价,利用单价与工程量计算合价,再计算投标总价。单价成了决定性的因素,定高了不能中标,定低了又承担过大的风险。单价的高低直接取决于企业的管理水平和技术水平的高低,这种局面促成了企业整体实力的竞争,有利于我国建筑市场的发展。工程量清单计价有利于实现风险的合理分担,从而实现了双方的风险共担,责、权、利对等投标单位只对自己所报的单价、成本等负责,而对工程量因变更或计算等原因引起的错误不负责任,这部分的风险应当由业主承担。

④有利于提高工程计价效率,能真正实现快速报价。工程量清单计价方式,避免了传统计价方式下招标人与投标人在工程量计算上的重复工作,各投标人以招标人提供的工程量清单为统一平台,结合自身的管理水平和施工方案进行报价,促进了各投标人企业定额的完善和工程造价信息的积累和整理,实现快速报价的要求。有利于招投标工作,避免招投标过程中有盲目压价、弄虚作假、暗箱操作等不规范行为。

⑤有利于工程款的拨付和工程造价的最终结算。中标价是合同价的基础,投标清单上的单价成了拨付工程款的依据。业主根据施工企业完成的工程量,可以容易的计算出进度款的拨付额。竣工后,根据设计变更、工程量的增减等,业主很容易的确定最终造价,能减少业主与施工单位之间的纠纷。

⑥有利于业主对投资的控制。采用施工图预算形式,业主对因设计变更、工程量增减所引起的造价变化不敏感,而采用工程量清单计价方式则对投资变化一目了然,在设计变更前,能马上知道对造价的影响,业主就能根据情况来决定是否变更或进行方案比较,决定最好的处理方法。

7.1.7　工程量清单计价目的

①规范建设市场秩序,适应社会主义发展的需要。
②促进建设市场有序竞争和企业健康发展。
③转变我国管理政府职能,将过去由政府控制指令性定额计价转变为制订适应市场经济规律需要的工程量清单计价方法,有效加强政府宏观调控。
④为建设市场主体创造一个与国际惯例接轨的市场竞争环境。

7.1.8　实行工程量清单计价的意义

①有利于贯彻"公正、公平、公开"的原则。招投标双方在统一的工程量清单基础上进行招标和投标,承发包工作更易于操作,有利于防止建筑领域的腐败行为。

②工程量清单报价可以在设计中期进行,缩短了建设周期,为业主带来明显经济效益。

③要求投标方编制企业定额,进行项目成本核算,提高其管理水平和竞争能力。

④清单条目简洁明了,有利于监理工程师进行工程计量,造价工程师进行工程结算,加快结算进度。

⑤工程量清单对业主和承包商之间承担的工程风险进行了明确划分。业主承担了工程量变动的风险,承包商承担了价格波动的风险,体现了风险分担的原则。

7.2　工程量清单计价方法

工程量清单采用综合单价计价。综合单价是有别于定额工料机单价计价的另一种单价计价方式,其费用是指招标文件所确定的招标范围的除规费、税金以外全部内容,包括人工费、材料和设备购置费、机械使用费、管理费和利润及一定的风险费用。

7.2.1　工程量清单计价的程序

1)熟悉施工图纸及相关资料,了解现场情况

在编制工程量清单之前,要先熟悉施工图纸以及图纸答疑、地质勘探报告,到工程建设地点了解现场实际情况,以便正确编制工程量清单。熟悉施工图纸及相关资料便于写出分部分项项目名称,了解现场便于写出施工措施项目名称。

2)编制工程量清单

工程量清单是由招标或其委托人,根据施工图纸、招标文件、计价规范以及现场实际情况,经过精心计算编制而成的。工程量清单的编制方法详见本书第6章。

3)计算综合单价

综合单价,是指控制价(指招标人或其委托人)或标价编制人(指投标人),根据工程量清单、招标文件、消耗量定额或企业定额、施工组织设计、施工图纸、材料预算价格等资料,计算分项工程的单价。

$$综合单价 = 人工费 + 材料费 + 机械费 + 管理费 + 利润 + 风险系数$$

4)计算分部分项工程费

在综合单价计算完成之后,根据工程量清单及综合单价,计算分部分项工程费用。

$$分部分项工程费 = \sum(清单工程量 \times 综合单价)$$

5)计算措施费

措施费包括环境保护费、安全文明施工费、临时设施费、夜间施工费、二次搬运费、大型机械进出场及安拆费、混凝土及钢筋混凝土模板与支架费、脚手架费、施工排水降水费、垂直运输机械费等内容。

根据工程量清单提供的措施项目计算,投标人也可以根据企业自身情况增减措施项目费。

6)计算其他项目费用

其他项目费由招标人部分和投标人部分两个部分的内容组成。根据工程量清单列出的内容计算。

7)计算单位工程费

前面各项费用计算完成后,将整个单位工程费包括的内容汇总起来,形成整个单位工程费。在汇总单位工程费之前,要计算各种规费及该单位工程的税金。单位工程费包括分部分项工程费、措施项目费、其他项目费、规费和税金五个部分,这五部分之和即为单位工程费。

8)计算单项工程费

在各单位工程费计算完成之后,将属同一单项工程的各单位工程费汇总,形成该单项工程的总费用。

9)计算工程项目总价

各单项工程费用计算完成之后,将各单项工程费用汇总,形成整个项目的总价。

工程量清单计价的一般程序如图 7.1 所示。

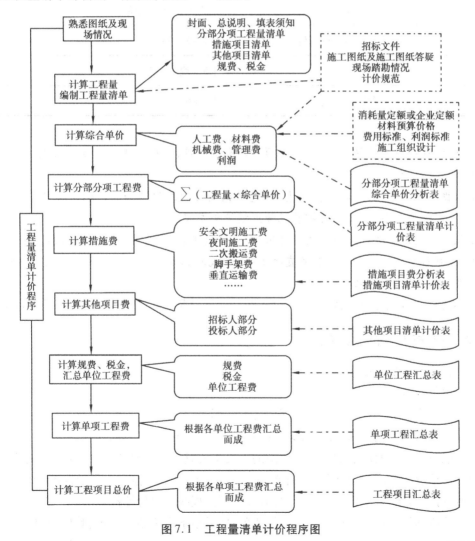

图 7.1　工程量清单计价程序图

7.2.2　单位工程造价的计价方法

单位工程造价计价方法见表7.2。

表7.2　单位工程造价计价方法表

序号	名称		计算方法
1	分部分项工程量清单项目费		清单项目工程量×综合单价
2	措施项目费		措施项目工程量×综合单价,或直接工程费(或人工费或人工费与机械费之和)×相应费率,或按实计取
3	其他项目费	招标人部分费用	按暂例和暂估金额确定
		投标人部分费用	根据招标人提出要求,由投标人报价
4	规费		人工费×相应费率
5	不含税的工程造价		1+2+3+4
6	税金		5×税率
7	含税工程造价		5+6

注意:措施项目费计算时,由于措施项目具有多样性,根据其费用发生的特点,其费用的计算方法通常可分为以下三类:

①依据消耗量定额,市场价格因素,确定措施项目的工程量和相应的综合单价,计算措施项目费用,如脚手架、混凝土与钢筋混凝土模板与支架。

②采用系数计算法计算措施项目费用,如文明施工费、安全施工费、临时设施费、二次搬运费等,按照与措施项目直接有关的直接工程费(或人工费或人工费与机械费之和)合计为计算基数,乘以措施项目系数计算。

③按政府部门规定计算措施项目费用,如环境保护费应按环保部门的要求进行取费。

7.2.3　综合单价的确定

(1)综合单价的含义

综合单价包含三层含义:

①完成每个分项工程所含全部工程内容的费用。

②完成每项工程内容所需的全部费用(规费、税金除外)。

③考虑风险因素而增加的费用。风险的含义不要只理解为材料差价,应是广义的,包括了组成综合单价的全部内容,既可综合考虑,也可分项考虑。因此,工程量清单计价包括单位工程造价计价和综合单价计价,难点是分部分项工程综合单价计价。

综合单价不但适用于分部分项工程量清单,也适用于措施项目清单、其他项目清单。清单计价人编制标底和报价时,应分别按相应的编制原则、编制规定执行。投标报价时,人工费、材料费、机械费均为市场价。

（2）综合单价组价方式

综合单价的确定是目前工程量清单计价活动的一项关键性工作,也是具有相当技术含量的工作。目前组价方式主要有以下两大类:

①按照计价依据以及相关文件的规定组价。这种方法是按照工程量清单名称和项目特征的描述,选择计价表中内容一致或相近的子目进行组合,选取对应的材料及其信息或市场价格、管理费率、利润率进行调整汇总而成。由于计价表列出了大部分常规的施工做法、社会平均水平的含量,因此这种方法适合于编制工程招标标底和设计概预算。在企业定额体系尚未建立成形的情况下,也是编制投标报价、竣工结算的基本方法之一,目前是综合单价组价的最常用方法。以此方法组成综合单价的优点是操作简便、快速,适用比较广泛。但此法对计价定额有一定的依赖性,特别在定额缺项时,临时组价往往依据不足。另外,计价定额的计算规则和计量单位中有小部分与清单规范有所区别,在组成综合单价时需要进行同口径折算。

②自行组价。自行组价同样也是要按照规范要求,根据工程量清单列项的名称和特征描述来进行。它是结合工程实际和自身情况,用拟订的施工方案、生产力水平、价格水平以及预期利润来设置项目内容组成,确定项目工料机含量与价格、管理费率和利润率的组价方式。该方法主要适用于编制投标报价,优点是充分结合具体工程,针对性强;报价能体现出个性,不完全依赖计价定额;适应多种竞争环境,操作灵活。缺点是在实际应用有相当的局限性,需要有一套比较完整的企业定额来支持,其含量确定必须有牢靠的基础资料作保证,价格来源需要进行分析处理,如果用于工程结算还需要如何向审计解释等。此方法虽在目前还只是组价的辅助手段,随着建设市场报价体系的不断配套完善,未来将成为主导。

以上分类的目的是为了对工程量计算和综合单价确定方式的理解,其中有些分类也不是一成不变的,要根据具体工程的特点,将各种方法有机结合起来,灵活运用到工程项目的组价计价工作中去。

7.3　工程量清单计价案例(招标控制价编制)

本工程量清单计价案例与本书第 6 章中工程量清单编制实例依据附录中同一套"××××商住楼"施工图进行编制。

招标控制价

招　标　人：_____

（单位盖章）

造价咨询人：_____

（单位盖章）

年　　月　　日

_____×××× 商住楼 _____ 工程

招标控制价

（小写）：_____ 3 600 011.94 _____

（大写）：_____ 叁佰陆拾万零壹拾壹元玖角肆分 _____

_____　　　　造价咨询人：_____

　　　　（单位盖章）　　　　　　　　　　　　　（单位资质专用章）

　　　　　　　　　　　　　　　　　　　法定代理人

　　　　　　　　　　　　　　　　　　　或其授权人：_____

_____　　　　_____

　　　　（签字或盖章）　　　　　　　　　　　　　（签字或盖章）

　　　　　　　　　　　　　　　　　　　复　核　人：_____

_____　　　　_____

（造价人员签字盖专用章）　　　　　　　　（造价工程师签字盖专用章）

单位工程招标控制价汇总表

工程名称:××××商住楼　　　　　　　标段:　　　　　　　第1页　共1页

序号	汇总内容	金额:(元)	其中:暂估价(元)
1	分部分项工程费合计	2 419 093.09	
1.1	A.1 土石方工程	20 261.82	
1.2	A.3 桩基工程	86 867.95	
1.3	A.4 砌筑工程	192 710.56	
1.4	A.5 混凝土及钢筋混凝土工程	826 335.75	
1.5	A.8 门窗工程	235 594.07	
1.6	A.9 屋面及防水工程	78 737.07	
1.7	A.10 保温、隔热、防腐工程	8 403.24	
1.8	A.11 楼地面装饰工程	161 734.01	
1.9	A.12 墙、柱面装饰与隔断、幕墙工程	698 941.2	
1.10	A.13 天棚工程	59 892.93	
1.11	A.15 其他装饰工程	49 614.49	
2	措施项目费	510 429.47	
2.1	其中:安全文明施工费	124 868.89	
3	其他项目费		
3.1	暂列金额		
3.2	专业工程暂估价		
3.3	计日工		
3.4	总承包服务费		
4	规费	343 215.57	
5	税前工程造价	3 272 738.13	
6	增值税	327 273.81	
招标控制价合计 = 1 + 2 + 3 + 4 + 6		3 600 011.94	

注:本表适用于单位工程招标控制价或投标报价的汇总,如无单位工程划分,单项工程也使用本表汇总。

分部分项工程和单价措施项目清单与计价表

工程名称:××××商住楼　　　　　标段:　　　　　第1页　共6页

序号	项目编码	项目名称	项目特征描述	计量单位	工程量	综合单价	合价	其中 暂估价
1	010101001001	平整场地	土壤类别:详见设计图纸	m²	622.7	3.15	1 961.51	
2	010101003001	挖沟槽土方(地梁)	1.土壤类别:由投标人根据地勘报告合理考虑 2.挖土深度:详见施工图	m³	97.87	55.35	5 417.1	
3	010101004001	挖基坑土方	1.土壤类别:由投标人根据地勘报告合理考虑 2.挖土深度:详见施工图	m³	45.68	55.35	2 528.39	
4	010103001001	回填方(基础)	1.密实度要求:符合设计规范要求 2.填方材料品种:满足施工规范要求	m³	66.38	19.55	1 297.73	
5	010103001002	回填方(室内房心)	1.密实度要求:符合设计规范要求 2.填方材料品种:满足施工规范要求	m³	17.88	14.95	267.31	
6	010103002001	余方弃置	1.废弃料品种:多余土方 2.运距:投标人根据现场情况合理考虑	m³	380.7	22.68	8 634.28	
7	010103002002	余方弃置	1.废弃料品种:多余石方 2.运距:投标人根据现场情况合理考虑	m³	4.42	35.18	155.5	
8	010302004001	挖孔桩土方	1.地层情况:根据地勘报告考虑 2.挖孔深度:8 m 3.弃土(石)运距:场内20 m运	m³	321.41	150.12	48 250.07	
9	010302004002	挖孔桩石方	1.地层情况:根据地勘报告考虑 2.挖孔深度:8 m 3.弃土(石)运距:场内20 m运	m³	4.42	370.09	1 635.8	
10	010302005001	人工挖孔灌注桩	1.桩芯长度:10 m 2.桩芯直径:直径1.2 m内 3.护壁混凝强度等级:C30混凝土 4.桩芯混凝土强度等级:C30泵送商品混凝土	m³	50.08	738.46	36 982.08	
11	010401003003	实心砖墙(女儿墙)	1.墙体类型:水泥实心砖 2.砂浆强度等级、配合比:M7.5水泥砂浆	m³	27.77	437.64	12 153.26	
			本页小计				119 283.03	

分部分项工程和单价措施项目清单与计价表

工程名称：××××商住楼　　　　　　　　标段：　　　　　　　　第2页　共6页

序号	项目编码	项目名称	项目特征描述	计量单位	工程量	金额（元）		
						综合单价	合价	其中
								暂估价
12	010402001002	砌块墙	1. 砌块品种、规格、强度等级：粉煤灰加气砖 2. 砂浆强度等级：M7.5专用砂浆	m³	102.45	424.26	43 465.44	
13	010402001003	砌块墙	1. 墙体类型：混凝土多孔砖 2. 砂浆强度等级、配合比：M5防水砂浆	m³	369.48	371.04	137 091.86	
14	010501001001	垫层	混凝土强度等级：C15	m³	16.16	381.65	6 167.46	
15	010501003001	独立基础	混凝土强度等级：C30 泵送商品混凝土	m³	21.8	403.39	8 793.9	
16	010501005001	桩承台基础	混凝土强度等级：C35 泵送商品混凝土	m³	16.02	418.11	6 698.12	
17	010502001001	矩形柱	混凝土强度等级：C35 泵送商品混凝土	m³	34.18	499.49	17 072.57	
18	010502001002	矩形柱	混凝土强度等级：C30 泵送商品混凝土	m³	43.32	485.21	21 019.3	
19	010502002001	构造柱	混凝土强度等级：C25 混凝土	m³	14.46	556.05	8040.48	
20	010503001001	基础梁	混凝土强度等级：C35 泵送商品混凝土	m³	32.6	423.05	13 791.43	
21	010503002001	矩形梁	混凝土强度等级：C25 商品混凝土	m³	96.87	395.24	38 286.9	
22	010503005001	过梁	混凝土强度等级：C25 泵送商品混凝土	m³	15.46	525.05	8 117.27	
23	010505001001	有梁板	混凝土强度等级：C35 泵送商品混凝土	m³	181.69	427.25	77 627.05	
24	010505003001	平板	混凝土强度等级：C30 泵送商品混凝土	m³	129.78	423.02	54 899.54	
25	010505008001	雨篷、悬挑板、阳台板	混凝土强度等级：C25 泵送商品混凝土	m³	2.71	499.06	1 352.45	
			本页小计				442 423.77	

分部分项工程和单价措施项目清单与计价表

工程名称：××××商住楼　　　　　　　　标段：　　　　　　　　第 3 页　共 6 页

序号	项目编码	项目名称	项目特征描述	计量单位	工程量	金额（元）		其中
						综合单价	合价	暂估价
26	010506001001	直形楼梯	混凝土强度等级：C30 泵送商品混凝土	m²	72.43	928.8	67 272.98	
27	010507005001	扶手、压顶	混凝土强度等级：C25 泵送商品混凝土	m³	2.58	582.19	1 502.05	
28	010515001001	现浇构件钢筋	钢筋种类、规格：圆钢 10 mm 内	t	17.69	5 331.98	94 322.73	
29	010515001006	现浇构件钢筋	钢筋种类、规格：箍筋 圆钢 HPB300 直径≤10 mm	t	9.172	6 274.78	57 552.28	
30	010515001005	现浇构件钢筋	钢筋种类、规格：箍筋 带肋钢筋≤HRB400 直径≤10 mm	t	17.324	6 349.2	109 993.54	
31	010515001002	现浇构件钢筋	钢筋种类、规格：三级螺纹钢 18 mm 内	t	33.61	4 878.12	163 953.61	
32	010515001003	现浇构件钢筋	钢筋种类、规格：三级螺纹钢 25 mm 内	t	18.827	4 496.25	84 650.9	
33	010515001004	墙体加固钢筋	钢筋种类、规格：圆钢 10 mm 内	t	2.9	7 657.16	22 205.76	
34	010515004001	钢筋笼	钢筋种类、规格：圆钢 10 mm 内	t	2.502	4 921.58	12 313.79	
35	010515004002	钢筋笼	钢筋种类、规格：带肋钢筋 10 mm 外	t	2.005	4 860.74	9 745.78	
36	010516003001	竖向钢筋连接	1. 连接方式：电渣压力 2. 钢筋直径≤18 mm	个	148	5.59	6 417.32	
37	010516003002	竖向钢筋连接	1. 连接方式：电渣压力焊 2. 钢筋直径≤32 mm	个	272	6.66	1 811.52	
38	010801001001	木质装饰门	门代号：木质装饰门	m²	90.72	407.74	36 990.17	
39	010802001001	金属门	门代号：铝合金玻璃门	m²	129.6	434.12	56 261.95	
40	010802001002	金属门	门代号：不锈钢楼梯间门	m²	6.3	516.12	3 251.56	
41	010802001003	金属门	1. 门代号：卫生间门 2. 玻璃品种、厚度：玻璃为磨砂	m²	40.32	316.84	12 774.99	
42	010802004001	防盗门	门代号：钢质防盗门（入户门）	m²	25.2	514.4	12 962.88	
			本页小计				753 983.81	

分部分项工程和单价措施项目清单与计价表

工程名称：××××商住楼　　　　　　　　标段：　　　　　　　　　　　第4页　共6页

序号	项目编码	项目名称	项目特征描述	计量单位	工程量	金额（元）		其中
						综合单价	合价	暂估价
43	010807001001	金属窗	窗代号：铝合金门连窗	m²	27	860.27	23 227.29	
44	010807001002	金属窗	1. 框、扇材质：铝合金玻璃窗 2. 玻璃品种、厚度：6 mm + 9A + 6 mm	m²	114.02	430.71	49 109.55	
45	010807007001	金属窗	1. 框、扇材质：铝合金玻璃窗 2. 玻璃品种、厚度：5 mm + 9A + 5 mm	m²	95.65	428.81	41 015.68	
46	010902001001	屋面卷材防水	1.4 mm 厚自粘性防水卷 2. 干铺无纺聚酯纤维 3. 20 mm（最薄）轻质陶粒混凝土找坡，坡度按2% 4. 其余详见设计	m²	439.56	96.18	42 276.88	
47	010902002001	屋面涂膜防水	5 mm 厚聚氨酯防水涂料	m²	439.56	19.51	8 575.82	
48	010902003001	屋面刚性层	1. 40 mm 厚 C30 补偿收缩混凝土防水层表面压光 2. 内配直径 4 mm 钢筋，双向，间距150 mm	m²	439.56	40.31	17 718.66	
49	010902004001	屋面排水管	详见设计施工图	m	140.4	32.66	4 585.46	
50	010904002001	卫生间、厨房楼地涂膜防水	5 mm 厚聚氨酯防水涂料	m²	184.74	19.51	3 604.28	
51	010904002002	阳台、露台涂膜防水	5 mm 厚聚氨酯防水涂料	m²	101.28	19.51	1 975.97	
52	011001001001	保温隔热屋面	50 mm 厚难燃型挤塑聚苯板	m²	439.96	19.1	8 403.24	
53	011001003001	保温隔热墙面	1. 5 mm 厚界面剂砂浆 2. 40 mm 厚无机轻集料Ⅰ型保温砂浆 3. 5 mm 耐碱玻纤网布抗裂砂浆	m²	256.03	1 234.15	315 979.42	
54	011001005001	保温隔热楼地面	1. 5 mm 厚专用界面处理剂 2. 30 mm 厚无机轻集料Ⅰ型保温砂浆 3. 5 mm 耐碱玻纤网布，聚合物抗裂砂浆	m²	1 588.61	1 611.1	2 559 409.57	
55	011101001001	水泥砂浆地面	1. 位置：一层商场 2. 做法详见西南 11J3102L	m²	509.98	30.9	15 758.38	
			本页小计				3 091 640.20	

分部分项工程和单价措施项目清单与计价表

工程名称：××××商住楼　　　　　　　　标段：　　　　　　　　　　　　第 5 页　共 6 页

序号	项目编码	项目名称	项目特征描述	计量单位	工程量	综合单价	合价	其中 暂估价
56	011101006001	平面砂浆找平层	20 mm 厚 1：2.5 水泥砂找平层	m²	439.56	23.9	10 505.48	
57	011102003001	块料楼梯间地面	1.位置：楼梯间地面 2.做法详见西南 11J312-31211L-2	m²	26.72	107.69	2 877.48	
58	011102003002	防滑地砖卫生间地面	做法详见西南 11J312-3121L-2	m²	48.72	107.69	5 246.66	
59	011102003003	防滑地砖卫生间楼面	做法详见西南 11J312-3121L-2	m²	131.37	101.45	13 327.49	
60	011102003004	地砖楼面	做法详见西南 11J312-3121L-1	m²	920.04	107.69	99 079.11	
61	011106002001	地砖楼梯面层	做法详见西南 11J312-31211L-2	m²	72.43	206.26	14 939.41	
62	011201001001	内墙面水泥砂抹灰	1.做法详见西南 11J515-NO3 2.水泥砂浆抹面 3.钉钢丝网 4.乳胶漆二遍	m²	3 516.62	56.89	200 060.51	
63	011201001002	外墙面水泥砂浆抹灰	1.详见建施图立面做法 2.水泥砂浆抹面 3.真石漆涂料 4.钉钢丝网	m²	2 436.54	170.59	415 649.36	
64	011201001003	女儿墙内侧面水泥砂浆抹灰	做法详见西南 11J515-NO3	m²	162.32	30.58	4 963.75	
65	011202001001	柱、梁面水泥砂浆抹灰	做法详见西南 11J515-NO3	m²	47.85	49.85	2 385.32	
66	011204003001	块料墙裙	做法详见西南 11J515-Q06	m²	630.15	109.74	69 152.66	
67	011210005001	一层卫生间隔断	详见施工图	m²	33.19	202.76	6 729.6	
68	011301001001	天棚抹灰	做法详见西南 11J515-PO6	m²	1 878.11	31.89	59 892.93	
69	011503001001	金属扶手、栏杆（楼梯）	1.扶手：不锈钢扶手 2.栏杆材：不锈钢栏杆 3.详见西南 11J412-58、43	m	47.92	393.3	18 846.94	
70	011503001002	金属扶手、栏杆（女儿墙）	1.扶手：不锈钢扶手 2.栏杆材料种类、规格：不锈钢栏杆 3.详见西南 11J412-53-1	m	16	393.3	6 292.8	
		本页小计					929 949.5	

分部分项工程和单价措施项目清单与计价表

工程名称:××××商住楼　　　　　　　标段:　　　　　　　　　　　第 6 页　共 6 页

序号	项目编码	项目名称	项目特征描述	计量单位	工程量	金额(元)		
						综合单价	合价	其中 暂估价
71	011503001003	金属扶手、栏杆(阳台)	黑色锌钢栏杆	m	48	150	7 200	
72	011505001001	洗漱台	1.材料品种:大理石 2.支架、配件品种、规格:钢支撑	m²	24.97	691.82	17 274.75	
73	011701001001	综合脚手架	多层建筑综合脚手架 檐高≤20 m	m²	1 980.36	37.22	73 709	
74	011703001001	垂直运输	建筑物檐高≤20 m	m²	1 980.36	18.8	37 230.77	
75	011702001001	基础	现浇混凝土模板 独立基础 混凝土	m²	100.85	49.42	4 984.01	
76	011702002001	矩形柱	现浇混凝土模板 矩形柱	m²	507.79	94.11	47 788.12	
77	011702003001	构造柱	现浇混凝土模板 构造柱	m²	584.88	62.08	36 309.35	
78	011702005001	基础梁	现浇混凝土模板 基础梁	m²	232.73	47.64	11 087.26	
79	011702006001	矩形梁	现浇混凝土模板 矩形梁	m²	1 076.83	50.48	54 358.38	
80	011702016001	平板	现浇混凝土模板 平板	m²	1 688.63	50.58	85 410.91	
81	011702024001	楼梯	现浇混凝土模板 楼梯 直形	m²	72.43	141.49	10 248.12	
			本页小计				385 600.67	
			合　　计				2 780 219.01	

总价措施项目清单与计价表

工程名称:×××商住楼　　　　　　　标段:　　　　　　　第1页　共1页

序号	项目编码	项目名称	计算基础	费率(%)	金额(元)	调整费率(%)	调整后金额(元)	备注
1	1.1	安全文明施工费			124 868.9			1.1.1+1.1.2+1.1.3+1.1.4
2	1.1.1	环境保护费	分部分项人工预算价+单价措施人工预算价	0.75	6 521.7			分部分项人工预算价+单价措施人工预算价
3	1.1.2	文明施工费	分部分项人工预算价+单价措施人工预算价	3.35	29 130.28			分部分项人工预算价+单价措施人工预算价
4	1.1.3	安全施工费	分部分项人工预算价+单价措施人工预算价	5.8	50 434.51			分部分项人工预算价+单价措施人工预算价
5	1.1.4	临时设施费	分部分项人工预算价+单价措施人工预算价	4.46	38 782.4			分部分项人工预算价+单价措施人工预算价
6	1.2	夜间和非夜间施工增加费	分部分项人工预算价+单价措施人工预算价	0.77	6 695.62			分部分项人工预算价+单价措施人工预算价
7	1.3	二次搬运费	分部分项人工预算价+单价措施人工预算价	0.95	8 260.83			分部分项人工预算价+单价措施人工预算价
8	1.4	冬雨季施工增加费	分部分项人工预算价+单价措施人工预算价	0.47	4 086.93			分部分项人工预算价+单价措施人工预算价
9	1.5	工程及设备保护费	分部分项人工预算价+单价措施人工预算价	0.43	3 739.11			分部分项人工预算价+单价措施人工预算价
10	1.6	工程定位复测费	分部分项人工预算价+单价措施人工预算价	0.19	1 652.17			分部分项人工预算价+单价措施人工预算价
合　计					149 303.6			

规费、税金项目计价表

工程名称:××××商住楼 标段: 第1页 共1页

序号	项目名称	计算基础	计算基数	计算费率(%)	金额(元)
1	规费	社会保障费+住房公积金+工程排污费	343 215.57		343 215.57
1.1	社会保障费	养老保险费+失业保险费+医疗保险费+工伤保险费+生育保险费	292 607.14		292 607.14
1.1.1	养老保险费	分部分项人工预算价+单价措施人工预算价	869 560.58	22.13	192 433.76
1.1.2	失业保险费	分部分项人工预算价+单价措施人工预算价	869 560.58	1.16	10 086.9
1.1.3	医疗保险费	分部分项人工预算价+单价措施人工预算价	869 560.58	8.73	75 912.64
1.1.4	工伤保险费	分部分项人工预算价+单价措施人工预算价	869 560.58	1.05	9 130.39
1.1.5	生育保险费	分部分项人工预算价+单价措施人工预算价	869 560.58	0.58	5 043.45
1.2	住房公积金	分部分项人工预算价+单价措施人工预算价	869 560.58	5.82	50 608.43
1.3	工程排污费				
2	增值税	税前工程造价	3 272 738.13	10	327 273.81

编制人(造价人员): 复核人(造价工程师):

综合单价分析表

工程名称：×××商住楼

标段：

项目编码	010101004001	项目名称	挖基坑土方	计量单位	m³	工程量	45.68

清单综合单价组成明细

定额编号	定额项目名称	定额单位	数量	单价（元）				合价（元）			
				人工费	材料费	机械费	管理费和利润	人工费	材料费	机械费	管理费和利润
A1-9	人工挖沟槽、基坑 深度≤2 m 三、四类土 沟槽宽≤3 m 或基坑底面积 20 m²	100 m³	0.01	5 026.8	0	8.7	499.61	50.27	0	0.09	5
人工单价			小计					50.27	0	0.09	5
一类综合用工 80 元/工日			未计价材料费						0		
			清单项目综合单价						55.35		

材料费明细	主要材料名称、规格、型号	单位	数量	单价（元）	合价（元）	暂估单价（元）	暂估合价（元）
	一类综合用工	工日	0.628 4	80	50.27		
	电动夯实机 250(N·m)	台班	0.003 5	24.85	0.09		
	管理费	元	2.482 7	1	2.48		
	利润	元	2.513 4	1	2.51		

综合单价分析表

工程名称：×××商住楼　　　　标段：

项目编码	010302005001	项目名称	人工挖孔灌注桩	计量单位	m³	工程量	50.08

清单综合单价组成明细

定额编号	定额项目名称	定额单位	数量	单价(元)				合价(元)			
				人工费	材料费	机械费	管理费和利润	人工费	材料费	机械费	管理费和利润
A3-101	人工挖孔灌注混凝土桩 桩芯混凝土	10 m³	0.1	453.6	3 544.81	9.42	205.04	45.36	354.48	0.94	20.5
A3-99换	人工挖孔灌注混凝土桩 桩壁 现拌混凝土换为【普通混凝土 混凝土强度等级、碎石最大粒径 40 mm C30】	10 m³	0.009 5	1 826.4	2 568.91	213.25	825.58	17.4	24.47	2.03	7.86
A3-97	人工挖孔灌注混凝土桩 桩壁模板	10 m²	0.531 1	243.36	141.47	4.93	110	129.25	75.13	2.62	58.42
人工单价	小计							192	454.08	5.59	86.79
二类综合用工 120 元/工日	未计价材料费								353.01		
	清单项目综合单价								738.46		

材料费明细	主要材料名称、规格、型号	单位	数量	单价(元)	合价(元)	暂估单价(元)	暂估合价(元)
	二类综合用工	工日	1.6	120	192		
	水	m³	0.414 8	3.59	1.49		
	塑料薄膜	m²	0.379 5	0.24	0.09		
	照明及安全费	元	0.066 5	1	0.07		
	普通松杂锯材	m³	0.065 9	1 025.64	67.59		
	隔离剂	kg	0.531 1	4.65	2.47		
	铁钉	kg	1.184 9	4.32	5.12		
	预拌混凝土 C30	m³	1.01	349.51	353.01		
	普通混凝土 混凝土强度等级碎石最大粒径 40 mm C30	m³	0.096 2	252.57	24.3		

建筑工程定额与实务

工程名称：×××商住楼

综合单价分析表

标段：

项目编码	01120101002	项目名称	外墙面水泥砂浆抹灰	计量单位	m²	工程量	2 436.54

清单综合单价组成明细

定额编号	定额项目名称	定额单位	数量	单价(元)				合价(元)			
				人工费	材料费	机械费	管理费和利润	人工费	材料费	机械费	管理费和利润
A12-4换	墙面抹灰 一般抹灰 墙面、墙裙抹水泥砂浆 外墙14+6 mm【水泥砂浆1:3】换为【灰浆搅拌机拌筒容量200(L)】	100 m²	0.01	2 436.75	531.99	55.79	1 101.48	24.37	5.32	0.56	11.01
A12-26	墙面抹灰 抹灰砂浆厚度调整 挂钢丝网	100 m²	0.01	512.33	847.5	0	231.58	5.12	8.48	0	2.32
A14-217	抹灰面油漆 墙面 真石漆	100 m²	0.01	3 781.22	5 850.72	0	1 709.21	37.81	58.51	0	17.09
人工单价		小计						67.3	72.3	0.56	30.42
三类综合用工 135 元/工日		未计价材料费						0			
		清单项目综合单价						170.59			

材料费明细	主要材料名称、规格、型号	单位	数量	单价(元)	合价(元)	暂估单价(元)	暂估合价(元)
	三类综合用工	工日	0.498 5	135	67.3		
	水泥砂浆 1:3	m³	0.014 9	3.59	0.05		
	水	m³	0.023 1	228.14	5.27		
	钢丝网综合	m²	1.05	7.5	7.88		
	射钉	个	30	0.02	0.6		
	腻子	kg	2.041 2	2.29	4.67		
	砂纸	张	0.080 8	0.92	0.07		
	真石漆	kg	4.16	10	41.6		
	真石面漆	kg	0.312	24	7.49		
	醇酸漆稀释剂	kg	0.031 2	10.68	0.33		
	醇酸清漆	kg	0.276 8	15.66	4.33		

练习与作业

1. 简述工程量清单计价的特点。

2. 简述工程量清单计价表格的格式及内容。

3. 什么是工程量清单计价?

4. 什么是综合单价?

5. 简述工程量清单计价适用范围。

6. 工程量清单计价编制的一般规定有哪些?

7. 工程量清单计价的依据是什么?

8. 工程量清单计价下的建筑安装费用由哪几部分组成?

参考文献

[1] 中华人民共和国住房和城乡建设部. 建设工程工程量清单计价规范:GB 505000—2013 [S]. 北京:中国计划出版社,2013.

[2] 中华人民共和国住房和城乡建设部. 房屋建筑与装饰工程工程量计算规范:GB 50854—2013[S]. 北京:中国计划出版社,2013.

[3] 中华人民共和国住房和城乡建设部. 建筑工程建筑面积计算规范:GB/T 50353—2013 [S]. 北京:中国计划出版社,2013.

[4] 贵州省建设工程造价管理总站. 贵州省建筑与装饰工程计价定额(上、中、下册):GZ01-31—2016[S]. 贵阳:贵州人民出版社,2016.

[5] 全国造价工程师执业资格考试培训教材编审委员会. 工程造价计价与控制[M]. 北京:中国计划出版社,2013.

[6] 于香梅. 建筑工程定额与预算[M]. 北京:清华大学出版社,2016.

[7] 王武齐. 建筑工程计量与计价[M]. 北京:中国建筑工业出版社,2015.

[8] 廖天平. 建筑工程定额与预算[M]. 北京:高等教育出版社,2015.